SCIENCE VILLAGE

슬기로운 화학생활

들여다보면 어디에나 원자가!
화학으로 이루어진 세상 이야기

SCIENCE VILLAGE

슬기로운 화학생활

김병민 글·그림

동아시아

추천의 글

화학이 얼마나 매력적인 분야인지, 우리의 생활에 얼마나 밀접하게 들어와 있는지 새삼 깨닫게 해주는 이책은 단순히 화학의 이론을 설명하는 게 아니라 '화학적 사유와 질문'이 왜 필요한지를 멋지게 보여준다. 화학으로 이렇게 환상적으로 대화할 수 있는 부자父子가 부럽다. 또한 글만 잘 쓰는 게 아니라 그림까지 환상적인 저자가 얄밉다.

전편에 비해 이 책은 저자의 전공 분야를 마음껏 펼쳐 보이면서 무릎을 치게 만든다. 화학을 방정식으로 암기했던 세대부터 화학의 유산을 마음껏 누리면서도 정작 화학에 대한 관심과 지식은 꺼리는 세대까지 모두 아우르는 영역을 구축한 저자의 능력과 공력이 대단하다! 화학으로 이렇게 멋진 책을 쓸 수 있다니! 여러 면에서 멋진 케미를 자랑할 책이 출현한 것에 감사를. 이제 나 같은 '문송'조차 화학이 재미있게 만드는 마법 같은 책이다.

_김경집(인문학자, 『김경집의 통찰력 강의』 저자)

이번에는 화학이다! 전작 『사이언스 빌리지』로 큰 주목을 받은 김병민 작가가 '슬기로운 화학생활'의 부제가 붙은 새 책으로 우리 곁에 다시 왔다. 우리가 매일 먹고, 만지고, 쓰는 물질의 성질은 대개 화학이 결정한다. 화학의 눈으로 세상을 보는 대중 과학책이 드문 우리나라에서, 이 책이 특히 반가운 이유이다. 이 책을 읽고나면, 머리가 핑핑 돌았던 화학물질의 이름이 어떻게 정해지는지, 그리고 그 화학물질이 왜 그런 성질을 갖게 되는지 알 수 있다. 화학을 암기과목의 하나로 알고 있는 사람들이 많다. 부끄럽지만 나도 그랬다. 내가 화학을 처음 접한 젊은 날, 이런 책이 있었다면 얼마나 좋았을까. 가깝지만 멀었던 화학을 친근한 목소리로 차근차근 설명해 우리 곁으로 불러와, 독자의 '슬기로운 화학생활'을 돕는 책이다. 세상을 과학의 눈으로 보고자 하는 모든 이, 특히 화학을 처음 접하는 청소년과 대학생에게 이 책을 추천한다.

_김범준(성균관대학교 물리학과 교수, 『세상물정의 물리학』 저자)

나는 '과알못'이다. 학창 시절에는 복잡한 화학식을 외우다 악몽을 꾸기도 했다. 그런 내게 '쉽고 재미 있는 과학'이란 먼 나라 이야기 같았다. 일상의 호기심으로부터 출발한 『사이언스 빌리지: 슬기로운 화학 생활』은 먼 나라 이야기 같기만 하던 과학의 세계로 우리를 친절히 안내한다. 아버지와 아들이 다정하게 주고받는 대화를 따라가다 보면, 과학자의 전유물처럼 여겨졌던 화학식이 내 주변 곳곳에 존 재하고 있다는 사실에 놀라게 된다. 적어도 이 책은 나에게 과학은 공부가 아니라 일상이라고 말해주 는 것 같았다. 나는 여전히 과알못이지만, 분리수거 하거나 마트에서 물건 고를 때만큼은 어렵기만 하 던 화학식을 반갑게 떠올릴 것 같다.

_송아람(만화가, 『두 여자 이야기』 저자)

모든 혐오는 나쁘다. 그런데 가슴에 손을 얹고 생각해보시라. 과학 가운데 유독 '화학'에 대한 혐오를 품고 살지는 않았는가? 화학만큼 우리 삶을 지배하는 학문은 없다. 이 책은 화학에 대한 마음의 문을 열어준다. 화학에 대한 혐오 없는 삶. 그것이야말로 슬기로운 생활이다.

_이정모(서울시립과학관장)

교과서와 드라마가 떠오르는 비교적 가벼운 제목으로 쓰인 이 책은 들여다볼수록 그 주제와 깊이에 대 해 감탄하게 된다. 과학 분야들 중 가장 일상적이고 흥미로운 화학이라는 내용은 사실 시중 인문 교양 서적만으로는 온전한 재미를 느끼기 어려웠다. 단순한 원소와 물질에 대한 이야기만을 풀어내던 기존 책들과는 다르게 물리화학, 고분자화학, 생화학을 위시한 실제적인 화학의 전체적 범위들을 유기적으 로 풀어나가고 있으며, 단순한 재미 본위의 독서만이 아닌 수험생과 전문가들에게도 조언이 되어 줄 수 있는 훌륭한 글 타래이다. 이제 화학 교양서적을 누군가에게 추천한다면, 고민하지 않고 『사이언스 빌리지: 슬기로운 화학생활』을 고르겠다.

_장홍제(광운대학교 화학과 교수, 『원소가 뭐길래』 저자)

화학에 대한
공포와 혐오를 넘어

집필을 마무리하고 교정을 보는 도중에 출판사로부터 서문을 다시 쓰는 게 어떻겠냐는 제안을 받았습니다. 『사이언스 빌리지』의 후속작에 머무르는 게 아니라, 이 책만의 새로운 의미와 가치를 전달하기 위해 그편이 좋겠다는 의도였지요. 전작 『사이언스 빌리지』에 있는 서문에, 집필하게 된 동기와 바람이 이미 가득하므로 굳이 서문에 다시 손을 댈 이유가 없다고 생각했던 저는 고심해보겠다고 했습니다. 그리고 교정을 멈추고 원고를 처음부터 다시 읽었습니다. '나는 무엇을 말하고 싶었던 것일까'를 다시 생각했지요. 두 번째 '사이언스 빌리지'를 이렇게 내놓기까지, 2년이라는 짧지 않은 시간이 흘렀습니다. 그동안 글은 짜임새를 갖췄고, 기획력 또한 녹아들어, 힘이 실린 글이 되었습니다. 그렇지만 그 와중에 혹시 처음의 마음가짐, 방향성을 잃지는 않았는지 다시 초심으로 돌아가 확인하고 싶었습니다.

책은 페이스북에 연재한 '아들에게 들려주는 과학'을 기초로 하고 있습니다. 첫 번째 책에서 주로 물리학을 다뤘다면 두 번째 책은 물리화학과 고분자화학 그리고 생화학과 전기화학을 다루고 있습니다. 책 전체를 관통하는 주제는 화학입니다. 그런데 그냥 '화학'이라고만 하면 안 되는 걸까요? 왜 이 앞에 다양한 수식어가 붙었을까요? 모든 과학 분야가 세상을 만들고, 세상을 설명하고 있지요. 그런데 이 중에서도 화학은 다른 과학 분야와 도저히 분리해낼 수 없을 정도로 다양하게 얽혀 있고, 우리의 일상에 깊숙하게 자리 잡고 있습니다. 감히 학문에 서열을 매길 수는 없겠지만, 굳이 화학이 차지하는 위치를 확인한다면, 물질의 근원과 힘을 다루는 물리학과 생명체를 다루는 생물학의 중간 언저리 정도가 될 것입니다. 이 위치에서, 세상을 이루는 모든 물질의 생성과 변화에 관여하고 있지요. 그러다 보니 화학에 이런 다양한 수식어가 붙는 것이 결코 이상하지 않습니다. 그야말로 자연은 화학으로 이뤄지고 움직이고 있다 해도 과언이 아닙니다.

자연은 경쟁 상대가 없는 거장이지요. 인류는 그런 자연이 만든 물질의 분자구조를 미세하게 변형하고 자연에 없던 새로운 물질을 만들어낼 수 있게 되었습니다. 이 능력은 분명 축복일 수 있습니다. 덕분에 인류는 과거에 비해 안전하고 풍요로운 삶을 살고 있습니다. 생활의 편의성은 증대되었고, 인류 전체가 누리는 부 또한 늘어났지요. 하지만 인류의 이런 과학적 능력이 모든 일을 쉽고 이롭게만 만드는 것은 아닐 겁니다. 바닷가로 떠밀려 온 고래 사체의 배 속에 그 '이로움'에 가려져 외면해온 것들이 가득했다고 합니다. 이미 바다는 미세플라스틱 수프가 되었습니다. 인간 자신 또한 그 영향에서 자유롭지 않습니다. 가습기 살균제 사고로 1,000명이 넘게 목숨을 잃었고, 그 몇 배에 달하는 환자가 지금까지 고통받고 있습니다. 화석연료는 쉬지 않고 타오르며 대기로 매연을 내뿜고, 지구촌 기후는 몸살을 앓고 있지요. 환경호르몬과 슈퍼박테리아의 소리 없는 습격 또한 일각에서 인류의 생명을 위협하고 있습니다. 최근 들어 화학은 그저 대하기 어려운, 난해한 대상을 넘어, 공포의 대상마저 되어버렸습니다. 화학 공포를 의미하는 케모포비아라는 신조어까지 등장했지요. 화학을 혐오하고, 화학의 폐해를 두려워한 나머지, 자신의 삶에서 화학과 화학물질을 배제하겠다는 '노케미족'이 등장하기도 합니다.

　　그렇다고 해서 우리는 화학을 무작정 두려워하고 피해야만 할까요? 화학에 대한 공포와 혐오는 일정 부분, 우리의 무지와 무시, 그리고 방치와 은폐에서 비롯됩니다. 우리가 알아야 할 것에서 눈을 돌리고 침묵하고 있을 때, 공포와 불안은 그 틈을 타 우리 안에 스며듭니다. 우리는 삶의 편의를 위해 자신과 주변을 깨끗하게 만들어가지요. 혐오스러운 것들을 눈앞에서 치워버리고, 청결을 위해 세제를 사용하고, 악취 나는 오수는 먼 바다로 흘려보냅니다. 삶의 찌꺼기인 생활쓰레기는 모두가 잠든 시간에 몰래 도시에서 내보내고, 공장은 삶의 터전에서 먼 곳으로 옮깁니다. 우리가 알아야 할 것들이 우리 눈앞에서 은폐되고 방치되기 때문에 부메랑이 되어 침묵의 역습을 합니다.

　　화학물질의 영향에서 발생하는 수혜자와 피해자가 반드시 일치하지는 않습니다. 자신이 혜택을 얻은 대가로 치러야 할 피해는 타인과 후손의 몫이 됩니다. 결코 정의롭지 않습니다. 그렇기에 결국 화학물질은 환경 정의의 문제에서 다뤄져야 합니다. 정의로운 행동에는 용기가 필요하며, 그에 맞는 책임이 따릅니다. 명확한 앎이 용기를 만들고, 그 폐해를 알고 고통에 공감해야만 책임감이 생겨납니다. 이 시점에 화학을 앞에 둔 우리에게 필요한 것은 외면과 은폐가 아니라, '슬기로운 생활'입니다.

겨우 나 하나가 관여하고 변한다고 세상이 얼마나 달라지겠느냐는 생각이 들 수 있습니다. 책의 부제를 '슬기로운 화학생활'로 정했을 때 독자들이 초등학교 교과서 제목처럼 여겨, 가볍게 받아들일지도 모르겠다는 생각을 했습니다. 하지만 책은 결코 그 깊이가 얕지 않습니다. 가만 생각해보면 초등학교 때 배우는 것들은, 삶을 살기 위해서 기본적으로 필요한 것들이기도 하니까요. 어쩌면 우리는 가장 기본적인 것들을 잊고, 고민 없이 살고 있는 것은 아닌지 의문이 들었습니다. 이에, 우리 삶을 지배하고 있는 화학의 본질에 의심을 가지고 질문을 던질 필요가 있다고 생각했습니다. 우리는 정확한 사실을 알아야 하고 미래를 보는 눈을 가질 권리가 있기 때문입니다. 분명 개인의 작은 변화, 사소한 개입이 거대한 변화를 일으킬 수 있습니다.

사실 과학의 모든 분야가 전부 다 어렵기는 매한가지입니다. 천문학도 어렵고 다가서기 힘들지요. 하지만 생명의 기원인 밤하늘의 별을 들여다보면 숭고하고 아름답습니다. 화학 자체로도 어려운 학문인 데다가 살아가면서 겪는 많은 사건이 화학 자체를 혐오하게 만듭니다. 그러나 진정 혐오해야 할 것은 화학이 아니라, 화학을 남용하고 방치한, 우리 자신을 포함한 인류의 자세이겠지요. 화학도 자세히 들여다보면 밤하늘의 별만큼이나 아름답습니다. 자연을 만들고, 인류의 생활을 풍요롭게 만든 그 모든 저변에 화학이 있지요.

슬기로운 작은 변화가 분명 자연의 거대한 변화를 불러오는 불씨가 될 것이라 믿으며, 독자들에게 이 책을 바칩니다.

과학 동네에서
김병민

추천의 글 · 4

화학에 대한 공포와 혐오를 넘어 · · · · · · · · · · · · · · · 6

CHAPTER 1. **모노머, 올리고머, 폴리머** · · · · · · ·13

CHAPTER 2. **탄소와 물이 만나면 밥이 될까?** · · · · · ·21

CHAPTER 3. **지구는 탄소화합물을 만드는 화학실험실** · · · · · ·28

CHAPTER 4. **과일을 익히는 화학물질** · · · · · · · · · · ·36

CHAPTER 5. **플라스틱? 다 같은 플라스틱이 아니다** · · · · · ·40

CHAPTER 6. **천연 VS 인공, 천연에도 함정이 있다** · · · · · ·57

CHAPTER 7. **1초에 150만 개의 다이아몬드를 만드는 양초** · · · · · ·65

CHAPTER 8. **형광빛은 어디서 오는 걸까?** · · · · · · · ·84

CHAPTER 9. **공평하게 나누기로 하고 힘센 놈이 더 가져가는 것** · · · · · ·97

CHAPTER 10. pH가 작으면 왜 산성이 되나요? · · · · · · · · · · · 107
CHAPTER 11. 이가 없으면 잇몸, 주유소가 없으면 편의점! · · · · · 119
CHAPTER 12. 아빠의 발에 무언가 산다 · · · · · · · · · · · · · · · 132
CHAPTER 13. 손 세정제, 살균 99.9%라는 말에 속지 마라! · · · · · 144
CHAPTER 14. 환경호르몬을 쫓아다니던 아이들 · · · · · · · · · · · 161
CHAPTER 15. 우리 주변이 방사선으로 가득 차 있다고? · · · · · · 171
CHAPTER 16. 원자력 발전과 동위원소 · · · · · · · · · · · · · · · 194
CHAPTER 17. 태양의 무궁한 에너지를 전기로 · · · · · · · · · · · 201
CHAPTER 18. 시간을 결정하는 원자 · · · · · · · · · · · · · · · · 211

그림 용어 · 224
찾아보기 · 251

일러두기

💡 이 책은 저자와 아들이 나눈 일상 속 대화를 토대로 재구성한 책입니다.

💡 그림 속 용어의 한글 해석은 224페이지의 그림 용어에 실었습니다.

💡 자주 사용되는 단어와 과학용어는 251페이지의 찾아보기에 실었습니다.

💡 부록으로, 뜯어서 참조할 수 있는 주기율표가 수록되어 있습니다.

CHAPTER 1

모노머, 올리고머, 폴리머

어렸을 적, 골목길에는 집마다 콘크리트로 만든 커다란 쓰레기통이 있었다. 어찌나 컸던지, 친구들은 숨바꼭질하며 곧잘 그 안에 숨기도 했다. 그런데 그 시절에는 지금처럼 쓰레기 분리수거라는 개념이 없었다. 음식물에서 의류까지, 온갖 생활쓰레기를 쓰레기통에 버리면 아침마다 환경미화원이 거둬 갔다. 수도권 각지에서 나온 쓰레기는 지금의 상암동인 '난지 지구'라는 곳에 모여들었다. 무분별하게 쌓아 올린 쓰레기는 어느덧 거대한 산을 이루었다. 넘쳐나는 쓰레기로 포화 상태가 되었던 난지 지구는 상암 신도시 개발과 월드컵 경기장 건설로, 하늘공원이라는 이름으로 다시 태어나 시민들의 휴식공간이 되었다. 지난 세대가 무분별하게 버렸던 삶의 찌꺼기를 아름다운 공원이란 모습으로 포장해 후세에게 물려준 것이다. 이후 난지 지구를 대신해 인천 외곽 지역에, 수도권이 공동으로 사용하는 쓰레기 매립지가 조성되었다. 장소만 바뀌었을 뿐, 지금도 매일 엄청난 양의 쓰레기가 모여들고 있다.

내가 사는 공동주택에는 재활용recycle 쓰레기를 수거하는 날이 정해져 있다. 우리 집에서 쓰레기 분리배출 하는 일은 아들과 나의 역할이다. 재활용 수거함에는 재질별로 이름표가 붙어 있다. 그중에 플라스틱plastic의 이름이 늘 눈에 거슬린다. 플라스틱에는 종류가 많은데 제대로 구분되지 않기 때문이다. 과거의 무분별한 수거 방식에 비해 나아졌다고는 하지만 아직도 만족스럽지 않다. 플라스틱이라고 모두 같은 물질이 아니다. 용도에 따라 다른 물질로 플라스틱이 만들어진다. 모든 플라스틱 제품에는 재질을 표시하는 기호가 있다. 그런데도 무분별하게 쌓여 있는 플라스틱 쓰레기를 보고 있으면 지구와 인간을 공격하는 괴물을 만들고 있는 건 아닌가 하는 엉뚱한 생각마저 든다. 나 한 사람이 노력한다고 티가 날 것 같지도 않다. 하늘공원 아래에 부끄러운 과거를 감춰둔 것처럼 우리는 분리수거라는 이름의 면죄부를 사고 스스로 떳떳하다고 착각하는 건 아닐까? 우리는 플라스틱의 정체에 관해 얼마나 알고 있을까.

아빠! 재활용 쓰레기에 관해서 궁금한 게 있어요. 종이나 캔, 그리고 병은 겉보기로 재질이 쉽게 구별되지만 솔직히 플라스틱류는 뭐가 뭔지 잘 모르겠어요. 페트병이나 비닐 그리고 스티로폼도 모양만 다를 뿐이지 어차피 같은 플라스틱 아닌가요? 학교에서 플라스틱은 석유화학 제품이라고 배웠는데, 종류별로 분리배출 하는 이유를 모르겠어요.

좋은 관찰력이야. 플라스틱이 석유화학 제품이란 것은 맞아. 네가 잘 알고 있는 거야. 그럼 오늘은 플라스틱에 대해서 알려줄까? 분리배출 하면서 언젠가 꼭 알려주고 싶었던 이야기가 있어. 이건 어른들도 잘 모르는 내용이야.

어른들도 모르는 내용이면 어려운 거 아닌가요? '화학'이란 말이 들어가면 괜히 어렵게 느껴져요.

맞아. 어른들도 과학 중에서 특히 화학을 어려워해. 하지만 화학도 알고 보면 꽤 재미있단다. 오늘도 하나씩 공부해보자고! 우선 플라스틱이 무엇인지를 알아야 해. 플라스틱이 뭘까?

플라스틱은… 그러니까… 그냥 플라스틱이죠! 아, 어렵다. 그러고 보니 플라스틱이 무슨 뜻이에요?

플라스틱이라는 말은 '모양을 만들 수 있는'이라는 뜻을 가진 라틴어, 플라스티쿠스plasticus에서 유래했어. 마치 찰흙처럼 원하는 모양을 만들기 쉽다고 해서 붙은 이름이지.

물건의 모양을 만드는 방법은 물질의 성질에 따라 달라. 돌과 나무 같은 물질은 깎거나 잘라서 모양을 만들고, 유리는 높은 온도로 녹여서 모양을 만든 후 식혀서 만들지. 금속은 깎거나 두드려서 만들기도 하지만, 주물이라는 방법도 있어. 유리처럼 높은 온도에서 금속을 녹이고 틀에 넣어 굳히는 것이지. 플라스틱 제품을 만드는 방법은 유리나 금속의 주물 방법과 비슷해. 플라스틱 물질은 적당한 온도와 압력을 받으면 물러지는 특성이 있고 모양을 만들기 쉽지. 그래서 플라스틱이란 이름을 붙인 거야.

그런데 이 물질은 독특한 성질을 하나 가지고 있어. 단단한 돌이나 유리는 외부의 힘에 어느 정도 견디다가 힘이 그 이상으로 커지면 바로 깨지는데, 대부분의 플라스틱은 힘이 더해져도 바로 깨지지 않고 휜단다. 탄성●彈性, elasticity이라는 성질을 갖고 있기 때문이야.

탄성이요?

용수철을 생각하면 이해하기 쉬울 거야. 탄성이란 물체에 힘을 가하면 모양이 바뀌었다가, 그 힘이 없어지면 본래의 모양으로 되돌아가려고 하는 성질이야. 이렇게 플라스틱은 어느 정도 부드럽게 휘어지는 특성이 있어. 만들기도 쉽고, 탄성이 높으면서도 단단하기 때문에 플라스틱은 우리 생활에서 빠질 수 없는 물질이 됐지.

여기서 중요한 사실 하나만 짚고 가자. 우리가 플라스틱이라 표현하는 물질은 정확히 말하면 고분자 혹은 폴리머polymer라고 하는 것이 옳은 표현이야.

폴리머요? 이 말은 들어 봤어요. 그걸 고분자라고 하는 거구나~ 그럼 플라스틱이 폴리머라는 물질로 이루어진 건가요?

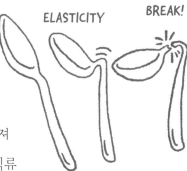

ELASTICITY   BREAK!

폴리머는 물질을 구성하는 특정 원자나 분자의 이름이 아니야. 분자의 구조나 형태를 표현한 말이지. 모든 물질은 분자로 이뤄져 있다고 했지? 우리가 폴리머의 구조와 구성원소를 이해하면 플라스틱류의 종류별 특성을 알 수가 있어. 결국 플라스틱의 종류는 폴리머를 구성하는 분자 종류와 모양에 따라 결정이 되는 것이지.

그러면 먼저 폴리머에 대해 알아보자! 우리가 아는 모든 물질은 원자와 분자로 이루어져 있다고 했지? 하나 혹은 서로 다른 여러 종류의 원자들이 모여 분자를 만들고 고유한 성질을 갖는 물질이 되는 거야. 그런데 한 종류의 원자라도 바뀌거나 결합하는 모양이 달라지면 완전히 다른 성질을 갖는 물질이 되기도 하지.

그런데 한 가지 원자로만 이루어진 물질이 있어요? 분자는 여러 종류의 원자가 모여서 만들어지는 작은 것 아닌가요?

꼭 그렇지는 않아! 공기 중의 산소도 산소원자 2개가 모인 거야. 산소분자라고 하지. 이렇게 작은 기체 말고 덩어리 분자도 있어. 분자라고 꼭 작은 것만은 아니야. 철이나 금과 은 같은 금속은 한 가지 원자로 이뤄져 있지. 덩어리 전체를 분자라고 해도 된단다. 또 대표적인 것이 탄소(C)인데, 탄소원자가 모여 육각형의 벌집 모양으로 연결된 한 층의 얇은 막처럼 만들어지기도 해. 이게 바로 그래핀graphene이라는 물질이야. 이런 그래핀 여러 층이 겹겹이 쌓이면 연필에 사용되는 흑연graphite이 되고, 둥글게 말리면 탄소나노튜브carbon nanotube가 되는 거야. 또 탄소는 고온과 큰 압력에서 결합하며 단단한 물질이 되는데 그게 바로 다이아몬드야. 결국 연필심과 다이아몬드는 같은 탄소로만 이루어져 있지만 어떤 모양으로 결합하느냐에 따라서 완전히 다른 물질이 되는 것이지. 탄소 이야기는 다음에 더 해줄게.

아, 그렇구나~ 그러면 폴리머는 어떤 원자로 만들어진 거죠?

질문이 좀 이상한데? 폴리머에 관해 공부하기 전에 모노머monomer부터 알아보자.

모노머의 모노mono라는 단어는 '하나'라는 뜻이야. 그리고 머~mer는 메로스meros라는 그리스어에서 나온 말로, '부분'이라는 뜻이지. 모노머는 두 말의 합성어란다. 우리말로 번역하면 '한 부분'이라는 뜻이야. 그러면 자연스럽게 폴리머는 '많은 부분'이란 뜻이 되겠지? 폴리poly~는 '많은'이라는 뜻이거든.

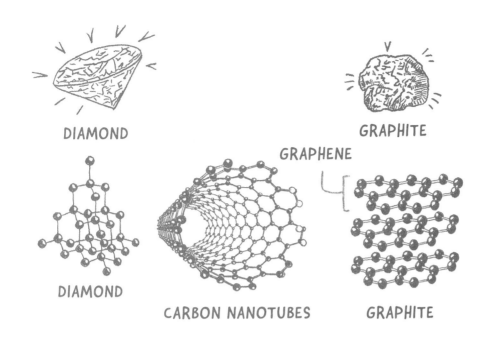

DIAMOND

GRAPHITE

GRAPHENE

DIAMOND

CARBON NANOTUBES

GRAPHITE

폴리는 들어봤어요. 영어학원 이름에도 그 말이 들어가던데요.

끙. 그건 잘 모르겠어. 아마 같은 뜻이긴 할 거야. 아무튼 이런 이유로 물질을 이루는 최소단위가 되는 기본적인 1개의 분자구조체를 '모노머'라고 부른단다. 옛날 과학자들은 모든 물질은 이러한 '모노머'가 여러 개 모이거나 다른 '모노머'들과 합쳐져서 커다란 물질을 이룬다고만 생각했어.

맞는 말 아닌가요? 그럴 것 같은데요?

대부분의 물질은 그렇지. 하지만 1920년대 초 화학자들은 분자량이 큰 분자에 관해 연구를 했어. 고무나 셀룰로스 같은 물질이 단순히 작은 분자들이 모여 있는 것이 아닐 수 있다고 생각했지. 뭔가 한 덩어리로 된 엄청나게 큰 분자가 있다고 생각을 한 것이란다. 기존의 생각을 뒤집은 거야.

오~! 물질 하나가 1개의 분자 덩어리라는 거예요? 그게 가능한가요?

예를 들어 물질을 이루는 어떤 기본 분자를 A라고 하자. 많은 개수의 A 분자가 기차처럼 길게 결합하면 A-A-A-A-A-…-A-A-A 와 같은 모양이 만들어지지. 사람들은 '이 기다란 것이 우리가 모르는 어떤 분자 1개가 아닐까'라고 생각했어. 그래서 A를 모노머라고, 수없이 연결되어서 길게 만들어진 긴 덩어리를 폴리머라고 이름을 붙인 거야. 그리고 모노머 2개가 연결된 분자는 다이머dimer, 3개는 트리머trimer라고 해. 그럼 모노머 4개가 연결된 분자는 뭘까?

 4개는 알 것 같아요. 지난번에 1부터 10까지 숫자를 그리스어로 어떻게 부르는지 알려주신 거 기억나요. 테~ 뭐였는데….

테트라tetra! 그래서 테트라머tetramer!

아, 맞다! 5개는 확실히 알아요. 펜타penta~ 맞죠? 그런데 이렇게 숫자를 계속 붙이면 몇 개부터 폴리머라고 하죠? 폴리란 게 그냥 많다는 뜻이라면서요!

하하, 애매하지? 네가 그런 의문이 드는 것도 무리는 아니야. 이걸 이해하려면 하나를 더 알아야 해. 연결된 모노머의 개수로 보면 다이머나 트리머보다는 분명 큰데, 그렇다고 폴리머라고 하기엔 좀 작아서 애매한 것이 있어. 폴리머는 모노머들이 수백, 수천에서 수십만 개가 연결된 경우거든. 이렇게 모노머가 반복되는 숫자에 의미가 있는 건데, 이 숫자를 중합도degree of polymerization라고 한단다. 폴리머의 중합도는 크게는 수십만 개까지 되는 것인데, 만약 중합도가 수십 개 정도라면 폴리머라고 부르기엔 좀 어렵겠지? 그렇다고 연결되어 반복되는 숫자마다 일일이 이름을 붙이기도 어렵잖아. 그래서 그런 것들을 통틀어 올리고머oligomer라고 부르기로 한 거지. 올리고머의 전체 분자량은 대략 1,000 이하인 경우인데, 그러니까 중합도가 수십 정도라고 생각하면 되지. 중합도 수는 전체 분자량에 따라 달라져. 그래서 중합도 수보다는 분자량을 기준으로 물질이 올리고머인지, 폴리머인지 분류하는 것이 일반적이야. 분자 개수를 세는 것이 아니라 분자량으로 판단하는 거야.

분자량에 따라 중합도가 다르다고요? 이거 좀 어려운데요?

분자량은 분자의 질량을 의미해. 이렇게 질문을 해볼게. 네가 다니는 초등학교의 친구들 하나하나가 기본 분자인 모노머라고 하자. 그리고 옆 고등학교에 큰 형들이 있지? 그 형들도 각자가 모노머라고 생각하는 거야. 이제 각 학교에서 친구들끼리 손을 잡아서 기차를 만드는 거지. 그런데 손을 잡아서 연

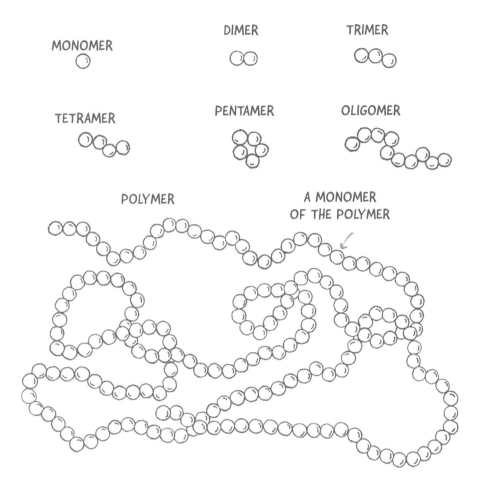

NOMENCLATURE FOR POLYMERS

MONOMER

DIMER

TRIMER

TETRAMER

PENTAMER

OLIGOMER

POLYMER

A MONOMER OF THE POLYMER

결된 친구들의 몸무게 합이 200kg이 넘으면 안 돼. 그러면 너희와 고등학교 형들이 각각 만든 기차를 구성하는 사람 수가 같을까?

당연히 다르죠! 형들은 저희보다 2배도 넘게 무거울걸요? 아! 알겠다. 그러니까 올리고머인지, 폴리머인지 결정하는 기준은 사람의 수, 즉 중합도가 아니라 무게의 합, 그러니까 분자량이라는 거군요?

정답! 이제 무슨 말인지 알겠지? 고분자라고 해도 크기가 작아서 중합도를 정확히 아는 건 어려워. 모노머 하나하나를 셀 수가 없거든. 하지만 분자의 질량은 상대적으로 예측하거나 측정할 수 있지.

그러면 올리고머도 플라스틱인 거예요? 아까 플라스틱이 폴리머라고 하셨잖아요.

올리고머라고 해서 무조건 플라스틱에 해당한다고 생각하면 안 돼! 폴리머가 특정 물질의 분자 이름이 아니라 분자구조나 형태를 표현한 말인 것처럼 말이야. 우리가 익히 아는, 플라스틱이 아닌 물질 중에도 폴리머나 올리고머와 같은 중합도를 가진 물질이 꽤 있거든. '올리고'라는 단어는 어디서 많이 들어본 것 같지 않니?

그러네요? 올리고… 올리고… 분명 어디서 들어봤는데…. 아, 올리고당 oligosaccharide! 이것과 혹시 관련이 있나요?

Chapter 2

탄소와 물이 만나면
밥이 될까?

건강과 미용 등, 목적은 다를 수 있지만 다이어트diet는 많은 사람들의 공통적인 관심사이다. 시대에 따라 여러 가지 다이어트 방법이 유행한다. 최근에는 저탄고지●Low Carbohydrate High Fat, LCHF다이어트가 매스컴에 소개된 후로 찬반양론이 인터넷을 달구고 있다. 탄수화물carbohydrate은 인간에게 중요한 물질이다. 다이어트를 위해서 탄수화물을 제한하자고 말하면서도, 우리는 정작 탄수화물에 대해서 제대로 모른다.

자동차는 연료가 있어야 움직이고, 휴대전화는 배터리에 전기가 충분해야 제대로 사용할 수 있다. 마찬가지로 인간의 몸도 에너지가 필요하다. 생물은 음식물을 통해 얻은 물질로 에너지를 만든다. 탄수화물과 단백질, 지방 그리고 각종 미네랄 등이 그런 물질들이다. 이처럼 생물체를 구성하고 기능을 수행하는 분자를 생체분자라고 한다. 그중 탄수화물의 역할은 무척 중요하다. 탄수화물은 몸 안에서 포도당으로 바뀐다. 물론 다른 생체분자도 중요하다. 단백질도 아미노산으로 분해되어 몸을 구성하는 역할을 하고, 지방도 에너지로 전환된다. 하지만 이 중에 탄수화물이 가장 빠르고 효율적으로 에너지를 만든다. 특히 인간의 뇌는 몸의 부피와 무게에서 차지하는 비중이 고작 수십 분의 1밖에 되지 않지만, 몸에서 생성되는 에너지의 약 20~30%를 사용한다. 그런데 뇌는 포도당에 의해 만들어진 에너지원인 ATP●●Adenosine triphosphate만을 사

● 탄수화물 섭취를 극도로 억제하고, 육류나 유제품 등 지방을 배불리 섭취하는 다이어트 방법. 당질의 섭취를 억제하기 위해 과일까지 제한하기도 한다.

●● 아데노신3인산. 아데노신에 인산기가 3개 달린 유기화합물로. 모든 생물의 세포에 존재하면서 에너지대사에 기여한다.

용한다. 우리가 에너지를 너무 많이 써서 집중력 저하, 어지럼증 등의 증세가 나타나면 당이 떨어졌다는 표현을 한다. 이 증상은 뇌에서 당을 통해 에너지를 공급받고 싶다는 신호를 보내는 것이다. 탄수화물이 부족한 것이다.

탄수화물이 이렇게 중요한 물질인데, 다이어트 방법의 대부분은 탄수화물을 적으로 간주한다. 외모와 건강을 맞교환해야 하는 결정이다. 무엇이든 부족하거나 과한 것이 문제다. 아무리 좋은 음식도 과하면 독이 되고, 얼핏 필요하지 않아 보이는 물질도 부족하면 병이 생긴다. 세상에 필요하지 않은 물질은 없다. 자연은 불필요한 물질을 만들지 않는다. 인간에게 불필요했다면 벌써 없어졌을 것이다.

생체분자인 탄수화물은 당이라고도 한다. 당은 여러 종류가 있고 성질도 다르다. 분자의 모양은 물질의 성질과 종류를 결정하기도 한다. 탄수화물도 마찬가지이다. 분자를 구성하는 원소는 비슷한데 어떻게 결합을 하느냐에 따라 완전히 다른 성질의 물질이 된다.

맞았어! 올리고당의 '올리고'가 바로 그 올리고야. 올리고머의 구조를 쉽게 이해할 수 있는 예가 있어. 바로 탄수화물이지.

탄수화물은 알아요. 우리가 먹는 밥이나 빵이 탄수화물로 이루어져 있죠.

그렇지! 우리가 주식으로 먹는 밥이나 밀가루 등을 탄수화물이라고 하는데, 탄수화물은 우리 몸에서 가장 우선시되는 '제1형 에너지원'이야. 그래서 엄마가 네게 밥을 잘 먹으라고 늘 말씀하시잖아. 탄수화물분자는 탄소, 수소, 산소원자의 비율이 1:2:1이고 소화가 쉬운 데다가 독소를 만드는 일도 드물어. 몸의 에너지를 내는 데 꼭 필요한 영양소란다.

탄수화물분자의 비율도 외워야 하나요? 갑자기 복잡해져요.

탄수화물의 분자식은 외울 필요가 없어. 이미 너도 알고 있거든.

이미 알고 있다고요? 제가요?

그래! 탄수화물이라는 이름에 답이 있어. 탄수화물은 기본적으로 탄소 1개, 수소 2개, 산소 1개로 이루어져 있어. 물분자는 알지? H_2O인데 수소 2개, 산소 1개지? 왠지 탄수화물분자의 구조 안에 물분자가 들어 있는 것 같지 않니?

그러네요? H_2O는 알죠. 그건 기본이에요.

그래서 탄소가 물과 붙어 화합물을 만들었다고 해서 '탄수화물'이라고 이름을 붙인 거야.

헉! 물에 탄소가 붙으면 밥이 되는 거네요?

하하, 그런 식으로 밥을 만드는 건 아니야. 무척 당황스럽구나. 그저 이름이 그렇다는 것이지, 실제로 물에 탄소가 붙은 수화물●水化物, hydrate은 아니야. 탄소 구조체에 산소와 알코올기(-OH)가 많이 붙은 구조야. 방금 설명했지만 실제 탄수화물은 탄소와 수소 그리고 산소의 비율이 1:2:1 이어서 일반식은 $C_n(H_2O)_m$란다. 당糖, sugar이 떨어진다는 표현을 들은 적 있지? 그럴 때 과일이나 사탕, 초콜릿 같은 당분을 섭취해도 금방 회복이 되지만, 탄수화물인 밥을 먹어도 돼. 결국 탄수화물이 당으로 바뀌기 때문이지. 당이란 것은 탄수화물분자 형태로 만들어진 작은 단위체야. 인체나 식품에 존재하는 가장 대표적인 탄수화물에 6탄당이라는 것들이 있어. 탄소 6개가 결합해서 만들어진 포도당glucose, 과당fructose, 갈락토스galactose 등을 가리키는 말이야. 이 6탄당을 구성하는 기본 단위체를 단당류●●單糖類, monosaccharide라고 해. 예를 들어 포도당은 우리 인체에서 가장 사용하기 편한 분자구조로 되어 있어. 별도의 소화 과정 없이 바로 최종 에너지로 사용된단다. 6탄당의 분자식은 $C_6H_{12}O_6$의 형태야. 대략 원소별 비율이 1:2:1이 맞지?

● 무기화학과 유기화학에서 분자 내에 물분자를 포함하고 있는 물질을 가리키는 말. 유기화학에서는 물이 더해지거나 다른 분자의 구성물질로 들어간 물질을 말한다.

●● 단순당이라고도 한다. 탄수화물의 단위체로 더이상 가수분해할 수 없는, 가장 간단한 형태의 당이다.

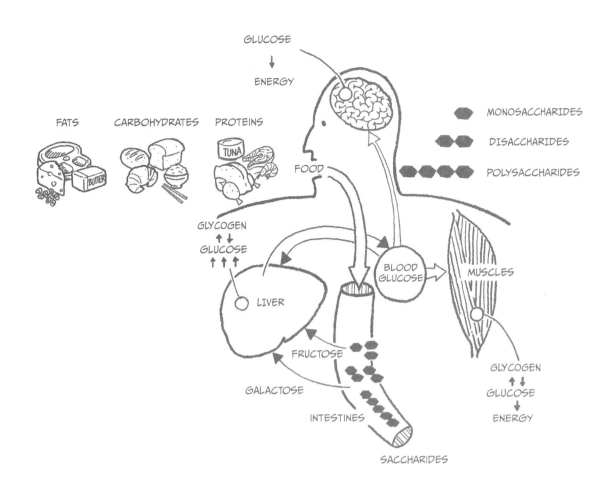

아! 그럼 설탕은 뭐죠? 포도당과는 다른 건가요?

전에 모노머 이야기를 하면서 모노머 2개가 연결된 분자는 다이머라고 했지? 설탕은 다이머처럼 이당류二糖類, disaccharide라고 하지. 단당류 중에 포도당과 과당이 결합해 설탕을 만든다고 생각하면 돼. 네가 좋아하는 사탕의 주성분이야. 그리고 사탕과 비슷한 엿도 이당류인데, 먹어본 적 있지?

그럼요~ 호박으로 만든 엿을 먹어본 적이 있어요. 맛은 있었는데 사탕보다는 덜 달았어요.

엿은 맥아당 혹은 엿당이라고 하는데, 설탕과 달리 포도당 2개만으로 만들어진 거야.

우와~ 그러니까 단당류 종류별로 어떻게 결합하느냐에 따라 이당류에서 완전 다른 맛이 나는 거네요?

24

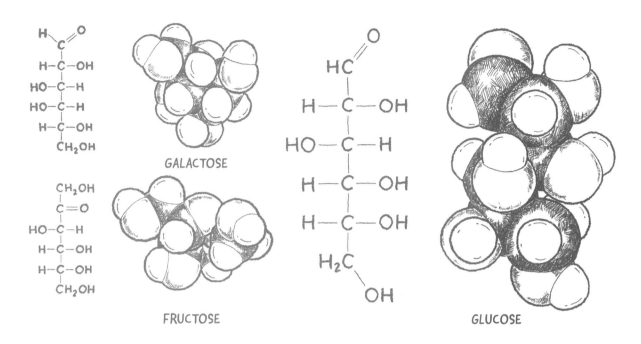

CARBOHYDRATE ISOMERS

GALACTOSE

FRUCTOSE

GLUCOSE

다른 맛? 그렇게도 말할 수 있겠지만 정확히 말하면 단맛의 정도가 다른 거야. 예를 들어 포도당 2개가 붙어서 맥아당 외에도 셀로비오스cellobiose를 만드는데, 이 물질은 단맛이 거의 없어.

셀로비오스? 이건 뭐죠? 이거 어디서 많이 들어봤는데….

셀로비오스가 플라스틱처럼 고분자 형태로 여럿이 붙으면 셀룰로스가 되는 거야. 단당류 여러 개가 서로 엉키고 붙으면 다당류多糖類, polysaccharide라고 하지. 여기에도 폴리라는 말이 붙어. 전에 머리카락 단백질에 관해 이야기하면서 갑각류의 껍질이나 식물의 셀룰로스는 다당류라고 했는데, 기억나니?

맞다! 셀룰로스! 완전 기억나요. 그러면 맥아당이나 엿당도 고분자처럼 여러 개가 붙을 수 있어요?

그렇지! 좋은 질문이야. 이렇게 맥아당이 여럿 붙어서 고분자 형태로 만들어진 것이 바로 녹말, 즉 전분이야.

어라? 그런데 전분이나 셀룰로스 둘 다, 같은 단당류 여러 개가 붙어서 만들어진 다당류라면서요? 그런데 어떻게 하나는 먹을 수가 있고, 다른 것은 먹을 수가 없나요? 이해가 안 가요.

질문이 점점 좋아지는데? 그 이유는 포도당 2개가 결합하는 형태가 다르기 때문이야. 분자의 성분은 같아도 연결되는 모양이 다른 거지. 인간에게 소화효소가 없어서 셀룰로스 결합을 끊지 못해. 반면에 그 효소를 가진 미생물들이 창자 속에 살고 있는, 초식동물들은 셀룰로스의 결합을 끊고 먹을 수가 있는 것이지.

아, 그래서 사람이 밥을 먹는 것처럼 초식동물들이 풀을 먹을 수 있는 거구나~

이 셀로비오스의 고분자 형태인 셀룰로스가 바로 식물 세포벽의 주성분이야. 세포에 관해서는 나중에 다시 공부하자. 이 세포벽이 층층이 쌓여서 풀이나 나무 같은 형태를 지탱하는 것이란다. 다시 말하지만, 포도당으로 구성되어 있다 해도 이런 종류의 다당류는 인간이 소화할 수 없어. 효소가 없기 때문이야.

그러면 전에 제가 장염으로 병원에 입원했을 때 맞은 포도당 주사는, 지금 말씀하시는 그 단당류인 포도당 1개라는 거네요. 예전에 당뇨에 관해 공부할 때 나온 그 포도당인 거죠?

그렇지! 단당류 이외의 당은 입을 통해 체내에 들어가도 그대로 영양분으로 흡수되지 못해. 소화효소 등에 의해 단당류로 분해가 되어야 영양분으로 세포에 흡수되지. 그래서 소화할 시간도 없이 급하게 에너지가 필요할 때에 주사를 통해 포도당을 몸에 강제로 넣는 것이지. 아, 꿀은 설탕과 달라서 단당류야. 포도당과 과당이 주성분이지. 결합된 게 아니라 섞여 있을 뿐이야. 그래서 신속하게 체력을 회복할 필요가 있을 경우에는 사탕보다 꿀이 더 효과가 좋단다.

왜 이런 이야기를 하는지 알겠니? 이런 포도당이 반복적으로 3~10개 모여서 작은 다당류를 구성한 물질이 있어. 세포 내에서는 주로 세포막에 부착되어 소포체●小胞體, endoplasmic reticulum와 골지체●●Golgi body, Golgi Apparatus 등의 단백질과 결합되어 있는 중요한 물질이지. 이것이 바로 올리고당이야.

아! 부엌에서 엄마가 요리할 때 사용하는 올리고당이 바로 그렇게 구성된 것이었군요?

전에 말했던 폴리머처럼 포도당과 같은 단당류가 모여 크거나 긴 분자형태를 갖춘 게 바로 올리고당인 셈이지. 전분이나 셀룰로스처럼 중합도가 몇십만씩 되지는 않지만, 그래도 꽤 많은 수의 분자가 반복적으로 연결되기 때문에 이런 이름이 붙은 것이지. 당연히 포도당과 같은 단당류나 설탕과 같은 이당류보다 길이가 길겠지? 그래서 집에 있는 올리고당이 일반적인 포도당이나 당류보다 더 끈적한 느낌이 드는 것이지. 분자구조가 길다 보니 뭉치기 쉽거든. 꿀과 설탕, 그리고 올리고당이나 엿 등 종류별로 끈적임이라는 물리적 성질이 다른 이유도 이런 분자구조와 관련 있지. 게다가 길이가 길어져도 단맛은 나지만 소화를 시키려면 긴 분자를 끊어내야 해서 몸에 덜 흡수된단다. 맛은 내면서 당을 덜 흡수할 수 있어서 건강에 좋기 때문에 음식에 올리고당을 사용하는 거란다. 이제 확실히 모노머와 올리고머의 차이를 알겠지?

다시 본론으로 돌아가보자. 그러면 플라스틱인 폴리머는 어떻게 만들어지기 시작했을까?

DISACCHARIDE

OLIGOSACCHARIDE

Chapter 3

지구는 탄소화합물을 만드는 화학실험실

사람들이 생각하는 대표적인 고분자 물질이 바로 석유화학 제품인 플라스틱이나 합성수지이다. 인공적인 느낌이 강하지만 사실 석유는 천연물질이다. 플라스틱은 이런 천연물질을 통해 얻는다. 화학물질 이름 중에 앞에 '폴리'라는 단어가 있다면 그 물질은 대부분 고분자 물질이다. 우리 주변에서 이온 덩어리와 금속을 제외한 모든 것이 폴리머라 할 수 있다. 생명체 또한 고분자 덩어리다. 그래서 생화학분야에서는 고분자를 거대분자●巨大分子, giant molecule라고 지칭한다. 앞서 언급한 탄수화물을 포함해 핵산, 단백질, 폴리페놀과 같은 바이오폴리머bio polymer를 뜻한다. 하지만 일반적으로 말하는 고분자는 모노머라는 단위체가 반복 연결되어 만들어지기 때문에 자연에 존재하는 고분자와는 다소 다르다. 우리가 익히 알고 있는 고분자가 이런 성질을 가지게 된 이유는 주 원소인 탄소의 성질 때문이다. 탄소는 엄청나게 많은 화합물을 안정적으로 만들수 있고, 새로운 화합물을 만들기도 쉽다. 탄소화합물 중 대표적인 것이 석유이다. 대부분의 고분자는 천연연료인 석유를 정제하는 과정에서 얻게 된다.

석유 안에는 대체 무엇이 들어 있을까? 사실 석유의 기원에 관해서는 다양한 학설과 의견이 제기되고 있지만, 아직도 확실하지 않다. 현재는 지질시대에 퇴적된 동식물이 변화했다고 하는 생물기원설이 가장 유력하다. 그리고 정

● 지름이 약 100~1만Å이고 분자량이 약 1만 이상인 매우 큰 분자. 모노머가 연속적으로 길게 이어져 보통 분자가 모여서 된 물질과는 상당히 다른 성질을 나타낸다. 그 때문에 이것들을 특히 고분자라고 하여 구별한다.

설로 받아들여진 것은 아니지만, 지구의 생성과정에서 무기물로부터 생성됐다는 설도 있다. 석유 자원은 지구가 탄생하면서부터 끊임없이 내부에서 생산되는 무기물의 일종이라는 것이다. 만약 이 설이 사실이라면 석유고갈에 대한 걱정은 사라진다. 석유가 지구 탄생 초기부터 끊임없이 지구 내부에서 생성되는 무기물이라면 고갈될 일이 없지 않은가. 상상만 해도 흥미롭다.

우리가 알고 있는 대부분의 플라스틱, 즉 고분자는 대개 탄소화합물 또는 탄소에 수소가 붙어 있는 탄화수소 물질이란다. 탄소는 우주에서 4번째, 지구의 껍질에서 15번째 그리고 생명체 안에서 3번째로 많은 원소야. 생각보다 훨씬 많지? 그러다 보니 탄소가 포함된 물질도 많은 것이지.

주기율표에서 6번째 원소인 탄소는 원자핵에 양성자 6개를 가지고 있어. 그러면 원자핵에 양성자 1개를 가진 수소는 어떨까? 수소는 우주에서도, 지구에서도, 그리고 우리 몸에서도 가장 많은 원소란다. 그만큼 흔한 것이지. 늘 이야기했지만 모든 원자의 소망이 뭐라고 했지? 맨 바깥 껍질에 전자를 채우고 싶어 한다고 했어. 가장 안쪽 껍질인 K 껍질에는 전자 2개만 채우지만, 나머지 궤도에는 8개를 채우고 싶어 하지. 그래서 늘 바깥 껍질까지 꽉 채운 18족 원소가 선망의 대상이라고 했던 것을 기억할 거야. 아주 귀에 못이 박여 있지 않니?

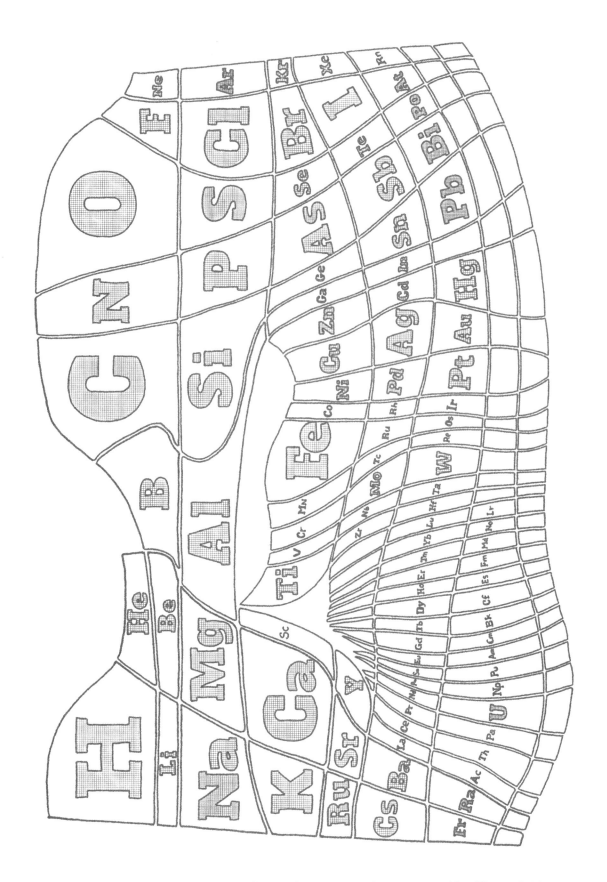

THE ELEMENTS ACCORDING TO RELATIVE ABUNDANCE ON EARTH's SURFACE

A Periodic Chart by Prof:Wm.F.Sheehan, University of SantaClara.CA

바로 옥텟 규칙이지요! 이건 잊어버리지 않아요!

좋았어! 이제 옥텟 규칙을 가지고 탄소를 살펴볼까? 탄소는 양성자 수와 같은 6개의 전자를 가지고 있어. 옥텟 규칙에 의해 첫 번째 전자 궤도에 2개, 두 번째 궤도에 4개의 전자가 놓이게 되지. 최외각전자가 4개인 셈이야. 그러면 탄소는 맨 바깥 껍질인 두 번째 궤도에 전자 8개를 채우기 위해, 부족한 전자 4개를 얻으려고 노력할 거야. 그런데 주변에 가장 많이 널려 있는 원소가 뭐라고 했지? 우주에도, 지구에도 가장 많은 거 말이야.

수소요!

맞았어, 바로 수소지. 수소원자는 전자가 하나밖에 없기 때문에 최외각전자가 1개지. 첫 번째 궤도이자 바깥 껍질에 전자 2개가 있어야 하는데, 부족하니 수소도 어디선가 1개를 채우려고 하겠지. 아니면 그냥 전자 1개를 버리든가.

아~ 그냥 버릴 수도 있군요?

그냥 버려서 수소양성자(H^+)로 존재하는 경우도 많아. 비록 양전하를 가진 상태가 되지만 전자가 모자란 것보다 차라리 아예 없는 걸 더 안정하다고 느끼는 거지. 하지만 대부분은 전자를 채우려고 해. 그래야 전하가 중성이 되어 더 안정하니까. 이 말은 다른 원소와 반응성이 좋다는 것을 의미해. 결국 탄소 입장에서는 4개의 전자가 남아 있는 원소를 찾는 것보다 4개의 수소와 만나면 일이 더 간단해지는 거야. 더욱이 수소는 주변에 엄청나게 많거든.

그런데 이 탄소가 몸집을 불려가는 걸 무척 좋아해. 탄소끼리도 사교성이 무척 좋아서 잘 결합하는 거지. 4개가 늘 모자란 탄소 둘이 전자 1개나 2개를 공유하는 C-C, C=C 형태가 되면 각각의 탄소는 나머지 전자 3개 혹은 2개만 더 필요하게 되니, 주변에 흔한 수소와 결합을 하면서 계속 몸을 불려나가는 것이지. 심지어 탄소원자끼리는 연속적인 공유결합을 형성하며 실처럼 계속 이어지는 특이한 성질이 있기 때문에 수천 개의 탄소원자로 이루어진 분자도 만들어지

게 되지. 그러면서 수소나 다른 원소와 결합을 하는 것이지. 물론 다른 원소 없이 탄소끼리도 결합할 수 있어. 지난번에 이야기한 그래핀이 그런 사례야.

아~ 이런 식으로 결합하는 거군요. 친한 친구들끼리 뭉치는 것과 비슷해요.

폴리머가 대부분 석유화학 제품이라는 의미는 이런 폴리머를 대부분 석유 정제과정을 통해 얻었기 때문이야. 결국 폴리머의 기본이 되는 이런 탄화수소 물질이 대부분 땅속의 석유 안에 남아 있었던 거지. 결론적으로 석유는 천연에서 액체 상태로 존재하는 탄화수소의 혼합물인 셈이야. 인류의 역사가 시작하기도 전에 여러 생명체가 지하 깊숙한 곳에 묻혀, 고온과 고압의 조건에서 이렇게 탄화수소 물질로 변한 거야.

석탄은요? 석탄에는 탄화수소 물질이 없나요?

석탄은 말 그대로 탄소 덩어리야. 탄소함유량이 대단히 많은 물질이지. 석유는 탄화수소이고! 석탄의 주성분은 좀 복잡한 탄소혼합체지.

석탄은 예전에 나무가 썩어서 만들어진 거라던데요?

썩는다는 표현은 옳지 않아. 그랬다면 진작 다 분해되어 사라졌을 거야. 과거 석탄기 말기에 지구 육지 위에는 엄청나게 많은 식물로 가득한 숲이 있었지. 지구에 산소도 많았지만, 이산화탄소도 많았어. 게다가 초식동물이 나타나기 전이라 훼손도 덜했지. 그 울창하게 자란 식물이 어느 순간 산사태처럼 쓰러지고 쌓인 거야. 당시 식물은 크기에 비해서 뿌리가 약했기 때문이야. 그런데 당시 지구에는 식물을 분해하는 미생물이 거의 없었어. 결국 식물 잔해가 미생물에 의해 분해가 되기 전에 높은 온도와 압력으로 지각 안에 갇힌 거야. 그래서 석탄이 만들어진 거지. 말하자면 지구가 거대한 화학실험실이 된 셈이지.

우와~ 지구가 거대한 화학실험실이라니!

이제 지구 안에서 벌어진 기본적 실험을 해보자. 탄소(C) 1개에 수소(H)가 4개가 붙어 있는 분자의 구조의 모양을 상상해볼까? 모양은 수소 4개가 탄소를 동서남북으로 감싼 형태가 된단다. 이런 모양을 유지하는 건 쌍극자모멘트dipole moment라는 현상 때문이야. 극성●極性, polarity 때문인데 자세한 원리는 나중에 다시 가르쳐줄게. 원자들끼리 결합할 때 원자의 힘 때문에 극성을 띠게 되거든. 수소의 경우 4개의 똑같은 힘이 탄소를 중심으로 작용하면 이런 형태가 가장 균형이 맞지. 지금 이 상태가 가장 안정된 상태의 분자란다.

● 화학에서 이중극자 혹은 그 이상의 다중극자를 갖는 분자나 분자단에서 나타나는 전하의 분리를 의미한다. 일반적으로 2개 이상의 원자로 이루어진 분자의 구조적 비대칭성이나 구성 원자 간의 전기음성도 차이에 의해 전자구름이 한 방향으로 몰려서 생기는 쌍극자모멘트라는 표현하기도 한다.

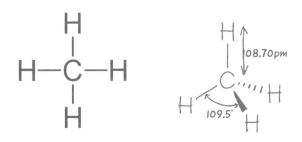

엄밀히 말하면 저렇게 평면에서 90° 각도로 결합하는 것은 아니야. 3차원 공간에서 극성 때문에 탄소 사이는 109.5°의 각도를 이루고 있단다. 지금은 그것이 중요한 것이 아니니 대략 구조만 알아두렴.

이것의 화학식은 CH_4가 되겠지? 이것을 메테인methane이라고 해. 메테인 혹은 '메탄'이란 말은 많이 들어봤지? 네가 자주 뀌는 방귀에 포함된 성분이기도 하지. 자, 여기서 숫자 이름을 알아야 해. 라틴어로 된 숫자 이름을 알면 앞으로 화학을 공부하기 편하거든. 우리가 수를 표현할 때 일, 이, 삼, 사 하는 것처럼 라틴어로는 1부터 10까지를 메타, 에타, 프로파, 부타, 펜타, 헥사, 헵

타, 옥타, 노나, 데카라고 부르지. 펜타는 전에 배운 그리스어 접두사와 비슷하지? 그리고 문어 다리가 8개여서 문어를 옥토퍼스octopus라고 부른다고 했었잖아. 영어 단어에는 라틴어의 어근을 간직한 단어가 많아.

최근에 본, 외계인이 나오는 영화에서 외계인 다리가 7개여서 헵타포드라고 했어요! 그런데 전에 가르쳐주신 모노, 다이, 트라이… 이것들과는 또 다르네요?

맞아. 명칭은 좀 복잡한 이야기인데 그건 나중에 더 깊은 공부를 하면 알게 될 거야. 전에 배운 그리스어 수사와는 좀 다르게, 탄소의 작용기를 고려한 유기화학●有機化學, Organic chemistry에서 붙이는 이름이거든. 지금은 이런 명명법이 있다는 것만 알면 된단다.

자, 이번엔 탄소원자 하나가 더 나타나서 2개가 공유결합한 모양을 볼까?

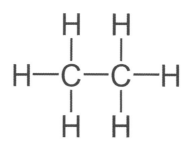

이런 모양이 되겠지? 탄소원자 2개와 수소원자 6개가 C_2H_6라는 화학식을 만들 수 있단다. 이것의 이름은? 한번 맞혀볼래?

탄소 2개… 아, 라틴어로 2를 '에타'라고 했으니까 에탄Äthan인가요?

잘 맞혔어. 바로 에테인ethane이란다. 에탄은 독일어 표현이지. 그런데 탄소는 탄소끼리도 잘 결합을 한다고 했었지? 에테인처럼 전자 1개를 공유하면서 결합하기도 하지만, 전자 2개를 공유하며 결합하기도 하지. 수소 1개와 결합하지 않고 탄소와 전자 2개를 공유하면 이중결합이라고 해서 C=C 형태가 되는 것이지. 그러면 모양이 어떻게 될까?

● 유기화합물의 구조나 특성, 제법 및 응용 등을 연구하는 화학의 한 분야이다. 원래는 살아있는 생명체에 의해 만들어진 물질, 즉 유기물을 연구하는 학문으로 정의되었으나, 유기물질이 생명체에 의해서뿐만 아니라 실험실에서도 만들어질 수 있음이 알려진 이후로는 탄소를 포함하는 화합물을 연구하는 학문으로 재정의 되었다.

　　이런 모양이 되겠지? 탄소원자 2개와 수소원자 4개가 C_2H_4라는 화학식을 만들 수 있어.

　　와~ 그럼 이건 이름이 뭐죠? 탄소가 2개이니 이것도 '에타'로 시작할 것 같은데 이것도 에테인인가요?

　　분자의 모양이 바뀌면 완전히 다른 물질이 된다고 아빠가 말했지? 당연히 다른 이름이 되겠지? 탄소가 2개이니 이름은 조금 비슷할 거야. 바로 이것이 에틸렌ethylene이야.

　　어떤 것은 에테인이고, 또 어떤 것은 비슷하게 생겼으면서 에틸렌이고… 너무 헷갈려요. 여기도 무슨 규칙이 있는 거죠?

　　당근이지! 방금 숫자도 명명법이 있다고 했지? 마찬가지로 단일 공유결합이냐 이중결합이냐에 따라 규칙적인 명명법이 있어. ~틸렌~ylene도 그 명명법을 따른 것이지! 명명법은 나중에 공부하게 될 거야. 아무튼 에틸렌은 가장 간단한 구조를 가진 에틸렌계 탄화수소의 하나란다. 주로 다른 화합물 합성의 원료로 사용되지. 아마 앞으로 ○○ 에틸렌이란 이름을 많이 듣게 될 거야.

　　○○ 에틸렌이라고요? 이거 어디서 많이 들어봤는데요. 생각이 날듯 말 듯….

Chapter 4

과일을 익히는 화학물질

서울에서 초등학교에 입학하기 전, 짧은 기간이었지만 나는 고향의 친척 집에 머물게 되었다. 읍에서도 한참 동안 버스를 타고 마을 근처까지 들어갔다. 버스에 내려 다시 경운기를 타고 들어가야 했을 정도로 외진 곳이었다. 전기는 들어왔지만, 자주 전구가 나갔던 것인지, 아니면 전기를 아끼려 했는지 밤이 되면 전깃불 대신 등불을 사용했다. 바로 '카바이드 등'이었다. 나는 어른들이 농사일을 하러 나간 틈을 타 비밀스러운 놀이를 했다. 푸른빛이 도는 카바이드carbide 덩어리를 가지고 나와 냇가에 고인 웅덩이에 던져놓고, 부글부글 끓어오르는 모양을 한참 동안 들여다보는 것이었다. 물론 당시에는 그것이 어떤 물질인지 알 리가 없었다. 끓어오르는 가스에서 나던 냄새는 여름이면 서울 동네를 휘젓고 다니던 소독차나 밤길에서 맡던 냄새와 비슷했다. 일부러 공중으로 날아가는 연기를 손으로 모아 들이마시곤 했다. 그 향을 좋아했고, 떠나온 서울 동네의 냄새라고 생각했다. 바로 이 가스가 에틸렌 가스와 비슷하다는 사실을 안 것은 화학을 제대로 공부한 후였다.

카바이드에 물을 부으면 끓으며 가스가 나오는데 이 가스에 불을 붙이면 환하고 하얀색의 불꽃이 만들어진다. 이 불꽃이 어찌나 밝은지 당시에는 누런 백열전구나 석유 남포등, 양초 대신에 저렴한 '카바이드 등'을 사용했다. 내 기억 속에서 카바이드 등은 어둑해진 도심의 도로변에 줄지어 선 포장마차나 리어카 난전을 밝게 비추고 있었다. 그런데 카바이드에는 또 다른 비밀스러운 일들이 있다.

전에 마트에서 바나나를 사면서 했던 이야기 기억나니? 냉장고에 과일을 저장할 때 사과를 같이 놔두면 다른 과일을 빨리 숙성시켜서 금방 상하게 된다고 했잖아. 이게 바로 에틸렌의 효과야. 에틸렌은 식물 호르몬의 일종이란다. 과일 성숙 호르몬이라고도 하지. 에틸렌의 발견은 우연이었지. 1800년대 러시아에서 가스관 누출이 있었어. 그런데 누출 장소 근처에 있던 나뭇잎이 다른 나무에 비해 일찍 떨어지는 현상이 발견된 거야. 그리고 1901년에 식물학을 전공하던 러시아의 과학자 넬류보프Dimitry Neljubow가 실험실 안에서 강낭콩의 생장이 비정상적인 것을 발견하고 추적한 끝에 이 현상이 에틸렌 가스 때문이라는 것을 밝혀냈단다.

아빠! 그런데 엄마는 왜 안 익은 바나나를 사요? 잘 익은 것도 많은데…. 빨리 먹고 싶은데 항상 안 익은 것만 사시니까 기다려야 하잖아요.

그건 바나나를 오랫동안 보관하기 위해서야. 너무 숙성된 것을 사면 다 먹기 전에 상하잖아. 원래 바나나를 수확할 때는 거의 녹색인 상태일 때 수확한단다. 껍질도 두껍고, 속도 무처럼 단단하지. 그럼 어떻게 우리가 마트에서 노랗게 익은 바나나를 살 수 있는 걸까?

농장에서 마트까지 오는 동안 시간이 걸리니까 저절로 바나나가 익어서 그런 것 아닌가요?

자연적으로 숙성하면 일주일 이상 걸리고, 숙성 정도가 개체마다 달라서 안정적으로 유통하기 힘들단다. 그래서 사람들이 강제로 숙성시키는데, 대부분 가스와 열을 이용해. 그 가스가 바로 에틸렌이지. 인체에 해가 없으니 걱정할 필요는 없어. 에틸렌 가스는 사과 같은 과일, 채소가 호흡을 하면서 나오는 기체야. 식물의 성장을 촉진하지. 그래서 사과 상자 안에 상한 사과가 있으면 전체가 쉽게 상하기도 하는 거야.

　　이 초록색 바나나에 에틸렌 가스를 주입하고 하루나 이틀이면 우리가 먹는 노란색의 잘 익은 바나나가 되는 것이지. 에틸렌은 옥신auxin, 지베레린gibberellin, 사이토키닌cytokinin, 아브시스산abscisic acid, ABA 등과 더불어 5대 식물호르몬 중 하나로 분류된단다. 2개의 탄소원자가 결합한 매우 단순한 구조의 유기화합물이지.

 와~ 신기하다. 과학은 여기저기서 유용하게 사용되네요!

 그런데 악용되는 경우도 있지. 아빠가 어린 시절에는 카바이드라는 것이 있었어. 아빠는 전구 대신에 사용하는 등의 연료로 알고 있는데, 전기 사정이 좋지 않았던 시절에는 길거리에서 노점을 하시던 분들이 이 등을 사용했었지. 백열전구보다 환하고 하얀색의 밝은 빛이 났었지. 지금은 완전히 사라진 불빛이지만, 당시에 골목길의 상점들과 포장마차를 비추던 그 빛에 얽힌 추억이 많이 있단다. 지금은 LED● Light Emitting Diode와 같은 편리한 빛을 사용하지만, 그때만큼 마음을 따뜻하게 해주지는 않는 것 같아.

● 발광 다이오드라고도 한다. 순방향으로 전압을 가했을 때 발광하는 반도체 소자이다. 백열등, 형광등에 비해 작고 견고하고 수명도 길며, 밝기도 더 밝고 전력 소모량도 훨씬 낮다.

 백열전구보다 밝은 빛을 냈다고요? 그러면 좋은 건데, 왜 악용이 되었다고 하시는 거죠?

 우리가 이렇게 카바이드라고 부르는 물질은 사실 칼슘카바이드calcium carbide라고 하는 탄화칼슘(CaC_2)이야. 탄소는 이온결합Ionic bond보다는 공유결합covalent bond을 하는 게 일반적이야. 하지만 카바이드는 독특하게도 2개의 탄소원자가 삼중결합triple bond을 한 탄소 음이온과 칼슘 양이온이 이온결합 한 물질이야. 음전하를 띠기 때문에 칼슘과 같은 양전하와 이온결합을 형성할 수 있는 거지. 삼중결합을 가지고 있는 데다가 탄소가 음전하를 띠고 있기 때문에 물질의 안정성은 낮아. 안정성이 낮다는 뜻은 다른 물질과 반응을 잘한다는 뜻이지. 홍시를 만들 때도 칼슘카바이드에 물만 묻혀 놓으면 아세틸렌 가스가 나오면서 과일이 숙성된단다.

38

$$CaC_2 + 2H_2O \rightarrow Ca(OH)_2 + C_2H_2(gas)$$
$$[: C \equiv C :]^{2-} Ca^{2+}$$

H—C≡C—H

과일은 스스로 에틸렌 가스를 생합성하여 익는데, 아세틸렌은 에틸렌과 유사한 구조를 가지고 있기 때문에 인위적으로 과일을 숙성시키는 데 사용할 수가 있지.

지금도 사용하나요? 먹는 걸 화학물질로 익힌다니 왠지 찜찜한데요?

유해성 문제가 제기되면서 현재는 사용하지 않아. 카바이드 속에 황, 질소, 인 등이 포함되어 있어서, 물과 반응하면서 아세틸렌 가스 외에 수산화칼슘, 황화수소, 암모니아 등도 배출되거든. 이런 물질들이 과일에 묻어날 가능성이 있어서 사용이 금지됐지.

그냥 에틸렌 가스를 사용하면 되지, 왜 아세틸렌 가스를 사용하죠?

과학은 양날의 검이라고 할까? 앞으로도 이런 의문이 많이 들 텐데, 대부분은 경제적인 문제야. 에틸렌 가스보다 아세틸렌 가스를 사용하는 것이 훨씬 저렴하거든! 과학적 지식을 많이 알고 있으면 좋은 점도 있지만, 이를 안 좋은 쪽으로 이용할 수도 있단다.

자, 기본기는 알았으니, 이제 본격적으로 폴리머로 들어가볼까?

벌써 폴리머로 바로 들어가나요? 많이 공부 안 했는데⋯ 기껏해야 메테인과 에틸렌 정도밖에 모르는데 괜찮나요?

Chapter 5

플라스틱?
다 같은 플라스틱이 아니다

일부 진화학자는 6번째 대멸종이 이미 1820년부터 시작했다고 한다. 지구환경은 날로 심각해지고 있다. 최상위 포식자인 인류가 지구의 곳곳에서 생태계를 교란하고 있다. 특히 주된 생활물질인 플라스틱은 땅에 묻혀도 수백 년간 분해되지 않고 남아서 환경을 오염시키고 있다. 과연 친환경 플라스틱은 없을까?

친환경 플라스틱의 재료로 대두되고 있는 것 중 하나가 바로 '닭털'이다. 닭털의 주성분인 케라틴keratin은 사람의 머리카락이나 손톱을 위시한 각종 동물의 조직에서 주요 구성을 이루는, 강하면서도 화학적으로 안정한 단백질이다. 미국 네브래스카 주립대학의 연구진은 몇 년 전 미국 화학협회 회의에서 닭털 섬유를 주성분으로 한 플라스틱에 관해 발표했다. 닭털로 플라스틱을 만들면 합성 플라스틱보다 가볍고 강도 높은 플라스틱이 만들어진다. 게다가 닭털은 해마다 수백만 톤씩 버려지고 있다. 닭털을 복합재료로 사용하면 폴리에틸렌Polyethylene이나 폴리프로필렌Polypropylene과 같은 고분자를 대체할 수 있다. 따라서 지금 사용되고 있는 플라스틱보다 분해가 잘 되고 내구성도 더 높아진다. 이 연구가 실용화되었을 때를 상상해본다. 치킨을 배달시키면 치킨과 소스 등이 그 닭의 깃털로 만든 포장지와 용기에 담겨 올 것이다. 닭은 어느 하나 버릴 것이 없이 모든 것을 인류에게 줄 것이다.

고분자로 만들어진 플라스틱은 왜 분해가 되지 않을까. 답은 간단하다. 고분자의 중심에는 탄소끼리 강한 결합을 가진 긴 사슬이 있다. 분해가 되려면 효소나 미생물이 그 결합을 잘게 끊을 수 있어야 하는데, 그게 쉽지 않은 것이다. 잘 분해되는 플라스틱은 강하게 결합한다는 장점을 유지하면서 동시에 잘 끊어지는 성질을 가져야 한다.

에틸렌은 C_2H_4의 구조로 되어 있는 물질인데, 이때 탄소 이중결합이 중요한 역할을 하지. 탄소끼리 결합을 잘 하기 때문에, 이중결합이 끊어지고 다른 에틸렌의 탄소끼리 결합하게 돼. 이런 에틸렌 기본 분자를 모노머로, 여러 개(n개)가 반복하여 사슬처럼 결합하면서 그림과 같이 $-(CH_2-CH_2)_n-$ 의 형태로 만들어지는 거야. 이때 n은 반복 연결되는 사슬 개수를 표현하는데, 그게 바로 '중합도'야. 이렇게 연결된 분자구조는 상업화된 폴리머 중에서 가장 간단한 구조야. 모양은 탄소 사슬이 길게 연결되어 있을 뿐이고, 양쪽으로 수소가 탄소에 결합하여 있는 구조지.

$$-\overset{\displaystyle H}{\underset{\displaystyle H}{C}}-\overset{\displaystyle H}{\underset{\displaystyle H}{C}}-\overset{\displaystyle H}{\underset{\displaystyle H}{C}}-\overset{\displaystyle H}{\underset{\displaystyle H}{C}}-\overset{\displaystyle H}{\underset{\displaystyle H}{C}}-\overset{\displaystyle H}{\underset{\displaystyle H}{C}}-\overset{\displaystyle H}{\underset{\displaystyle H}{C}}\Bigg(\overset{\displaystyle H}{\underset{\displaystyle H}{C}}-\overset{\displaystyle H}{\underset{\displaystyle H}{C}}\Bigg)_n\overset{\displaystyle H}{\underset{\displaystyle H}{C}}-\overset{\displaystyle H}{\underset{\displaystyle H}{C}}-$$

아, 이제 이해가 확 되는데요? 전에 말씀하신 모노머, 중합도. 이런 것들이 뭔지 알겠어요.

이렇게 해서 만들어진 폴리머 물질이 바로 폴리에틸렌이란다. 과자나 라면 봉지 같은 비닐류의 포장재나 각종 용기로 사용하지. 봉지나 플라스틱 그릇을 한번 잘 살펴보렴. 삼각형 모양의 분리배출 도안 내부에 재질이 적혀 있을 거야. 바로 폴리에틸렌의 약자인 'PE'라는 표시가 있는 것을 쉽게 볼 수 있어.

아닌데요? 플라스틱 반찬통에 HDPE라고 쓰여 있는데요?

그것도 역시 폴리에틸렌이야. 중합도의 수와 분자구조에 따라 저밀도와 고밀도로 다시 분류되지. 네가 지금 본 그것은 고밀도 폴리에틸렌HDPE, High Density Polyethylene이라고 해. HDPE는 중합도가 1만~10만 개의 범위를 갖는 거대한 분자야. 실처럼 기다란 구조로 되어 있지. 폴리에틸렌은 에틸렌이 엄청나게 많이 연결되어 있어서 폴리라는 말을 붙인 것이고, 결정이 따로 있는 것이 아니야. 이 기다란 것 자체가 하나의 분자라고 생각하면 되는 것이지. 예를 들어 샤워를 하고 나면 목욕탕 바닥에 있는 배수구에 머리카락이 뭉쳐 있는 것을 볼 수 있지? 머리카락 1가닥이 이 폴리에틸렌 고분자 하나이고, 이 고분자들이 뭉쳐 있는 것이 바로 우리가 보고 있는 폴리에틸렌의 결정체라고 생각하면 이해하기 쉬워. 그리고 반대로 저밀도 폴리에틸렌은 LDPELow Density Polyethylene라고 하겠지?

그렇다면 LDPE와 HDPE는 뭐가 다른 건가요?

쉽게 말해서 부드러운 것이 저밀도 폴리에틸렌이고, 단단하고 강한 것이 고밀도 폴리에틸렌이라고 생각하면 되지. 이런 성질은 만드는 방법에 따라 폴리에틸렌의 생김새가 달라지기 때문이야. 폴리에틸렌을 만드는 방법에는 고압법과 저압법이 있어. 고압법으로 만들어진 폴리에틸렌은 마치 나뭇가지처럼 분기分岐가 많은 선형線型고분자로, 옆으로 짧은 가지가 여러 개가 뻗은 모양의 폴리에틸렌이 만들어져. 이것이 저밀도 폴리에틸렌이야. 고압으로 만들다 보니 큰 압력 때문에 가지가 막 튀어 나간 거야. 이에 비해 저압법은 머리카락처럼 긴, 가지가 없는 매끄러운 모양의 폴리에틸렌이 되는데, 이게 바로 고밀도 폴리에틸렌이지. 떡집에서 가래떡을 뽑는 기계처럼 낮은 압력으로 천천히 뽑아 만든 것이라고 보면 이해하기 쉬우려나?

고압법으로 만들면 저밀도고, 저압법으로 만들면 고밀도라…. 거꾸로 외우면 간단하겠네요.

으이구~ 무작정 외우지만 말고 생각을 해보자고! 두 가지 중 어느 것이 더 단단하게 뭉칠 수 있을까? 이렇게 상상해보자. 나무를 쌓아야 하는데 짧은 가지가 삐죽삐죽 튀어나온 나뭇가지를 쌓으면 아무래도 엉성하게 쌓이겠지? 그런데 튀어나온 가지가 없이 반듯한 나무를 쌓는다면 차곡차곡 쌓을 수 있을 거야.

저밀도 폴리에틸렌은 단단하게 뭉치기 어려워서 엉성한 고체가 된단다. 그러다 보니 부드럽고 얇은 필름이나 랩 등의 재료로 쓰이지. 반대로 고밀도 폴리에틸렌은 더 딱딱한 고체로 만들 수 있는 것이야. 이렇게 긴 사슬의 옆면으로 튀어나온 또 다른 사슬들의 모양이 합성수지의 밀도와 결정에 영향을 주는 거야.

폴리에틸렌의 원료인 에틸렌은 석유 정제과정 중에서 나오는 나프타● naphtha를 열분해해서 쉽게 얻을 수 있지. 게다가 섬유나 필름 등 어떤 모양으로든 쉽게 만들 수 있기 때문에, 석유화학이 발전하면서 다양하게 쓰이게 된 물질이야. 저밀도 폴리에틸렌은 각종 필름, 부엌용품, 식자재 용기, 테이프, 완구, 포장재, 과자봉지 등에 사용하고, 고밀도 폴리에틸렌은 단단한 맥주상자나 물통이나 음식물 보관용기 등에 사용하지.

대부분 폴리에틸렌은 이산화탄소 배출만 아니라면 태워도 환경에 부담을 주지 않는단다. 그리고 인체에 해로운 환경호르몬●●環境-, environmental hormone도 거의 없어.

그런데 지금 과자봉지를 보니 PE가 아니라 OTHERS라고 적혀 있는데요?

보통 과자봉지는 한 겹이 아니라 3~4겹의 필름을 겹쳐서 만든 것이야. 이것저것 합쳐서 만들어진 필름류라고 해서 그냥 'OTHERS'라고 표현하는 것이지. 이야기 나온 김에 커피믹스 봉지의 구조와 이것을 잘못 사용하는 예를 이야기해 줄게.

스틱 형태의 커피 봉지도 크기는 작지만 분리배출해야 하는 제품이야. 그래서 재활용 재질을 표시하게 되어 있는데, 한 종류의 물질로 만들어진 것이 아니어서

● 석유화학의 기초유분인 에틸렌과 프로필렌의 주원료로, 조제粗製 휘발유라고도 한다. 어원은 페르시아어에서 '땅으로부터 스며나온 것'을 지칭하는 나프트naft이다. 석유의 액체 탄화수소 중에 가장 가볍고 가장 휘발성 강한 성분들을 가리키는 광범위한 용어이다.

●● 생체 외부에서 들어와 내분비 기관 안에서 호르몬의 생리 작용을 교란시키는 화합물을 말한다. 잘 알려진 것으로 다이옥신, PCB, PAH, 푸란, 페놀 그리고 DDT 등이 있다.

겉면에 'OTHERS'라고 적혀 있어. 작은 포장지이지만 생각보다 복잡하게 만들어졌지. 그러면 한번, 이 포장지 내부를 분석해볼까?

커피믹스 봉지도 과자봉지처럼 내용물을 보호하기 위해 소량의 질소를 채워놓는단다. 요즘 제과업체가 과자봉지를 과대포장 한다고 논란이 많지. 특히 칩 종류의 과자는 운송 중 충격을 받으면 제품이 파손되기 쉽고, 봉지 안에 산소가 있으면 산화작용으로 내용물이 변질하기 쉽기 때문에 질소를 넣어 풍선처럼 만든 것이지.

이런 포장지는 얼핏 보기에는 한 겹의 얇은 비닐류 같지만, 사실은 대략 3~4겹의 얇은 층으로 이루어져 있어. 보통 재질로는 목적에 따라 폴리프로필렌(PP), 폴리에틸렌(PE), 페트라고도 하는 폴리에틸렌테레프탈레이트$_{Polyethylene\ terephthalate}$(PET) 등이 겹쳐서 사용되지. 그리고 봉지 안쪽에 은색의 얇은 알루미늄층이 있고 포장지 바깥에는 인쇄잉크층이 있어.

 그 반짝이는 게 알루미늄이었어요?

집에서 사용하는 알루미늄 포일$_{aluminium\ foil}$과 같은 재질이지만 훨씬 얇지. 알루미늄박은 약 $5\mu m$(5/1,000mm) 정도로 얇아. 이렇게 커피 봉지 하나를 만드는 데 다양한 종류의 물질이 사용되지. 이유는 여러 층마다 각자의 특별한 역할이 있기 때문이야. 대부분의 역할은 산소와 수분을 차단하고 열과 빛을 막아 외부압력이나 공기 등 환경 조건으로부터 내용물을 보호하는 것이지. 물론 겉면의 잉크층은 안내나 광고 때문이지만.

마지막으로 한 가지 더! 커피 봉지에 있는 특정 표시 선이 있는 부분을 손으로 뜯으면 생각보다 잘 뜯어지지? 그 이유는 봉지에 레이저로 미세한 홈을 뚫어놓았기 때문이야. 간혹 믹스커피를 마실 때, 뜯은 봉지로 커피를 섞으려고 휘휘 젓는 경우가 있어. 하지만 이것은 아주 좋지 않아. 뜨거운 물에 잉크, 폴리머, 알루미늄 등이 녹아 나올 수 있거든. 게다가 커피를 종이컵에 타서 마시게 되면 종이컵 안쪽에서도 코팅된 미량의 폴리에틸렌이나 에폭시 등이 녹아 나올 수 있지. 농담이지만, 아빠 생각에는 그런 방법으로 마시는 것이 진정한 믹스커피라는 생각이 드는구나. 하하! 커피, 설탕, 프림과 알루미늄, 잉크에 사용된 유기물이나 산화금속물, 폴리머 등을 함께 섞어 마시는 것이지.

윽! 우리 선생님이 그렇게 드시던데, 말씀드려야겠어요. 특히 알루미늄과 같은 금속은 몸에 해롭지 않나요?

중금속은 신장이 건강한 사람이라면 소변으로 배출될 수 있지만, 알게 모르게 우리 몸에 축적되는 경우도 많단다. 그렇게 축적될 경우, 골다공증이나 치매, 피부염, 뇌 질환 등 여러 질병의 원인이 되지. 미량이라고 해서 괜찮을 거라는 생각은 하지 않는 것이 좋아. 양도 문제지만 축적된다는 것 자체가 문제야. 배출이 안 된다는 것은 그만큼 몸에 쌓인다는 뜻이잖아.

흔히 보이는 과자봉지나 비닐포장지에 그런 비밀들이 있었군요. 과자를 사는 건지, 포장지를 사는 건지 모르겠어요. 그럼 그 외의 플라스틱 제품들은 어떤 것들이 있나요? 방금 말씀하신 폴리플…필과 폴리에틸렌테…레프탈이트? 이것들은 다른 폴리머죠?

하하! 이름이 어려워 발음이 힘들지? 폴리에틸렌 외에도 PET, PP, PS, PVC, PC 등 여러 가지가 있어. 자! 하나하나 살펴볼까?

방금 네가 말한 것 중에 폴리에틸렌테레프탈레이트는 우리가 페트PET라고 부르는 것인데, 대표적으로 페트병을 만드는 물질이야. 페트병이 워낙 유명해지다 보니 PET라는 물질 이름의 약자가 고유명사처럼 알려졌어. 페트의 특징은 강도가 상당히 뛰어나다는 거야. 손으로 찢기 어려울 정도로 단단해. 게다가 유리처럼 투명해서 유리병 대신 많이 사용하지. 병뿐 아니라 엄마가 자주 마시는 일회용 커피 컵이 투명한 플라스틱인데, 그 컵의 재질도 페트란다.

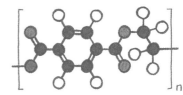

POLYETHYLENE TEREPHTHALATE

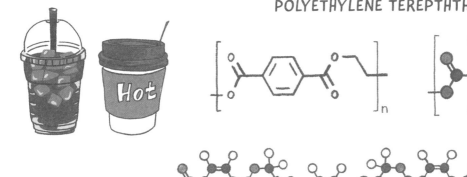

그렇게 단단하고 강해서, 페트를 재사용하려고 분리수거를 하는 거군요.

아쉽게도 페트병은 유리병처럼 재사용을 할 수가 없어. 생각해보렴. 커피 전문점에서 테이크아웃을 할 때, 차가운 음료는 페트컵에 담아주지만, 뜨거운 커피는 종이컵에 담아주지? 뜨거운 물을 페트병에 담으면 용기가 녹는 것처럼 찌그러지거든. 이유는 유리전이온도glass transition temperature라는, 폴리머가 갖는 특징 때문이야. 유리전이라는 것은 폴리머에 나타나는 현상인데, 폴리머가 특정 온도를 기준으로, 낮은 온도에서는 딱딱하지만, 그 이상의 높은 온도에서는 유리처럼 물렁거리는 현상이지. 참고로 과학에서는 유리를 액체로 간주한단다! 유리전이온도는 폴리머의 종류마다 달라.

페트 재질을 재사용하기 어려운 이유는 이 유리전이온도가 낮기 때문이야. 음료수병을 재사용하려면 오염물과 세균을 제거하기 위해 높은 온도에서 씻고 소독해야 해. 그런데 높은 온도에서 페트는 유리전이가 시작되어 휘어지고, 녹아 내려서 원래 모양을 잃어버리거든. 궁금하면 빈 페트병에 뜨거운 물을 넣어 보면 확인할 수 있어. 물론 혼자 실험하면 화상을 입을 수 있으니 반드시 엄마가 곁에서 도와줘야 해.

저는 어린아이가 아니거든요! 그 정도는 할 줄 알아요. 그러면 유리전이온도가 높은 폴리머도 있겠네요.

자세히 살펴보면 음료수나 물병은 페트로 만들어졌지만, 그 병의 뚜껑은 다른 재질을 사용한 경우가 많아. 그래서 엄밀하게 분리배출을 하려면 페트병

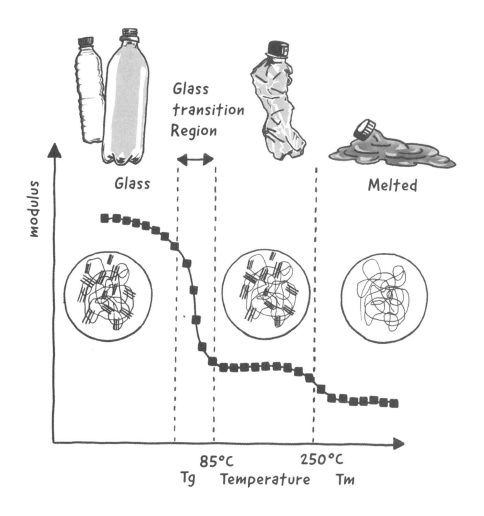

Glass transition Region

Glass

Melted

modulus

85℃
Tg   Temperature   Tm

250℃

GLASS TRANSITION OF PET

과 뚜껑을 따로 모아야 해. 대부분 용기가 투명하고 얇은 것과 달리 뚜껑은 불투명하고 다소 무른 재질로 만들어지는데, 이건 바로 폴리프로필렌이라는 소재야. 열에 상당히 강하지. 가령 우리가 야식을 먹기 위해 뜨거운 음식을 배달시키면 흰색의 불투명한 일회용 플라스틱 그릇에 담겨 오지? 이것도 대부분 폴리프로필렌이란다. 유리전이온도가 높기 때문에 열에 강해서 전자레인지에도 사용 가능하다고 적혀 있는 용기들은 대부분 이것이라고 보면 되지.

폴리프로필렌은 우리가 사용하는 합성수지 중에서 그 용도가 가장 다양한 것 중 하나야. 플라스틱으로도 사용하지만, 섬유로도 사용할 수 있기 때문이지. 특히 고온의 식기세척기에 사용하거나 전자레인지에서도 사용이 가능한 음식 용기로 많이 활용되지. 폴리프로필렌은 섭씨 160℃ 이하의 온도에서는 잘 녹지 않기 때문이야.

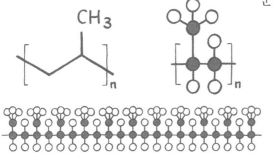

POLYPROPYLENE

CH₃

아~ 플라스틱이라고 해서 다 같은 플라스틱이 아니군요.

그런데 야식을 시키면 딸려 오는 작은 플라스틱 용기가 있지? 반찬이나 양념 혹은 소스를 담은 작은 그릇 말이야. 작은 제품이지만 뚜껑은 폴리프로필렌이고 실제 용기는 조금 더 딱딱한 폴리스타이렌polystyrene, PS이라는 소재로 되어 있어.

페트병 뚜껑은 페트 소재가 아니고, 소스 용기는 뚜껑이 또 다른 재질이라고요? 왜 이렇게 복잡하게 섞어놓는 거죠?

그건 나중에 이야기해줄게. 이유는 과학과 무관할 수도 있어. 아무튼 이 폴리스타이렌에 관해서는 해줄 이야기가 많아. 스티로폼이란 것을 잘 알지? 스티로폼에 관련해 아는 대로 말해볼래?

스티로폼은 잘 알죠. 우선 엄청 가볍고 부드럽고 불에 상당히 약해요. 그리고 학교에서 공작시간에 스티로폼으로 만들어진 수수깡을 사용했는데, 순간접착제에도 녹는 것 같았어요. 또 약해서 잘 부서지고….

● 고분자 등의 내부에 의도적으로 거품 또는 구멍을 만드는 과정을 말한다. 소량의 용매를 섞어주고, 열을 가해 기화시키는 방법 등을 사용한다.

사실 '스티로폼'이란 것은 물질의 이름이 아니라 상품명이야. 원래 이름은 발포● 폴리스타이렌expanded polystyrene, 發泡—이지. 이 물질로 만든 상품 이름이 스티로폼이었는데, 그게 물질 이름인 것처럼 알려졌지. 방금 말한 소스 용기의 물질인 폴리스타이렌을 뻥튀기하듯이 부풀려놓은 것이 바로 '스티로폼'이란다. 결국 스티로폼은 물리적 성질만 다를 뿐, 화학적으로는 폴리스타이렌의 특징을 그대로 가지고 있는 거지. 가볍고 맛이나 냄새도 없어서 일회용 식품 용기로 많이 사용하지. 사실 폴리스타이렌은 환경호르몬 문제가 있어서 뜨거운 식품을 담기에는 상당히 부적합한 소재란다. 이름에서 알 수 있듯이 폴리스타이렌 고분자의 모노머는 스타이렌styrene이란 분자인데, 스타이렌분자는 비닐

기vinyl基(−CH=CH₂)가 탄소 6개의 고리로 이뤄진 벤젠(C₆H₆)과 붙어 있는 형태란다. 화학에서 비닐기는 에테닐기ethenyl基라고도 하는데, 앞에서 배운 에틸렌(CH₂=CH₂)분자에서 수소 하나가 떨어져 나간 모양이야. 이 비닐기가 폴리에틸렌처럼 서로 연결되는 다리 역할을 하면서 폴리머가 되기 위해 중합하는 거야.

POLYSTYRENE

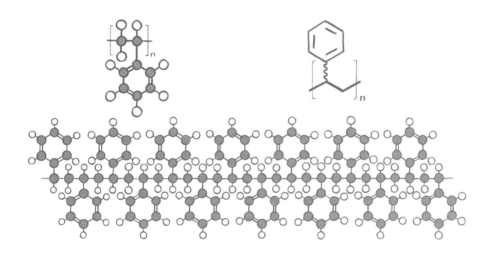

비닐이요? 그럼 비닐이 폴리에틸렌이었나요? 그래서 재활용 분리수거 항목에 비닐류라고 적힌 곳에다가 각종 봉지 같은 것들을 넣는 건가요?

아~ 우리나라에서는 언젠가부터 얇은 플라스틱 필름류를 통칭해서 '비닐'이라고 불렀지. 원어로는 '바이닐'이라고 읽는데, 이건 우리나라에서 가장 흔하게 오류를 범하는 이름이기도 해. 심지어 과학자들도 그런 오류를 범하고 있지. 왜냐면 보통 비닐이라고 부르는 얇은 필름에는 방금 말한 비닐기가 전혀 들어 있지도 않거든. 대부분 얇은 플라스틱 필름은 폴리에틸렌, 폴리프로필렌이야. 아빠 생각에는 비닐이란 말이 널리 퍼진 건 PVC 랩과 PVC 파이프 때문이지 싶어. PVC 파이프는 우리나라가 한창 발전했을 시기에 건축 분야에서 대체할 만한 다른 제품이 없을 정도로 많이 사용되었어. 건축자재 중에 파이프가 많이 사용되는데, 다른 금속 재질의 관보다 성능이 뛰어났기 때문이지. 가공하기 쉽고, 질

POLYVINYL CHLORIDE

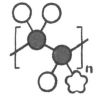
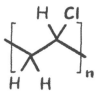

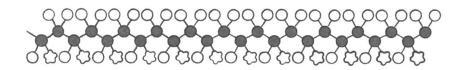

기고, 긁히지도 깨지지도 않고, 심지어 불도 잘 안 붙었어. 그래서 배관이나 보일러관 등에 엄청나게 많이 사용했지. 그 PVC가 바로 폴리염화비닐polyvinyl chloride의 약자야. 다른 폴리머 합성수지가 많지 않았을 때, PVC가 유행하면서 플라스틱류의 대명사가 되었고, 결국 다른 합성수지를 그냥 '비닐'이라는 말로 부르게 된 게 아닌가 싶어. PVC에 관해서는 이따가 다시 이야기하자. 사실 재활용 분리수거 항목에 있는 '비닐류'는 '필름류'라는 다른 이름으로 바뀌어야 맞는다고 생각해.

이 폴리스타이렌은 가격이 저렴하고 단단한 플라스틱으로, 폴리에틸렌 다음으로 우리들 일상생활에서 흔히 접할 수 있는 물질이란다. 네가 좋아하는 장난감의 대부분이 이 폴리머로 만들어졌어. 그리고 여러 가지 제품의 포장재나 보온재로 널리 사용되는 스티로폼도 바로 폴리스타이렌이지.

폴리스타이렌 물질과 관련해 흥미로운 사실이 있는데, 고분자들끼리 서로 섞을 수 있다는 거야. 폴리스타이렌을 만드는 도중에 폴리부타디엔polybutadiene, PBR or BR 고무를 섞으면 어떻게 될까? 폴리스타이렌 사슬에 폴리부타디엔 사슬이 나뭇가지처럼 결합한 것과 같은 모양을 만들 수 있지. 우리가 서로 다른 과일나무에 접을 해서 또 다른 과일을 만드는 것처럼 말이야. 이런 것을 공중합체copolymer, 共重合體라고 해.

이런 경우에는 폴리머 각각의 특성이 섞여서, 원래 갖고 있던 성질 외에 또 다른 성질을 갖게 된단다. 원래 폴리스타이렌과 폴리부타디엔은 물과 기름처럼 서로 섞이지 않으려고 하는 성질이 있어. 서로 잘 붙지 않는 것이지. 그래

50

서 폴리부타디엔 가지는 폴리스타이렌 안에서 단단히 갇힌 채로 자신의 고유한 성질을 지키고 있지. 이렇게 특수한 구조로 되어 있는 고분자에 힘을 가하면 고무인 폴리부타디엔이 에너지를 흡수한다. 폴리스타이렌이 단단해서 원래 갖지 못하는 말랑말랑한 고무와 같은 탄성을, 폴리부타디엔이 이 공중합체에 선물한 셈이지. 그래서 이 공중합체는 더욱 강해져서 쉽게 부서지지 않게 되는 거야. 단단하기만 하면 쉽게 깨질 수 있는데, 그 단점이 보완된 것이지.

결국 이 말은 폴리스타이렌에도 약한 것이 있고, 강한 것도 있다는 의미지. 예를 들어 음악을 들을 때 사용하는 콤팩트디스크compact disk, CD의 투명한 겉포장 케이스가 순수한 폴리스타이렌인데, 이 케이스는 잘 깨지지. 원래 폴리스타이렌은 매우 깨지기 쉬운 성질을 가지고 있어. 반면에 우리가 늘 마시는 요구르트의 병은 어른들의 힘으로도 쉽게 찢어지거나 깨지지 않지. 바로 폴리스타이렌과 폴리부타디엔이 섞인 공중합체로 만들어진 것이야. 이렇게 쉽게 깨지지 않는 폴리스타이렌을 내충격용 폴리스타이렌high-impact polystyrene, HIPS이라고 해.

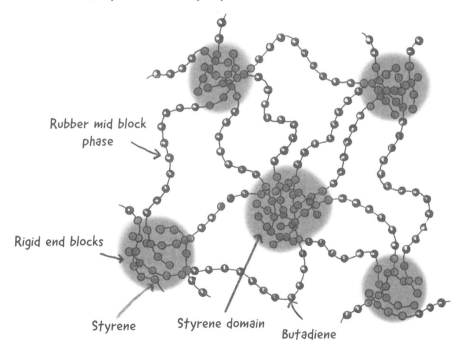

Copolymer of polystyrene and butadiene rubber

Rubber mid block phase

Rigid end blocks

Styrene

Styrene domain

Butadiene

맞아요. 전에 CD 케이스를 떨어뜨렸는데, 금이 쫙 가면서 깨졌어요.

하지만 폴리스타이렌이 장점만 있는 것은 아니야. 스타이렌 모노머가 2개가 붙은 '스타이렌 다이머'와 3개가 붙은 '스타이렌 트리머'가 환경호르몬이라는 지적이 있어. 뜨거운 음식을 담는 용기로 사용하기에는 좋지 않지. 그래도 워낙 활용도가 높아서 수많은 제품에서 'PS'라는 표시를 볼 수 있어. 이 부분은 나중에 환경호르몬 이야기를 해줄 때 더 자세히 말해주마.

그렇게 안 좋은데 왜 이렇게 많은 곳에서 사용하는 건가요?

그건 폴리스타이렌을 다른 폴리머 합성수지보다 값싸게 만들 수 있기 때문이란다. PE나 PET, PP가 환경 측면에서는 더 좋을 수 있지만, 생산비용이 비싸기 때문에 기업들이 특별한 경우를 제외하고는 포장에 활용하지 않는 것이지. 그리고 또 뭐가 남았지?

PVC에 관해 말씀해주시다가 말았어요.

PVC는 폴리염화비닐이라는 원래 이름보다 PVC라는 약어가 더 익숙한 물질이지. 조금 전에 에틸렌($H_2C=CH_2$)에서 수소 하나가 빠진 것을 에티닐기 또는 비닐기라고 한다고 했었지? 모양은 ($-CH=CH_2$)가 될 거야. 수소가 빠진 나머지 탄소의 연결 자리에 염소(Cl)가 붙어서 '염화비닐'이라고 부르게 된 것이야. 이 염화비닐이 모노머가 되어 중합체를 이룬 것이 바로 폴리염화비닐이란다. 이미 설명한 것처럼 합성수지 중에서 생산원가가 가장 저렴하기 때문에 널리 쓰인단다.

우리가 가장 떠올리기 쉬운 합성수지의 용도는 각종 포장재이지만, 사용 비율로 따지면 25% 정도란다. 나머지 75%는 대부분 산업활동에서 차지해. 특히 건축이나 자동차 등 각종 산업에서 제품을 만드는 데 사용되지. 우리 생활 주변에서 PVC를 찾기 쉽지 않아. 과거에는 음악을 들을 때 레코드판이라는 플라스틱판을 사용했어. 바늘이 돌아가는 레코드판을 긁어가며 진동을 음악으로 바꿨는데, 이때 사용한 레코드판의 재질이 PVC야. 외국에서는 '바이닐'이라는 이름이 이 레코드판을 의미하기도 했지. 그리고 신용카드가 PVC로 만들어졌어. 대부분 긴 수명이 요구되는 제품이지. 이렇게 PVC의 활용도는 상당히 넓지만 '염화비닐'이 발암물질이고, '염소'라는 독성물질을 사용한다는 것과 소각시에 '다이옥신'을 배출한다는 이유로 사용에 제한을 받지. 하지만 사실 PVC 자체는 염소를 배출하지 않아. 그리고 딱딱한 PVC를 부드럽게 만들기 위한 '연화제'의 경우에도 발암물질로 취급되는데, 연화제로 주로 사용하는 프탈레이트phthalate도 자체적으로 독성이 있는 건 아니란다. 하지만 아직도 논란이 되고 있는 물질이지. 사실 가정용 쓰레기에서 PVC는 약 1% 정도밖에 되지 않아. 가정도 가정이지만, 기업과 산업에서의 고분자 합성수지의 사용과 활용, 그리고 배출에 더 신경을 써야 하는 이유이기도 해.

그 외에도 아이들 젖병이나 푸른색 생수통, 그리고 비행기 창문으로 사용하는 폴리카보네이트polycarbonate, PC와 침대 매트나 신발 밑창 등의 물렁물렁한 곳에 사용하는 폴리우레탄polyurethane, PUR 등 여러 종류의 합성수지가 있단다. 폴리카보네이트는 비스페놀Abisphenol A와 포스젠phosgene이라는 모노머가 사슬 구조로 중합한 폴리머야. 가공이 쉽고, 열과 충격에 강하지. 게다가 유리처럼 투명하기 때문에 여러 용도로 사용되었지만 비스페놀A가 환경호르몬이라는 이유로 지금도 문제시 되고 있지.

아! 그 이야기 학교에서 들은 적이 있어요. 선생님이 비스페놀A 프리free 제품을 써야 한다고 말씀하셨어요.

설탕이 들어가 있지 않은 무설탕 제품sugar free이 ~제로zero나 다이어트diet~ 라는 이름으로 판매되고 있지? 그런데 먹어보면 그래도 여전히 단맛

POLYCARBONATE

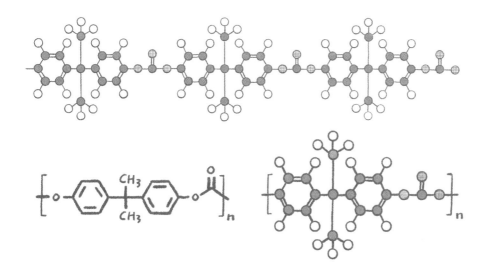

이 느껴져. 그렇다면 설탕은 아니지만 설탕처럼 단맛을 내는 다른 물질이 들어 있다는 거야. 마찬가지로 최근 나오는 비스페놀A 프리 제품이 폴리카보네이트의 장점을 그대로 가지고 있다면 의심해볼 만하지. 분명 여기에도 비스페놀A를 대신해서 사용하는 비슷한 물질이 있다는 뜻이니까.

비스페놀A는 페놀 계열의 고리형 분자 2개가 프로페인분자 골격에 좌우 대칭으로 붙어 있는 구조란다. 1950년대 들어 비스페놀A로 폴리카보네이트를 만들면서 그 수요가 늘었지. 폴리카보네이트는 아주 뛰어난 성질을 가졌어. 금속만큼 단단하고 유리처럼 투명하면서 열에도 잘 견디지. 그래서 비행기 창문과 매일 물에 삶아야 하는 젖병, 그리고 반찬통까지 만들었어. 그뿐 아니라 통조림 캔 내부에 코팅제로 사용하는 에폭시 수지를 만드는 데에도 사용했지.

아니, 통조림 캔 안에도 합성수지가 들어 있다는 거예요? 고분자 합성수지가 쓰이지 않는 곳이 없군요.

나중에 자세히 얘기하겠지만 환경호르몬인 비스페놀A가 점점 널리 쓰이면서 문제가 되었지. 수년 전부터 여러 나라에서 비스페놀A 사용을 규제하기 시작했단다. 지금은 유아용 젖병 등에는 다른 폴리머를 사용하고 있고 일부 실리콘 재료도 사용하지. 하지만 폴리카보네이트의 물리적 성질이 워낙 뛰어나다 보니 이런 대체 재료가 기능 면에서 따라잡지 못하는 부분이 있어. 예를 들어 폴리프로필렌은 폴리카보네이트와 비교했을 때, 투명도도 떨어지고 흠집도 잘 나지. 그리고 폴리에테르설폰polyether sulfone, PES은 열에도 강하고 안전하지만 투명도가 좋지 않아. 또 폴리아마이드polyamide, PA는 가격이 비싸고 열에 약한 편이야. 요즘은 폴리페닐설폰polyphenylsulfone, PPSU 재질이 주목을 받고 있지. 하지만 폴리카보네이트의 성능을 완전하게 따라잡지 못해. 만약 기존 폴리카보네이트를 사용한 제품과 비교했을 때, 물성이 떨어지지 않는 비스페놀A 프리 제품이 있다면, 거기에는 비스페놀F나 비스페놀S가 사용되었을 가능성이 크단다. 하지만 놀랍게도 연구 결과에서는 비스페놀S와 비스페놀F 모두 내분비교란 작용에 있어서 비스페놀A와 큰 차이를 보이지 않았다고 해. 결국 이것도 환경호르몬이란 것이지. 고분자 합성수지로 된 제품을 구매할 때에는 이런 것들을 잘 살펴봐야 해. 이 얘기는 환경호르몬 이야기를 할 때 자세히 해줄게.

비행기 창문이 젖병과 같은 재질의 플라스틱으로 만들어지는 것이었군요. 정말 깨지지 않나요? 아, 그리고 이건 좀 다른 얘기지만, 비행기 창문은 왜 작고 둥근 모양이죠? 그리고 조그만 구멍이 있는데 왜 그런 거예요? 창문을 크게 만들면 바깥도 잘 보이고 좋잖아요.

한꺼번에 질문이 너무 많은걸? 하나씩 답변해줄게. 별것 아닌 것처럼 보이는 비행기 창문에도 숨어 있는 과학 이야기들이 있지.

비행기 창문이 작은 이유는 여러 가지야. 영화에서, 비행기에 구멍이 났을 때 물건이나 사람이 밖으로 빨려나가는 장면을 본 적이 있지? 공기는 기압이 높은 곳에서 낮은 곳으로 흐르는데, 그만큼 비행기의 내부 기압이 바깥보다 높기 때문이지. 고도가 올라갈수록 외부의 대기가 희박해지거든. 그래서 내부와 외부의 기압 차이 때문에 동체에 가해지는 부하를 견디기 위해 비행기 동체에는 강한 기둥을 엄청나게 많이 설치해야 해. 그 많은 기둥 사이로 창문을 만들어야 하니까 작게 만들 수밖에 없지. 창문과 창문 사이에는 보이지 않는 기둥이 숨어 있는 거야. 기차처럼 큰 창문을 달면 경치는 좋겠지만 그렇게 할 수 없는 이유지.

또 비행기 창문이 둥근 것은, 둥근 모양이 사각형보다 압력을 분산시키는 데 유리하기 때문이야. 만약 버스나 기차처럼 창문이 사각형이면 네 귀퉁이 쪽에 압력이 몰리게 된단다. 비행기 창문을 유리로 만든다면 아무리 강화 유리라 해도 버티지 못해. 그래서 창문은 폴리카보네이트가 사용되지. 단단하고 적당한 탄성이 있어서 쉽게 깨지지 않거든. 그리고 비행기 창문은 1장으로 된 게 아니야. 보통 손님이 앉는 객실 쪽은 3~4겹, 콕핏cockpit이라고 불리는 조종석은 7겹이나 되는 폴리카보네이트를 겹쳐서 만들지. 그리고 객실 쪽 창문 아래쪽에 보면 좁쌀 크기의 작은 구멍이 보이는데, 이것은 객실 안의 공기를 겹쳐진 창문 사이로 집어넣어서 바깥과 안쪽의 온도 차로 인한 성에가 끼지 않도록 하는 거야. 비행 중에는 바깥과 객실 내의 온도 차이가 대략 50℃ 이상 난다고 해.

와~ 신기하다. 정말 과학은 여기저기에 숨어 있었네요.

과학이 왜 숨어 있겠니. 다만 우리가 여기저기 널린 과학을 못 보고 지나치는 것뿐이지. 재미있는 이야기 하나 더 해줄게. 세계적인 항공기 제작사인 보잉사는 지름이 3cm 정도 되는 얼음덩어리를 공기총에 장전해 쏴서 객실 창문의 강도를 확인한다는구나. 더욱 강력한 충격을 견뎌야 하는 조종실 창의 경우에는 2kg 정도 되는 죽은 닭을 압축 대포로 쏴서 유리의 강도를 측정한다고 해. 이것은 공항에서 항공기가 이륙할 때 난데없이 새가 날아와 부딪혀 종종 말썽을 일으키는 조류 충돌, 즉 버드 스트라이크●bird strike에 대비한 측정이라고 하지. 이런 충격에도 파괴되지 않으려면 그저 단단하기만 해서는 안 된단다. 어느 정도 유연성을 가지고 충격을 흡수할 수도 있어야 하지. 단단하기만 한 것은 쉽사리 깨지기 마련이란다. 폴리스타이렌으로 만든 CD 케이스처럼 말이야.

　　이렇게 우리 생활과 각종 산업에서 폴리머 합성수지의 역할은 이루 말할 수가 없단다. 그런데 제품을 적절하게 사용하는 것도 중요하지만 그 물질이 환경에 부담을 주어서는 안 돼. 이것은 단순히 쓰레기가 발생한다는 현상 때문만은 아니야. 거기서 나아가 합성수지가 우리가 살아가는 환경이나 몸의 건강에 영향을 미치기 때문에, 그 적절한 사용이 중요하다는 것이지. 결국 재활용이 중요한 이유는 제품을 생산하는 데 들어가는 비용뿐 아니라, 환경에 미치는 악영향 또한 줄일 수 있기 때문이야.

　　그렇게 재활용이 중요하고, 플라스틱의 종류는 다양한데, 왜 분리수거함에는 분류 항목이 플라스틱, 비닐, 페트, 스티로폼 이렇게밖에 없나요? 각각 소재별로 구분해서 버려야 하는 것 아닌가요?

　　이제야 제대로 알았구나. 과거보다는 나아졌지만, 아직도 부족한 부분이기도 하지. 지금은 수거업체에서 재활용 쓰레기를 수거해 간 후, 집하장에서 사람의 손으로 다시 2차로 분류한다고 알고 있어. 그리고 분류가 제대로 안 되는 것들은 OO 케미컬, OO 플라스틱, 이런 이름의 화학 회사로 넘겨진단다. 여기에서 이 폐플라스틱들을 종류에 구분 없이 섞고, 한꺼번에 열로 녹여서 특수한 제품을 만든단다. 그 대표적인 것이 일명 '빨간 고무다라이'지.

Chapter 6

천연 VS 인공,
천연에도 함정이 있다

빨간 고무다라이! 사실 다라이란 표현은 좋지 않은 말이다. 국어사전에도 고무다라이라는 단어는 나오지 않고 '다라이'만 나와 있다. '금속이나 경질 비닐 따위로 만든, 아가리가 넓게 벌어진 둥글넓적한 그릇'을 가리키는 말로, 일본어에서 온 말이다. 대야, 큰 대야, 함지, 함지박으로 순화하라고 되어 있다. '다라이'는 일본어로 '손을 씻다'라는 의미인 '데아라이手洗い, tearai'가 와전된 단어로 보고 있다. 손을 씻는 것이니까 결국은 '손 씻는 그릇', 곧 '대야'인 것이다. 지금 아이들도 빨간색의 고무대야를 본 기억이 있을 것이다.

어렸을 적 살던 집에는 흙으로 다져진 널찍한 마당이 있었다. 마당 한쪽에 펌프가 있고 붉은색의 고무대야에 늘 물이 담겨 있었다. 추운 겨울에도 얼지 않고 좀처럼 깨지지도 않는 붉은색 고무대야는 무척 다양하게 활용됐다. 아이들이 목욕을 하는 작은 욕조로 사용되었고, 잔칫날엔 설거지통으로, 그리고 빨래하는 그릇으로 사용됐다. 특히 겨울에는 김장하던 도구로 지금까지도 사용되고 있다. 마당이 있던 집들이 허물어지며 아파트가 들어섰고, 생활상이 변화하면서 고무대야의 용도가 하나둘 사라져갔다. 이제는 고무대야를 찾기 어렵게 된 것이다. 하지만 지금도 어머니 집에 가면 김치를 담그는 붉은 고무대야를 볼 수 있다. 세월의 흔적을 말해주듯, 여기저기 긁히고 낡은 고무대야는

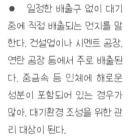

붉은색마저 바랜 채 추억의 한구석을 지키고 있다.

사실 고무대야의 붉은색은 고무 본래의 색이 아니다. 고춧가루로 김치를 담그는 문화 때문에 고 춧가루 물이 들어도 티가 나지 않게 하려고 붉은 염 료를 넣은 것이다. 여러 종류의 폐플라스틱류를 녹여서 만든 고무대야에 직접 김장김치를 담그면 염분과 뜨거운 양념 등 에 의해 납이나 카드뮴 등 몸에 해로운 중금속 물질이나 정체 모를 폴리머가 녹아 나올 수 있다. 부득이하게 고무대야에 김장을 할 경우 에는 유해 물질이 적은 김장용 폴리에틸렌 필름을 덧씌워서 사용하는 것 이 좋다.

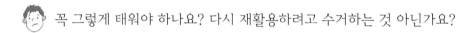 수거된 폐플라스틱 쓰레기를 녹이고 압축해서 고무대야 같은 다른 제품 을 만들기도 하고, 불에 태워서 없애기도 한단다. 그런데 간혹 중금속이 들어 있어서 태울 때 문제가 되기도 해. 요즘 쓰레기 소각장에서는 중금속을 포함한 비산 먼지●飛散-나 각종 다이옥신 등의 유해물질을 필터를 통해 정화하고 있 어. 그래도 태울 때 발생하는 이산화탄소는 어쩔 수가 없단다.

꼭 그렇게 태워야 하나요? 다시 재활용하려고 수거하는 것 아닌가요?

플라스틱이 처음 세상에 나왔을 때는 사람들이 '다이아몬드처럼 영원하 다'라고 했어. 플라스틱은 기존의 어떤 물질보다 만들기 쉽고, 유용하면서 오 래 사용할 수도 있어서 사람들에게 큰 호응을 받았지. 당시에는 이런 폴리머 합성수지 쓰레기 문제에 대해 고민하지 않았어. 그저 오래 사용할 수 있다는 점에 매료되었지. 하지만 지금은 버려지는 플라스틱 쓰레기의 양이 과거보다 너무 많아. 게다가 자연적으로 분해되지도 않기 때문에 과거부터 엄청난 양의 쓰레기가 쌓이고 쌓였지. 그런데도 재활용 분리수거함은 대부분 합성수지를 처리하기 위한 것처럼 보이고 나머지 물질은 합성수지의 양에 비하면 그리 많 지 않아 보이지. 게다가 종이류나 캔류도 잘 살펴보면 내·외부에 각종 코팅이 나 인쇄물이 있어. 엄밀하게 말하면 이런 물질도 합성수지나 마찬가지야.

● 일정한 배출구 없이 대기 중에 직접 배출되는 먼지를 말 한다. 건설업이나 시멘트 공장, 연탄 공장 등에서 주로 배출된 다. 중금속 등 인체에 해로운 성분이 포함되어 있는 경우가 많아, 대기환경 조성을 위한 관 리 대상이 된다.

결국 쓰레기 처리 문제가 우리에게 남겨진 과제지. 정말 심각하게 고민을 해야 해. 땅에 매립되는 쓰레기는 생활쓰레기로 구분해서 별도의 종량제 봉투에 담아 처리하고 있지만, 분리배출 되는 재활용 쓰레기는 일반 쓰레기와 어떻게 구분되어 처리될까? 그리고 분리배출은 되고 있지만, 찢어지고 더러운 이물질이 묻어 있고, 게다가 '비닐류'에 들어간 포장재 제품 중 대부분은 서로 다른 종류의 합성수지인 데다가 알루미늄 금속까지 함유되어 있잖아. 이것들을 일일이 누군가 따로 분리하지 않는다면 대체 분리수거 한 제품들은 어떻게 처리되는 것일까?

불행하게도 이런 쓰레기를 다시 분리해서 각 합성수지 본연의 물질로 재활용하는 것은 오히려 환경과 경제, 양쪽 측면에서 부담이 된단다. 여러 물질이 섞인 제품을 다시 분리하는 과정도 쉽지 않지만, 세정과 소독을 위한 다른 화학적 처리 과정이 도리어 환경을 오염시키기 때문이야. 그리고 경제적 측면에서 보면 재활용을 통해 얻은 이익이 분리작업 및 재활용에 들어가는 비용보다 훨씬 작아. 지금은 확실하게 재활용할 수 있는 것을 제외하고 나머지는 소각해서 열에너지 같은 다른 에너지로 전환하는 것이 최선이야. 그래서 과학자들은 합성수지를 이용해 에너지를 만드는 것에 더 초점을 맞추고 있어.

그렇다면 합성수지 포장재 같은 것들이 제일 큰 문제 같은데요. 이것을 종이나 유리와 같은 친환경 물질로 점점 바꿔나가는 것이 환경에 좋은 것 아닌가요?

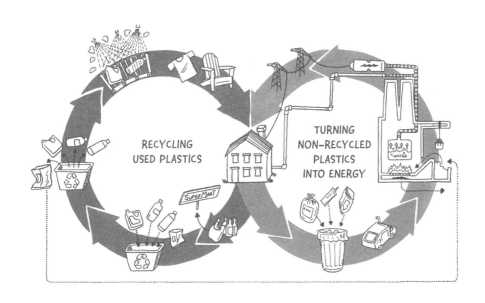

● 1992년 지속가능발전에 대한 세계경제이사회에서 제안된 용어이며, 경제와 생태를 아우르는 개념이다. 자연 자원을 효율적으로 사용함으로써 환경에 미치는 악영향을 최소화하면서 동시에 경제 개발도 할 수 있다는 주장이다.

단순히 생각하면 그렇게 보일 수도 있지만, 생태효율성●ecological efficiency 분석을 해보면 꼭 그렇지도 않아. 얼마 전에도 이야기했지만, 포장재의 비율은 전체 합성수지의 25%에 달해. 결코 무시할 수 없는 양이지. 지금은 합성수지 포장재의 역할이 무척 중요해. TV를 샀을 때 커다란 종이상자 안에 스티로폼과 얇은 필름 등으로 겹겹이 TV를 포장해 놓은 것을 보았지? 사실 이런 포장재를 대체할 만한 성능을 가진 물질이 없어. 또 다른 예로, 액체인 음료수의 경우, 페트병 대신 유리병을 사용하면 환경에 좋을 것이란 생각을 하기 쉬워. 하지만 그건 어디까지나 재활용이 완벽하게 이뤄진다는 전제하의 일이란다. 아직도 유리병을 생산하기 위해서 들어가는 경제적, 환경적 부담이 합성수지보다 훨씬 크지. 게다가 유리병을 수거하는 부담과, 수거한 공병을 다시 사용하기 위해 세척과 각종 처리를 하는 비용과 환경적 부담이 매우 커. 예를 들어 유리병을 세척하기 위해 사용하는 각종 세제와 엄청난 물이 사용되고 폐수 처리를 할 수밖에 없어.

결론은 무조건 합성수지 사용을 거부하는 것이 정답은 아니라는 거야. 적절한 곳에는 충분히 활용하고, 과도하게 사용하지 말고, 배출을 할 때 규정에 맞게 배출해야 한다는 것이지. 정말 나쁜 것은 합성수지 포장재를 사용한다는 것 자체가 아니라, 포장재를 남용하는 것이야. 제품을 과대포장하는 것이 가장 좋지 않은 사례지. 예를 들어 시중에 판매되는 대부분 과자류의 포장이 불필요할 정도로 많다는 거야. 과자를 커피믹스와 같은 여러 층의 폴리에틸렌 수지로 포장하고, 그 포장지를 폴리프로필렌 틀에 넣고, 그 틀을 다시 폴리에틸렌 봉투로 감싸고, 마지막에 종이상자에 담았더구나. 실제 부피로 보면 과자의 양은 전체 포장 부피의 절반이 채 되지 않고, 나머지는 포장지와 합성수지 그리고 질소로 채워져 있어. 과자를 사는 것인지 포장을 사는 것인지를 모를 정도야. 이것이야말로 자원의 낭비인 것이지.

플라스틱류는 썩지도 않는다면서요. 다른 쓰레기처럼 자연에서 썩어서 분해되는 합성수지를 만들었으면 좋겠어요.

그런 합성수지도 있어. 쓰레기 종량제 봉투를 살펴보렴. 다른 비닐봉지처럼 잘 늘어나지도 않고, 쉽게 찢어지거나 터지기도 하지. 그리고 봉투를 만져보면 다른 합성수지 제품과 달리 종이처럼 약간 뻣뻣한 느낌이 있을 거야. 왜 이렇게 약하게 만들었을까? 이유는 쓰레기봉투째로 땅에 묻어서 자연에서 썩게 만들어졌기 때문이야. 종량제 봉투의 재질은 생분해가 가능한 합성수지란다.

　　생태효율성을 따졌을 때 아무리 합성수지가 유리한 점이 있다고 하더라도, 자연에서 분해가 되지 않는 것은 치명적인 약점이야. '지금의 합성수지의 장점을 유지하면서 다른 물질처럼 자연분해 되는 합성수지는 없을까'란 생각은 과학자들이 고민하는 숙제란다.

　　네 질문에 답을 하기 전에 우선 '왜 고분자 합성수지는 썩지 않을까'란 의문을 먼저 해결해야 할 것 같지 않니? 폴리머는 왜 자연에서 분해되지 않을까? 합성수지가 단단하고, 오래가고 다양한 형태의 물건을 만들기 쉬운 특성을 가지게 된 가장 큰 이유는 '기다란 사슬 형태의 분자'라는 것 때문이야. 우리가 배운 대로 수십만에서 수백만 개에 이르는 탄화수소 모노머가 반복적으로 연결되어 사슬 형태를 이룬 기다란 분자가 뭉쳐졌기 때문에 이러한 특성이 생긴 것이지. 그리고 이런 공통적인 성질 이외에 폴리머 합성수지 종류별로 다양한 성질을 지니는 이유는 사슬 형태의 탄화수소에서 모양이 변화하거나 모노머의 특정 위치에서 다른 원소나 분자가 달라지기 때문이지.

　그런 것 같아요. 처음에 알려주신 폴리에틸렌($-(CH_2-CH_2)n-$)의 구조도 에틸렌(C_2H_4)이라는 탄화수소가 중합한 구조인데, 다른 합성수지들도 이것과 상당히 비슷한 구조인 것 같아요. 여기에서 수소가 빠지고 벤젠이 붙거나 염소가 붙거나, 아니면 수소가 더 붙거나….

　자연분해가 된다는 뜻은 결국 미생물들이 이런 물질을 분해할 수 있어야 한다는 뜻이야. 그런데 여기에는 몇 가지 조건이 있어. 마치 우리가 밥을 먹는 과정과 유사하지. 우선 미생물이 모노머가 연결된 사슬 결합을 끊어야 해. 우리가 이빨로 음식물을 잘게 부수는 것처럼 말이야. 그리고 미생물의 분해 도구인 효소●酵素, enzyme가 끊어진 모노머에 잘 붙어야 하지. 그리고 효소가 붙은 모노머를 미생물이 먹고 소화할 수 있어야 해. 예를 들면 당분자의 경우 고분자 중합체처럼 긴 사슬로 되어 있고 녹말이나 섬유소를 만든다고 했지. 그런데 이 당분자는 그 중합체 사슬 결합이 쉽게 끊어지고, 끊어진 섬유소에 효소가 잘 붙고, 단위체도 소화가 잘된단다. 이렇게 되면 결국 중합체는 미생물에 의해 이산화탄소와 물로 최후를 맞는 것이지. 예를 들어, 우리가 식당에

● 생명체 내부의 화학반응을 매개하는 단백질 촉매이다. 각 종류의 효소의 이름은 대개 '-에이스-ase' 또는 '-아제-ase'로 끝난다.

서 쉽게 볼 수 있는 녹색 플라스틱 이쑤시개는 바로 당 중합체인 녹말로 이루어진 것이란다. 물과 약간 높은 온도에도 쉽게 녹기 때문에 이쑤시개를 사용하면 체온에 의해서도 녹는 것을 알 수 있지. 반면에 탄화수소를 기본으로 만들어진 여러 가지 합성 고분자는 잘 끊어지지도 않고, 효소도 잘 안 붙고, 미생물이 소화하기 어려운 구조란 거야.

그러면 그런 당으로 고분자를 만들어서 우리가 사용하는 합성수지 제품들을 대체하면 되지 않나요?

좋은 생각이야. 네 말대로 천연원료로 만든 폴리머가 있기는 해. 하지만 당과 같은 천연물질은 지금의 합성수지 수요를 대체할 만큼 양이 많지 않아. 어떤 것들이 있는지 볼까? 대표적으로 셀룰로스 아세테이트cellulose acetate, 폴리젖산polylactic acid, PLA 그리고 당으로 만들어진 녹말화합물 등이 있지. 폴리젖산은 젖산●을 기초로 한 물질인데, 외과 수술에 사용되는 봉합실이 대표적인 폴리젖산 제품이야. 체내에서 녹아서 몸에 흡수되는 것이지. 그리고 당으로 만들어진 대표적 녹말화합물은 녹말 이쑤시개라고 했지? 그리고 지방족 단위체와 방향족 단위체를 섞어서 만든 고분자가 있어. 지방족 화합물이 사슬 고리가 잘 끊어지게 하고, 방향족 화합물이 고분자를 가공하기 쉽게 만들어. 기존 고분자 합성수지와 똑같지는 않지만, 폴리에틸렌과 비슷한 성질의 제품을 만들 수 있지. 당연히 폴리에틸렌보다는 다소 성능이 떨어지지. 하지만 생분해가 가능한 제품으로, 우리가 늘 사용하고 있는 '쓰레기 종량제 봉투'의 재료가 바로 이것이란다. 생분해가 가능한 합성수지는 아직은 일부 특정한 분야밖에 사용되고 있지 않아. 아무래도 원료가 너무 비싼 물질이다 보니, 다양하게 활용하기는 어렵단다.

● 락트산 또는 유산이라고도 불린다. 체내에서 에너지를 만드는 글리코겐이 분해되면서 생성되는 물질이다. 물이나 알코올 등에 잘 녹고 강한 신맛이 난다.

그래서 종량제 봉투가 비싼 것이군요. 엄마는 쓰레기 버리는 돈도 세금이라고 투덜대시던데요.

하하. 그건 그냥 하시는 소리고, 엄마도 이게 필요한 비용이라는 사실을 잘 알고 계셔. 물론 쓰레기 처리에도 행정 비용이 드는 것도 사실이지. 하지만 생분해가 가능한 쓰레기봉투의 생산비용이 실제로 다른 플라스틱류 봉투의 생산비용보다 비싸기도 해. 한국환경공단에서 발표한 자료에 의하면, 종량제 봉투의 생산비용은 판매금액의 13% 정도야. 얼핏 적다고 생각할 수도 있지만, 쓰레기 처리 과정 전반에 걸쳐 다른 부대비용이 들어간다는 것도 고려하면 절대 적은 금액이 아니야. 아빠는 쓰레기봉투 생산에 비용을 들이는 것도, 쓰레기 처리에 세금을 내는 것도 찬성이야. 쓰레기를 잘 처리하는 것이 우리에게 남겨진 중요한 숙제이기 때문이야.

사실 아빠가 정말 말하고 싶은 부분은 사람들이 흔히 생각하는 것과 달리 '고분자 합성수지를 무턱대고 기피하거나, 무작정 천연원료로 생분해가 가능한 고분자 합성수지를 만드는 것이 진정한 대안일까'라는 거야. 인공과 합성은 좋지 않고 천연은 좋다는 논리는 근시안적이란 것이지. 사실 석유화학 제품이 인공 물질이라고만 생각하지만, 엄밀하게 따지고 보면 석유도 원래 천연물질이잖아.

환경단체나 고분자 합성수지를 반대하는 사람들의 의견은 결국 합성수지가 환경문제와 지구 온난화 등을 야기한다고 하면서, 생분해 가능한 대체재만이 유일한 해결책이라고 주장하고 있어. 맞는 말이지만 중요한 사실이 숨겨져 있어. 실제 합성수지 생산에 사용되는 석유는 전체 원유 채굴량의 몇 퍼센트밖에 되지 않아. 그리고 앞에서 이야기한 천연 합성수지도 엄밀히 따지면 우리가 생각하는 것만큼 환경에 부담이 없는 것도 아니야. 이런 부분은 네가 앞으로도 다양한 토론 주제로 활용할 만한 좋은 예라고 본단다. 단순하게 생각하면 답이 뻔한 것처럼 보이지만, 자세히 들여다보면 미처 알지 못했던 영향들을 볼 수도 있는 거야. 결국 당장 눈앞에 보이는 답이 정답이 아닐 수 있다는 것이지.

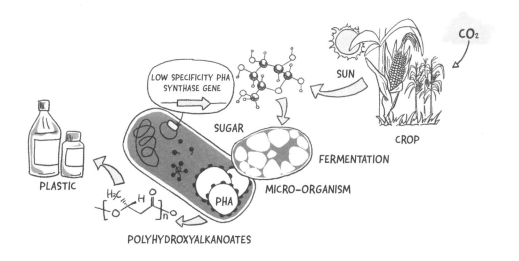

아니, 천연 합성수지는 젖산이나 당 같은 천연물질을 원료로 만드는 거라고 하지 않으셨어요? 그런데 뭐가 문제죠? 친환경적이고 좋은 것이잖아요.

얼핏 천연이라고 하면 마냥 좋은 것처럼 느껴지지. 하지만 조금 전에 이야기한 '생태효율성 분석'을 해보면 꼭 그렇지 않다는 사실을 알 수 있어. 예를 들어보자. 폴리스타이렌과 비슷한 성질의 폴리하이드록시 알카노에이트polyhydroxyalkanoates, PHA라는 천연 합성수지가 있어. 이 물질은 옥수수를 재료로 포도당을 발효해 배양한 미생물에 의해 만들어진단다. 말만 들어도 친환경적일 것 같지? 다른 플라스틱을 이 물질로 대체하면 좋을 것 같고 말이야. 하지만 이 물질을 만들기 위해 필요한 옥수수는 어디에서 얻을까? 결국 농사를 지어서 얻을 수밖에 없지. 땅을 경작하고 비료와 농약도 뿌리고, 수확해서 발효시키고, 미생물을 배양해서 PHA를 추출하고… 생각만 해도 만만치 않은 과정이 될 것 같지 않니?

지금 사용하는 폴리스타이렌의 양 만큼 PHA원료를 만들기 위해 들어가는 자원과 환경적 부담을 비용으로 환산해보면, 공장에서 원유로부터 폴리스타이렌을 만드는 비용보다 수십 배나 높다는 것이지. 게다가 이런 합성수지는 생분해되기 때문에 지금의 고분자 합성수지처럼 다른 에너지로 전환할 수도 없어. 어느 쪽이 환경에 더 부담을 주는 것인지는 다시 생각해볼 필요가 있는 일이지. 그래서 과학자들이 천연 합성수지에 안주하지 않고, 지금도 여러 가지 연구를 계속하고 있는 것이란다. 적은 비용으로 생산할 수 있고, 생분해도 되는 고분자 합성수지는 지금도 전 세계의 과학자들이 끊임없이 도전하고 있는 연구 주제야.

그럴 수도 있겠네요. 단순하게 생각했을 때에는 천연물질로 만든 플라스틱이 그저 좋을 줄만 알았는데, 참 복잡해요. 아무튼 앞으로 재활용 분리수거를 잘해야겠어요. 사실 아빠 몰래 대충 버렸는데….

Chapter 7

1초에 150만 개의 다이아몬드를 만드는 양초

석유화학이 발전하면서 처음 만들어진 고분자 합성수지는 '다이아몬드처럼 영원하다'라는 마케팅 구호를 내세울 만큼, 당시에는 혁신적인 물질이었다. 사람들은 다른 어떤 보석보다 깨끗하고 투명하게 반짝이는 다이아몬드를 '변치 않음'이라는 숭고한 의미를 지닌 보석으로 여긴다. 다이아몬드는 정말로 영원의 상징일까? 다이아몬드는 캐럿carat 단위로 크기를 분류하는데, 1캐럿은 0.2g에 해당한다. 간혹 캐럿을 크기나 부피의 단위로 알고 있는 사람들이 있지만, 캐럿은 무게 단위이다. 1캐럿 크기의 다이아몬의 지름은 대략 6.5mm 정도이다. 캐럿 단위는 저울처럼 무게를 달 수 있는 도구가 없었던 시절에 케럽나무ceratonia siliqua, carob tree 씨앗을 이용해 무게를 측정했던 것에서 유래했다. 케럽나무의 씨앗의 무게는 200mg 내외로 거의 일정하기 때문에 다이아몬드 등 보석이나 귀금속의 무게를 재는 데 이용했다. 이후 1캐럿을 200mg에 해당하는 질량 단위로 정한 후 오늘날까지 사용하고 있다.

다이아몬드는 지금까지 지구상에 알려진 자연 물질 중에서 가장 경도가 우수한 물질이다. 모스경도계●Mohs' scale of mineral hardness에서 가장 높은 값인 10을 가진다. 그렇지만 이렇게 단단하고, 영원히 변하지 않을 것만 같은 다이아몬드도 사실 영원한 물질은 아니다. 모두가 알다시피 산소는 생명체에 필수적

● 프리드리히 모스가 1812년에 제안한 광물 경도의 기준. 10가지 광물을 서로 긁어 상대적인 순서로 나누었다.

인 원소이다. 음식물로 섭취한 당과 지방을 연소하여 대사에 필요한 에너지원을 만든다. 하지만 산소의 강한 반응성이 독으로 작용하기도 한다. 산소는 세포를 노화시키는 데 핵심적인 역할을 하기도 하고, 산소의 반응에 따라 생물학적 분자들이 파괴된다. 수시로 일어나는 세포와 조직의 손상이 노화를 가져오는 것이다. 또 순수한 산소를 호흡하면 생명이 위험할 수도 있다.

18세기 프랑스 화학자 라부아지에Antoine-Laurent de Lavoisier는 순수한 산소만으로 유리병 안에 넣은 다이아몬드를 가열하는 실험을 했다. 그리고 연소한 다이아몬드가 이산화탄소만을 남기고 사라지는 것을 통해, 다이아몬드가 탄소의 결정체임을 증명했다. 영원할 것만 같았던 다이아몬드가 산화작용으로 보잘것없는 이산화탄소로 바뀌고 만 것이다. 흔한 원소인 산소만으로도 쉽게 사라지는 탄소 덩어리에 사람들이 열광하는 이유가 무엇일까?

계속 촛불을 물끄러미 쳐다보고 있는 걸 보니, 촛불이 꽤 신비로운가 보구나? 사실 별것은 아니지만, 촛불을 보고 있으면 마음이 편안해져. 형광등 같은 전기 조명이 따라 할 수 없는 따뜻한 분위기가 있지.

그런 것 같아요. 꼭 살아 있는 것 같기도 하고요. 작은 불빛을 보고 있으면 왠지 마음이 차분해져요.

자세히 들여다보면 촛불 안에서는 더 신기한 일들이 일어나고 있어. 실은 지금 타고 있는 저 촛불에서 수십억 개의 다이아몬드가 나오는 중이야.

정말이요? 지금 타고 있는 촛불에서 그 비싼 다이아몬드가 나온다고요? 말도 안 돼요.

자, 그럼 오늘은 양초와 다이아몬드에 관해 공부해볼까? 다이아몬드는 지금까지 지구상에서 발견된 자연 물질 중 가장 단단한 물질이야. 다이아몬드가 어떻게 만들어지는지는 아직 확실히 밝혀지지 않았어. 우리가 아는 건 화산이 폭발할 때, 높은 온도와 압력이 발생하고, 마그마 안에서 킴벌라이트kimberlite라는 광석의 용해물에서 다양한 화학반응이 일어난다는 것뿐이야. 그 화학반응을 통해 탄소가 격자구조로 배열되면서 다이아몬드가 만들어졌을 것이라고 추측하고 있지. 지구상의 어떤 물질도 다이아몬드의 광채를 따라잡을 수 없지만, 실은 다이아몬드는 탄소만으로 이루어진 광물일 뿐이란다.

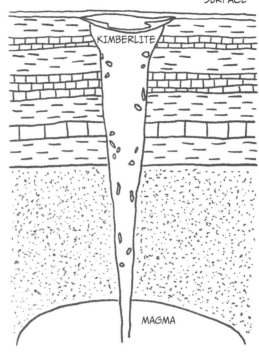

 늘 궁금했었는데요. 우리 주변에 탄소로 이루어진 대부분의 물질은 검은색인데, 왜 유독 다이아몬드만 저렇게 투명하고 아름답죠? 탄소로 만들어졌다는 게 믿기질 않아요.

우리 주변에서 순수하게 탄소로만 이루어진 물질 중 가장 흔한 것은 흑연이야. 다이아몬드와 마찬가지로 탄소로만 구성된 물질인데, 두 물질은 겉보기도 성질도 완전히 다르지. 그 이유는 '결정' 때문이야.

모든 물질은 원자 혹은 원자로 이뤄진 분자들로 이뤄져 있는데, 이런 물질 구성의 최소단위인 원자나 분자들이 어떤 형태로 배열하며 구조를 갖느냐에 따라 물질의 성질이 완전히 달라져. 흑연이나 다이아몬드처럼 같은 기본입자로 구성되어 있으면서 결정구조가 달라서, 다른 물리적 성질을 가지는 물질을 동소체allotrope, 同素體 혹은 동질이상polymorphism, 同質異像이라고 부른단다. 탄소만 아니라 다른 원소들도 동소체가 있어. 예를 들면 우리가 숨을 쉬는 데 필요한 산소도 일종의 동소체지. 우리가 숨을 쉬는 공기 중에 있는 산소는 산소원자 2개가 결합한 산소(O_2)이고, 산소원자 3개가 붙은 물질은 오존(O_3)이라고 한단다. 그런데 산소와 오존은 성질이 완전히 다르지.

그러면 흑연과 다이아몬드의 결정은 어떻게 다른 건가요?

우선 주기율표를 볼까? 탄소의 원자번호●原子番號, atomic number, Z는 6번이야. 그러니까 탄소는 6개의 양성자와 전자를 가지고 있지. 아빠가 원자의 특성을 이야기하며 늘 주문처럼 말하는 것이 있었지? 네가 한번 말해볼래?

이젠 저도 거의 외우다시피 했어요. 첫 번째 궤도에 2개, 나머지 궤도에

● 주기율표의 원소 나열 순서의 기준이다. 원자핵 속에 있는 양성자의 수 또는 원자핵의 전하수이기도 하다. 원자번호는 원소를 구별하는 기준이다. 전하를 띠지 않는 원자의 원자번호는 그 원자가 가진 전자의 수와 일치한다.

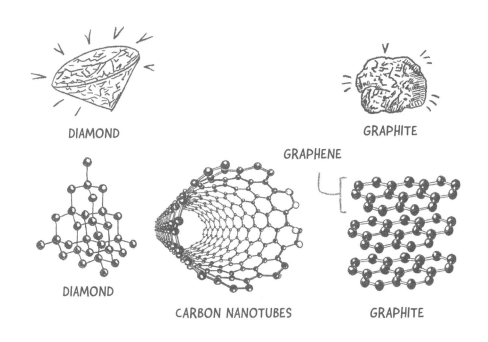

DIAMOND

GRAPHITE

GRAPHENE

DIAMOND

CARBON NANOTUBES

GRAPHITE

8개! 그리고 18족 원소가 모든 원소의 로망이다!

빙고! 원자핵 주위로 전자들이 궤도를 따라 배치되는데, 첫 번째 궤도에는 2개의 전자가 배치되고 그다음 궤도에는 8개가 배치돼야겠지. 탄소는 6개의 전자 중 나머지 4개가 두 번째 궤도에 배치가 돼. 원자는 궤도에 전자 8개를 채우려는 성질이 있어서 나머지 4개를 채우기 위해 늘 다른 원자들과 결합하려고 하지. 이렇게 제일 바깥 궤도 쪽에 배치된 전자의 수를 원자가전자valence electron, 原子價電子라고 해.

바깥 궤도… 그거 전에 최외각전자라고 하지 않으셨나요? 다른 건가요?

물론 최외각전자와 원자가전자의 수가 대부분 같기 때문에 최외각전자라고 해도 되지만 한 가지를 주의해야 해. 이제부터 반응을 배우는 거니 원자가전자라고 부르는 게 정확한 표현이지. 원자가전자는 최외각에 있으면서 화학반응에 참여하는 전자만을 지칭하는 것이야. 대부분 이 원자가전자들이 화학반응에 참여하면서 다른 원소와 어떻게 결합하는지에 따라 물질의 성질이 결정되는 것이지. 두 가지 중에 다른 점은 18족일 때야. 18족의 최외각전자 수는 8개이지만 너무 안정되어서 반응에 참여하는 전자가 없어서 0이거든. 이렇게 반응을 중심으로 할 때는 원자가 전자, 원자의 전자배치만을 말할 때는 최외각전자라고 사용하는 게 좋지. 이렇게 탄소원자는 4개의 원자가전자를 가지고 다른 원자와 반응하지. 탄소원자가 흔한 수소원자들과 결합하면 그 결합하는 탄소와 수소의 개수에 따라 다른 성질을 가진 여러 가지 탄화수소(C_nH_m)가 돼. 이게 바로 우리가 사용하는 플라스틱이라고 했잖아. 또 탄소끼리만 화학결합을 하면 흑연이나 다이아몬드가 되는 것이지.

자, 다이아몬드를 한번 살펴볼까? 다이아몬드의 탄소는 원자핵을 중심으로 4개의 원자가전자가 서로 균등한 각도와 힘으로 3차원 공간에 배치되어 있어. 기하학적으로는 원자핵을 둘러싼 정사면체의 꼭짓점에 전자가 있는 구조야. 이 꼭짓점에 있는 전자는 또 다른 탄소와 전자를 공유하여 결합하고, 이 결합은 규칙적으로 배열되어 있지. 탄소가 4개의 팔을 내밀고 다른 탄소원자들과 손을 맞잡고 있는 형태라고 생각하면 쉬워. 이렇게 서로 맞물리게 결합하여 아주 단단한 구조를 가지게 된 것을 다이아몬드 구조diamond structure라고 하는데, 탄소처럼 원자가 전자가 4개인, 그러니까 주기율표의 4족 원소들도 이와 비슷한 구조를 가질 수 있단다. 즉, 탄소 외에도 같은 족인 실리콘(Si), 저마늄(Ge), 주석(Sn) 등이 있지. 팔이 4개인 결합구조를 sp^3 혼성궤도라고 하고 이런 결합의 형태를 시그마(σ) 결합이라고 해. 시그마 결합의 형태를 보여주는 대표적인 사례가 바로 메테인이야.

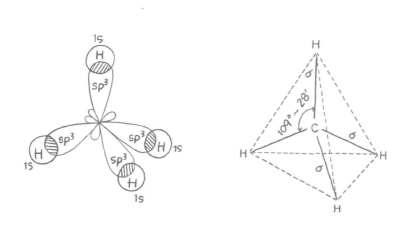

sp^3 혼성궤도요? 시그마는 또 뭐죠? 이거 뭔가 갑자기 어려워지는 것 같은데요….

화학 분야는 다소 생소할 수 있지만 조금만 공부하면 그리 어렵지 않아. 사실 이 부분은 엄밀하게 보면 화학이라기보단 물리학이지. 이런 전자배치는 전자가 원자핵 주위에서 어떻게 배치되는지를 이론으로 설명한 건데 살짝 어떤 것인지만 살펴보자.

'sp'는 오비탈orbital이라고 부르는 여러 가지 전자 궤도 중 하나일 뿐이야. 영어단어 'orbit'은 '궤도'라는 뜻이지. 즉, 전자의 궤도에 관련된 이야기란다. 흔히 원자의 모형을 표현할 때, 마치 지구를 비롯한 행성들이 태양을 중심으로 돌고 있는 것처럼, 전자가 원자핵 주위를 돌고 있다고 했어. 왜냐하면 '보어의 원자 모델'이 그렇게 그려졌기 때문이지. 그렇다고 보어가 완전히 틀렸다는 것은 아니야. 하지만 현대물리학의 한 분야인 양자역학에서는 전자의 정확한 위치와 속도를 알 수가 없다고 이야기해. 전자가 특정한 궤도를 돌면서 운동하는 게 아니라, 관측할 때 그냥 나타나는 것뿐이지. 이해가 잘 안 가지? 그냥 일정 범위에 전자가 '나타날' 확률이 있을 뿐이라는 거야. 따라서 확률적으로 전자가 나타나는 공간 영역을 표시하는 '오비탈'이라는 개념이 나온 거야. 마치 구름과 같아서 전자구름이라고도 하지.

사실 그동안 옥텟 규칙을 설명하면서 전자를 잃거나 얻어서 마지막 껍질의 전자가 8개가 되려는 경향성을 이야기했지만, 원자번호 20번까지는 이런 방법으로 단순하게 전자궤도에 배치할 수는 있어도, 그 이상은 배치 규칙이 좀 더 복잡해. 전자배치는 크게 주껍질, 부껍질, 그리고 스핀으로 나눌 수 있어. 주껍질은 핵을 중심으로 전자까지의 거리로 생각하면 돼. 1번 껍질, 2번 껍질… 이렇게 표현하고, K, L, M… 이라고 이름을 붙였어. 부껍질은 s, p, d, f 가 있지, 이론적으로는 f 이상의 부껍질이 존재할 수 있지만, 아직 자연에 있는 원소 중 f 이상의 부껍질을 가지고 있는 원소는 없어. 아빠는 학창 시절에 주껍질을 건물의 층이라 생각하고 부껍질을 각 층에 있는 방이 있다고 상상했었어.

이 전자배치의 이야기도 엄청나게 복잡한 이야기니까 오늘은 오비탈이라는 게 있다는 것만 기억해. 단지 우리가 늘 보듯이 전자가 우리 태양계의 행성들처럼 배치되어 있는 모습만은 아닌 것 정도만 알고 있자고. 오비탈은 궤도지만 보어의 원자 모델처럼 전자궤도가 원자핵을 중심으로 원형의 궤도 모양을 가진 것은 아니란 것이지. 그저 전자가 특정 공간 안에서 나타나는데, 마치 영화 〈점퍼●Jumper〉의 주인공이 공간을 순식간에 이동하는 것처럼 궤도 안에서 나타났다가 사라지는 것이지. 그런데 전자가 이렇게 나타난 공간이 나름의 모양을 가지고 있었던 거야. 그 모양이 공처럼 생긴 구 형태의 공간을 s오

● 20세기 폭스와 뉴 레겐시 프로덕션에서 2008년에 나온 SF 영화이다. 어떤 위치든지 상관없이 이동할 수 있는 능력을 가진 사람이 등장하며, 그는 그를 죽이려는 의도를 지닌 비밀 단체의 추격을 받는다.

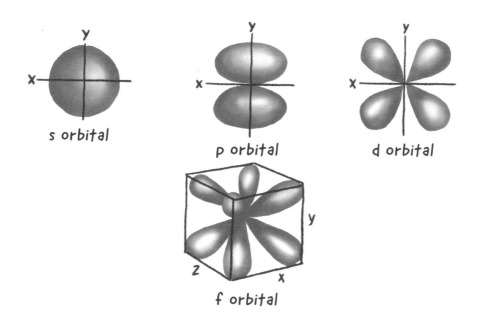

s orbital

p orbital

d orbital

f orbital

비탈, 아령 모양으로 생긴 것을 p오비탈, 그리고 십자 모양을 한 것을 d오비탈이라고 이름을 붙인 것이지.

오비탈 개념이 나오기 전에 보어의 원자 모델도 당시의 실험 결과를 잘 뒷받침할 수 있었어. 게다가 직관적으로 이해하기도 쉽기 때문에 아직도 기초교육에 많이 사용되고 있지. 여기에 오비탈 개념을 도입하면서 기존의 보어의 원자 모델에 있던 문제점이 해결됐어. 방금 이야기한 sp^3는 s오비탈 1개와 p오비탈 3개가 섞인 혼성궤도를 말하는데, 이런 혼성궤도는 기존의 궤도 모형과는 전혀 다른 궤도의 모델로 바뀐단다. 이유는 원자들이 결합할 때 전자쌍들은 같은 전하(−)를 가지고 있어서 궤도가 섞이면 서로 영향을 주기 때문이야. 같은 전하기 때문에 서로 반발력이 생기는데, 서로 밀쳐내며 결합을 유지할 수 있는 구조로 전자들이 다시 배치되는 거야. 다이아몬드 구조는 이렇게 전자쌍들이 최대한 반발력을 유지하며 원자끼리 안정적으로 결합한 구조야. 힘이 어느 한쪽으로도 치우치지 않은 채 팽팽하게 결합한 것을 말해. 그러니까 시그마결합은 결합에 참여하는 두 원자가 원자핵을 잇는 결합 축을 따라 오비탈이 겹치면서 형성된 결합을 말하지. 아주 단단하게 묶이는 거지.

아~ 그럼 이런 다이아몬드 결정구조로 된 것은 전부 이렇게 단단한 것이군요?

꼭 그렇지만은 않아. 지금까지 이야기한 다이아몬드와 흑연은 둘 다 탄소로 된 공유결합 결정이지만 결정구조가 다르기 때문에 물리적인 특성에서 차이가 난 경우지. 하지만 조금 더 공부해보면 결정구조만 같다고 해서 물리적 성질이 같지 않는다는 걸 알 수 있어. 예를 들어 탄소와 같은 4족 원소로 구성된 저마늄도 다이아몬드 구조로 되어 있지만, 저마늄과 다이아몬드의 특성은 전혀 다르지. 저마늄 결정은 녹는점도 낮고 단단하지도 않거든. 그 이유는 공유결합을 하는 전자의 배치가 원자에 따라 달라지기 때문이야. 저마늄은 원자가전자만 4개일 뿐, 그 안쪽의 전자들이나 원자핵의 양성자 개수가 탄소보다 많기 때문에 이 영향으로 또 다른 전자배치를 가지게 돼. 그러니까 지구상에 저런 단단한 시그마 결합구조로 되어 있는 것은 탄소뿐이야.

　　그렇다면 대체 흑연은 어떤 모습인지 궁금하지 않니? 흑연은 다이아몬드와 달리 4개의 원자가전자 중 3개가 원자핵을 중심으로 평면 정삼각형의 꼭짓점에 배치되어 120°의 각도로 벌어진 형태야. 정삼각형의 꼭짓점에 있는 전자는 또 다른 탄소원자의 전자와 공유결합해 있지. 이 결합을 확장하면 6개의 탄소가 정육각형 형태를 가지고 규칙적으로 배열된 구조가 되는데, 이런 결합구조를 sp^2 혼성궤도라고 한단다. 마치 벌집 같은 모양이지? 그래서 이 모양을 벌집구조honeycomb structure 또는 벌집격자honeycomb lattice라고 부르기도 해.

　　그런데 전자 3개가 공유결합을 하니, 이 정육각형 결합에 참여하지 않은 전자가 탄소원자마다 하나씩 남게 되지? 이 남은 마지막 전자는 정육각형 평면의 위나 아래에 위치하면서 또 다른 sp^2 혼성궤도를 이룬 벌집격자 평면을 서로 붙게 해. 이런 결합을 파이 결합pi bonds, ϖ bonds이라 부르는데, 마치 넓은 벌집 모양 판이 겹쳐서 쌓인 형태와 비슷해. 흑연은 종이처럼 이런 탄소판들이 켜켜이 쌓인 형태지. 각 육각형의 파이 오비탈이 겹쳐져서 전자들이 판 전체를 마음대로 돌아다닐 수 있기 때문에 흑연에는 여러 가지 재미있는 성질이 있단다.

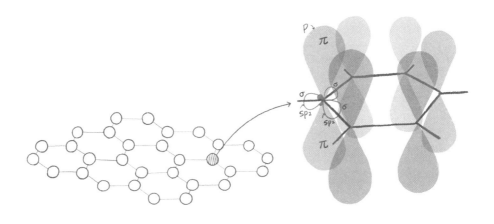

파이 결합은 시그마와 다른 거죠?

시그마 결합은 결합 축에 오비탈이 겹치는 데 반해 파이 결합은 오비탈의 수만 알고 있으면 찾을 수 있어. 두 원자가 결합할 때 각각의 오비탈 개수가 있겠지? 분자를 이루려고 원자들이 결합하면 분자에도 오비탈 개수가 정해지겠지. 원래 오비탈 전체 개수는 분자 오비탈을 이루는 데 들어간 각각의 원자 오비탈의 개수의 합과 같아야 해. 그런데 전자가 결합에 참여하지 않는 경우가 생겨. 흑연의 경우가 그렇지. 4개의 오비탈을 가지고 있는데 원자 3개만 결합했잖아. 위나 아래에 있는 다른 육각벌집판과는 원자와 결합한 건 아니지만 분명 오비탈이 존재하거든. 그 오비탈 안에서 전자 하나가 있는 거고 이 전자가 자유롭게 다니면서 판을 붙여놓는 거야.

이런 판이 겹쳐 만들어진 건 어떻게 알 수 있죠? 현미경으로 들여다보면 보이나요?

물론 아주 정밀한 광학용 측정 장비로 보면 볼 수는 있겠지. 하지만 그런 장비가 없더라도 이런 층이 모여 있다는 것은 쉽게 느낄 수 있어. 네가 연필을 깎을 때, 연필심의 결이 느껴지는 순간이 있지? 칼이 가하는 외부의 힘으로 흑연이 결을 따라 부서지는 것이란다. 또 샤프심을 눌러서 깨뜨려보면 바로 가루가 되지 않고 마치 장작처럼 갈라지며 깨지기도 하지? 그 결이 벌집구조가 붙어 있는 파이 결합인 셈이지. 육각형의 벌집구조는 상당히 단단해서 잘 깨지지는 않지만, 위아래를 연결한 구조는 전자 하나로 약하게 붙어 있어서 쉽게 미끄러지면서 떨어지는 거지.

이게 바로 연필을 사용해 글씨를 쓰는 원리란다. 흑연의 약한 결합 층들은 잘 분리돼. 종이 위의 글씨는 이렇게 흑연에서 떨어져 나간 수많은 층의 덩어리가 종이에 묻어나는 거야. 물론 흑연과 다이아몬드의 차이는 강도만이 아니야. 다른 물리적 성질의 차이도 있지. 탄소원자 최외각의 4개의 전자 중 공유결합에서 제외된 1개의 전자는 비교적 자유롭게 흑연의 결정 내부를 이동할 수 있어. 따라서 흑연은 전류가 흐르지. 반면에 다이아몬드는 자유로운 전자가 없어서 전기 전도도가 낮은 부도체지. 흑연은 전기도 통하고, 저항에 의해 열도 발생하고 열전도도 좋아.

연필심이 전기도 통하고 열도 잘 전달한다고요?

그렇단다. 벌집격자판은 엄청난 전도체야. 벌집격자판 안에서는 전자가 자유롭지만 연필심은 많은 벌집격자판이 겹쳐진 덩어리 조각인 흑연들이 뭉친 것이기 때문에 전자가 흑연 덩어리 사이를 이동하지는 않아. 오히려 저항으로 열이 발생하기도 하지. 얇은 흑연 판에 전기를 가하면 순식간에 많은 열이 발생해. 화장실 비데는 버튼만 누르면 좌석을 따뜻하게 데워주지? 비데를 분해해 보면 안에 흑연 판이 있단다. 전기장판에도 흑연 판을 쓰기도 하지.

아! 같은 원소로 이뤄진 물질인데도 결정구조 때문에 두 물질이 이렇게 다른 성질을 갖는 거군요.

그렇다고 흑연과 다이아몬드의 성질이 완전히 다르지는 않아. 덩어리 흑연에서 흑연의 한 층인 육각형 벌집구조는 상당히 안정된 구조이기 때문에 강도가 매우 크고, 녹는점도 매우 높지. 그래서 요즘 흑연 한 층인 육각형 벌집구조에 과학자들이 열광하고 있단다.

엥? 그게 뭐라고 과학자들까지 열광을 하고 있나요? 다이아몬드도 아닌데….

탄소의 동소체 중 하나로, 탄소원자들이 육각형 구조로 결합한 평면 구조를 그래핀이라고 해. 그래핀은 육각형의 꼭짓점에 탄소원자가 있는 2차원 평면 구조야. 그래서 그래핀 두께는 원자 1개 정도밖에 안 되지. 그런데 이 그래핀의 탁월한 성질이 주목을 받고 있단다. 그래핀은 전기가 잘 통해. 우리가 전기가 잘 통한다고 알고 있는 구리의 전기 전도도보다 100배나 크단다. 그리고 강도는 강철의 200배 이상 단단하지. 게다가 열을 전달하는 능력은, 높은 열 전도성을 자랑하는 다이아몬드보다 2배 정도로 높아.

와~ 이렇게 작은 물질이 강철보다 강하고 구리보다 전기가 잘 통한다고요? 엄청난데요?

이런 놀라운 물리적 성질 덕분에 그래핀은 차세대 신소재,

'꿈의 나노물질●-物質, nano-'이라 불리고 있지. 하지만 흑연에서 그래핀을 한 층씩 분리하는 것은 매우 어려웠어. 그런데 지난 2010년에 안드레 가임Andre Geim과 그의 제자인 콘스탄틴 노보셀로프Konstantin Novoselov가 최초로 흑연에서 그래핀을 분리해내면서 노벨 물리학상까지 받았단다. 어떻게 분리를 했을까?

● 나노물질의 나노는 마이크로미터(μm)의 1,000분의 1에 해당하는 나노미터(nm)를 의미한다. 일반적으로 3차원 중 1차원 이상이 나노 크기이거나, 내부 또는 표면 구조가 나노 크기를 가지는 1~100nm의 물질을 지칭한다.

흑연에서 원자 한 층 정도 두께의 그래핀을 떼어낸 방법이요? 그걸 알면 제가 노벨상을 받았죠! 전기? 화학약품? 으음, 모르겠어요. 아무튼 엄청 어려울 것 같아요.

너도 집에서 할 수 있는 방법이야. 알면 깜짝 놀랄걸? 이 두 과학자는 흑연을 투명한 셀로판테이프에 붙였다 떼기를 반복하면서 그래핀을 분리해낸 거야. 말도 안 되는 것 같지만 사실이란다. 무척 기발한 방법이면서, 가장 쉽기도 하고 아직까지 유일한 방법이기도 해. 이렇게 그래핀 한 층을 추출하고 노벨상까지 받았지만, 큰 면적의 그래핀을 만드는 것은 불가능했어. 테이프를 이용해 흑연에서 떼어낸 건 작은 그래핀 조각이었지. 그래서 요즘의 과학자나 공학자들은 넓은 면적의 그래핀을 만들기 위해 노력 중이야.

너무 허탈한데요? 셀로판테이프로 노벨상을 받다니…. 알고 나니 싱거운데요? 저도 할 수 있겠네요. 그런데 그래핀이 뭔지는 알겠는데, 이걸 어디에 사용하나요?

How to make GRAPHENE?
Micromechanical cleavage of Graphite

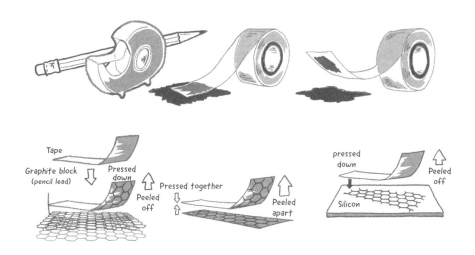

넓은 면적의 그래핀을 만드는 데 성공한다면 활용할 수 있는 곳이 엄청나게 많아. 휴대폰의 화면에는 얇은 투명전극인 터치용 패널이 깔려 있어. 화면을 손으로 터치하면 전기를 통해 손이 접촉한 화면 위치를 알 수 있지. 그리고 휘어지는 휴대폰을 만든다는 소식은 들어봤지? 그래핀이 얇으니까 그런 플렉서블 디스플레이flexilble display나 고효율 태양전지 등에도 사용될 수 있어. 이렇게 그래핀을 응용할 수 있는 분야는 다양하지. 현재 넓은 면적의 그래핀을 만들기 위해 여러 가지의 방법을 모색하고 있지만, 아직 결함이 존재해서 과학자나 공학자들이 계속 연구를 하고 있단다.

과학자들이 그래핀도 만들 수 있는데, 다이아몬드는 만들지 못하나요?

물론 인조 다이아몬드도 만들고 있지. 흑연에 엄청나게 높은 온도와 압력을 가해 다이아몬드를 만든단다. 화학적·물리적 특성으로는 천연 다이아몬드와 전혀 다를 바 없어. 너도 지금 양초로 다이아몬드 입자를 만들고 있잖니.

제가요? 아까 하신 말씀이 진짜였어요? 촛불에서 다이아몬드가 나온다고요?

거짓말이 아니야. 아빠가 왜 너한테 거짓말을 하겠어. 지금도 네 앞에서 타는 촛불에서 1초에 150만 개의 다이아몬드 입자가 나오고 있다는 건 사실이야. 타고 있는 양초의 불꽃은 위치에 따라 온도가 다르다는 걸 과학 시간에 배운 적 있지? 가장 바깥쪽은 1,400℃, 심지 근처 온도는 가장 낮지만 그래도 500℃ 정도는 된단다. 양초가 계속 타는 이유는 파라핀paraffin(C_nH_{2n+2}($n \geq 19$)) 때문이야. 지난번에 고분자를 설명하며 알려줬던 탄화수소 중 탄소 2개가 단일 공유결합한 에테인을 배웠었지? 분자식을 기억하니?

기억나죠! 에테인은 C_2H_6였죠! 이중결합한 에틸렌은 C_2H_4였고요. 어? 그러고 보니 파라핀 분자식이 눈에 익네요? 혹시 기다란 에테인인가요? 탄소 수가 19개가 넘잖아요.

하하! 기다란 에테인이 어딨어. 결국 탄소가 늘어나며 각각의 이름이 있는데 보통 19개 이상 40개 이하의 긴 탄화수소 사슬을 파라핀이라고 하는 거야. 우리가 알고 있는 자동차 연료인 가솔린이나 디젤 등과 같은 구조야. 이 연료 이야기는 나중에 자세히 해줄게. 아무튼 이 파라핀 탄화수소가 심지 부근의 산소에 의해 산화되면서 분해될 때 열이 발생하지. 이때 중요한 것이 바로 탄소야. 물론 이산화탄소도 발생하지만, 양초가 타면서 열에 의해 탄소로 이뤄진 몇 가지 탄소화합물질이 생기는데, 이걸 정확히 분석한 사람이 영국 세인트앤드루스대학의 저우 우종Wuzong Zhou 교수야. 2011년의 일이지. 생각보다 얼마 안 됐지? 그 전에는 인간이 수천 년 동안 양초를 사용했음에도 불구하고 촛불이 너무 뜨거워서 거기에서 생성되는 물질을 확인할 수가 없었어.

양초는 타면서 서너 가지의 탄소화합물질을 만들어. 첫 번째는 흑연, 네가 사용하는 연필심과 같은 물질이야. 두 번째는 풀러렌●fullerene인데, 60개의 탄소원자가 축구공 모양으로 엮여 있는, 지름이 1nm인 탄소 덩어리지. 머리카락 1가닥의 굵기가 5만~10만nm이니 얼마나 작은 크기인지 알겠지? 세 번째는 뚜렷한 형체가 없는 덩어리 탄소인데, 그냥 그을음 정도로 생각하자. 네 번째가 바로 다이아몬드 입자지. 2~5nm 크기로, 아주 작지만 분명 다이아몬드의 구조를 한 탄소 알갱이야. 아주 작은 다이아몬드 조각이라고 해서 나노 다이아몬드nano diamond라고도 하지.

각 물질이 생성되는 위치는 저마다 달라. 촛불에서 위치에 따라 온도가 다르기 때문이지! 양초의 심지에서 흑연과 다이아몬드를 만들고, 중심부에서 풀러렌이 생기고, 촛불의 가장 뜨거운 부분인 바깥에서는 탄소 덩어리가 생겨서 그을음으로 날아가버려. 짧은 시간 동안 다이아몬드 150만 개가 만들어졌다가 휙 사라지는 거야.

와~ 그렇네요. 신기해요. 그런데 이렇게 조그맣고 바로 사라지는 다이아몬드 말고, 보석가게에서 팔고 있는 것 같은 큰 다이아몬드는 못 만드나요?

● 탄소원자가 구, 타원체, 원기둥 모양으로 배치된 분자를 통칭하는 말이다. 흑연 조각에 레이저를 쏘았을 때 남은 그을음에서 발견된 완전히 새로운 물질이다. 주로 탄소원자 60개가 축구공 모양으로 결합하여 생긴 버크민스터풀러렌(C_{60})을 말한다.

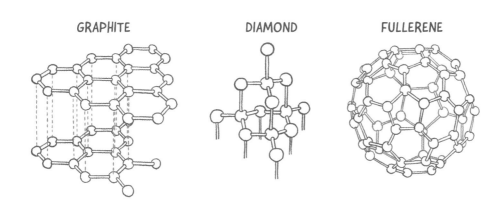
GRAPHITE   DIAMOND   FULLERENE

처음에도 이야기했지만 다이아몬드가 어떻게 만들어지는지는 아직 확실하게 밝혀지지 않았어. 지금 만들고 있는 인조 다이아몬드는 대부분 산업용으로 사용하는데, 높은 강도를 가졌기 때문에 주로 강한 압력으로 누르거나 자르는 절삭 용도나 표면을 매끄럽게 갈아내는 연마용 도구, 혹은 반도체의 막을 입히기 위한 용도로 쓴단다.

인조 다이아몬드를 만드는 방법이 몇 가지 있어. 일반적으로 고온, 고압에서 흑연을 변화시켜 인조 다이아몬드를 만들지. 하지만 이렇게 만들어진 인조 다이아몬드는 우리가 보석상에서 보는 그런 투명한 빛깔의 다이아몬드가 아니야. 겉보기에는 검은색 덩어리 조각이지만 물리·화학적 특성이 천연 다이아몬드와 크게 다르지 않아. 보통 고압에서 탄산마그네슘($MgCO_3$)과 금속 나트륨(Na)을 가열해서 만들지. 가열하면 탄산마그네슘이 산화마그네슘(MgO)과 이산화탄소(CO_2)로 분리되고, 2개의 나트륨원자가 분리된 이산화탄소와 반응해 탄산나트륨(Na_2CO_3)이 생기고 같은 반응으로 탄소가 흑연과 다이아몬드의 구조를 갖게 되지.

유리를 자르는 칼을 인조 다이아몬드로 만든다고 했는데, 그럼 칼을 통째로 다이아몬드로 만드나요?

칼날 자체는 다이아몬드가 아니야. 만약 칼날이 통째로 다이아몬드라면 엄청 비싸겠지. 이산화탄소로 채워진 곳에 칼날을 놓고 자외선이나 레이저광선을 쪼이면 이산화탄소의 분자들이 에너지를 받아 분리되는데, 이때 탄소가 적정 온도에서 다이아몬드 구조로 변화하면서 얇은 막의 형태로 칼날에 붙지. 일종의 코팅이라고 보면 돼. 그 두께가 수십 μm인 얇은 박막이지만, 지구상에서 가장 높은 강도를 가졌기 때문에 유리처럼 낮은 경도를 가진 물질을 자를 수 있는 거야.

보석가게 주인들은 이런 인조 다이아에는 관심이 없어. 보석으로서의 가치는 없으니까. 하지만 과학자나 공학자들은 이런 인조 다이아를 만드는 기술에 관심이 많아. 아마도 지금까지 알려지지 않은 다이아몬드 생성의 비밀이 궁금한 것이겠지. 사실 아빠도 보석에는 별로 관심이 없단다. 결국 탄소 덩어리일 뿐인데 왜 그렇게 열광을 하는지…. 게다가 다른 보석들도 마찬가지야. 비싼 보석인 사파이어sapphire, 루비ruby 등은 사실 광석의 불순물 덩어리거든.

보석이 불순물 덩어리라고요? 이건 또 무슨 이야긴지…. 보석은 순수한 광물 아닌가요? 그래서 비싸고 귀한 거잖아요!

지난번에 산화와 환원에 대해 배웠지? 산화물oxide이란 어떤 물질에 산소가 결합한 것인데, 산화물 대부분은 금속산화물Metal-Oxide이야. 대표적인 금속산화물은 알루미늄(Al)과 산소가 결합한 산화알루미늄(Al_2O_3)이지. 우리 주변에서 널리 사용되고 있어. 마찬가지로 금속은 대부분 산화물인 경우가 많다고 볼 수 있지. 순수한 금속은 몇 개 되지 않아. 자연은 인간에게 금과 은, 그리고 구리라는 순금속을 선물해줬단다. 자연 상태에서 원소 결정 자체로 존재하지. 하지만 이런 예외적인 순금속을 제외하면 우리 주변에 있는 금속은 대부분 금속산화물이야. 이것을 토류土類라고도 하는데, 더 자세한 내용은 다음번에 희토류에 관해 이야기할 때 알려줄게.

알루미늄은 금, 은과 같은 순금속에 비해 상당히 늦게 발견됐어. 순금속은 광물에서 바로 채취하면 되지만, 산화물을 얻으려면 별도의 처리 과정을 거쳐야 하기 때문이지. 금속을 사용한 순서를 본다면, 구리는 기원전 5000년경에 사용됐고, 철은 3000년경, 그리고 금은 기원전 2600년경부터 사용됐지만, 알루미늄을 처음 사용한 건 1780년대 후반이었어. 우리가 알루미늄을 사용한 것이 몇백 년 안 됐지. 인류가 이런 산화물을 다루기 시작했다는 것은 무척 중요하단다. 잉카문명은 금과 은이 많아서 부유하고 풍족한, 고도의 문명을 이룩했지만 산화물을 제대로 다루지 못했고, 결국 금속산화물을 다룰 줄 아는 문명에 정복당했지.

산화알루미늄은 쉽게 이야기하면 철처럼 알루미늄이 녹슨 것이라고 생각하면 돼. 녹이라는 것은 결국 물질이 산소와 결합하는 거야. 화학에서의 산화는 일반적으로는 전자를 빼앗기는 것을 이야기하는데, 금속산화물이 된다는 것은 금속이 전자를 빼앗겨 양이온이 되고, 이 양이온이 산소 음이온과 결합한 것이라고 보면 된단다. 철에 녹이 스는 과정은 상당히 오랜 시간에 걸쳐 진행되는데, 특이하게도 알루미늄의 산화는 다른 금속보다 100만 배나 빠르게 진행돼. 대략 25℃ 내외의 상온에서도 순식간에 표면이 산화되지. 우리가 보고 만지는 대부분의 알루미늄 상품들은 이미 표면에 하얀 산화막이 있는 상태야. 그 보호막 때문에 알루미늄 내부는 더 산화되지 않고 알루미늄으로 남아 있을 수 있단다.

만약 칼 같은 것으로 알루미늄을 긁어버리면 보호막이 벗겨지고 알루미늄 안쪽까지 산화되나요?

그 정도 속도로는 금속 안쪽까지 산화시키지 못해. 긁혀서 산화막이 떨어져 나가면 바로 그 자리에 산소가 붙어서 다시 산화막을 만들지. 철이 산화되면 붉은색을 내지? 철은 산화 속도가 느리지만, 알루미늄은 산소를 너무 좋아해서 산화 속도가 아주 빨라. 공기에 노출이 되자마자 산화되며 막이 생기지. 아빠가 학창 시절에 알루미늄에 수은을 바른 적이 있었는데, 수은이 알루미늄의 산화막을 계속 빠른 속도로 벗겨냈어. 그때 알루미늄이 계속 공기 중에 노출되면서 산화알루미늄이 만들어지는 걸 봤지. 마치 알루미늄에 곰팡이가 피듯 전체가 산화알루미늄이 되더구나. 그 정도로 빨리 벗겨내지 않으면 안쪽까지 산화시킬 수 없어.

그런데 이런 산화알루미늄과 보석과는 어떤 관계가 있는 것인가요? 설마 옛날에는 알루미늄을 보석이라고 했다는 것은 아니죠?

하하, 그렇지는 않았단다. 하지만 지금과 달리 엄청나게 비싸고 귀한 금속이기는 했어. 그래서 나폴레옹이 귀한 손님에게 알루미늄 접시를 사용하고, 나머지 손님에게는 금과 은으로 만든 접시를 사용했다는 유명한 일화도 있지. 알루미늄이 금과 은보다 귀한 금속이었다면 믿을 수 있겠니?

다이아몬드를 킴벌라이트라는 광물에서 얻는 것처럼 알루미늄은 보크사이트bauxite라는 광물에서 추출한단다. 그런데 이런 산화알루미늄에 약간의 불순물이 들어가면 그것이 바로 우리가 아는 보석이 되는 거야.

네? 설마 이 알루미늄으로 보석을 만든다고요?

자, 이제 보석 이야기를 해볼까? 가을 하늘을 닮은 보석인 파란색 사파이어는 진실과 불멸의 상징으로 오랜 세월 동안 사랑받았어. 사파이어란 말은 아라비아의 '사피린'이란 섬에서 유래했다고도 해. 이 보석의 색이 이 섬 주위의 맑은 바닷물의 색과 청명한 하늘빛을 떠올리게 해서 붙은 이름이지. 파란색 사파이어는 산화알루미늄에 산화타이타늄과 산화철이 약 0.1~0.2% 정도 들어 있는 물질이야. 크롬이 함유되면 분홍색, 니켈이 들어 있으면 황색이 되지.

색이 없는 투명한 사파이어를 백사파이어라고 하는데, 순수한 산화알루미늄을 이용해 인공적으로 만들 수도 있어. 산화알루미늄을 2,300℃ 이상의 온도에서 단일 결정으로 성장시키면 투명한 사파이어가 만들어지지. 이 투명한 사파이어는 우리가 사용하는 휴대폰이나 시계 등에도 많이 사용해. 사파이어 글라스 sapphire glass라고 들어봤지? 카메라 렌즈나 휴대폰 화면처럼 상처가 나면 기능적으로 문제가 생기는 곳에 사용하지.

헐~ 사파이어는 그냥 알루미늄에 불순물이 들어갔을 뿐인 쇳덩이였군요!

다른 보석들도 마찬가지야. 루비는 산화알루미늄에 산화크로뮴이 불순물로 들어가서 만들어져. 인공적으로 산화알루미늄을 녹여 타이타늄(티탄), 펄, 크로뮴(크롬) 등의 불순물을 첨가해서 루비나 사파이어를 만들 수도 있지. 산화알루미늄으로 구성된 광물을 강옥鋼玉, 영어로는 커런덤 corundum이라고 해. 모스 경도계 레벨 9에 해당하는 단단한 물질이란다. 가장 단단한 다이아몬드의 경도가 10이니까, 9 정도면 엄청나게 단단한 것이지. 방금 말한 것처럼 휴대폰 등에 사파이어 글라스를 사용하는 것도 바로 이 경도 때문이야. 사파이어를 청옥이라고 부르고 루비를 홍옥이라고 부르기도 하는 이유가 바로 같은 산화알루미늄이기 때문이란다.

놀랐어요. 저는 보석이 특별한 물질인 줄 알았어요. 그런데 그저 산화된 알루미늄에 금속 몇 개를 섞은 것뿐이라니…. 그럼 할머니가 손가락에 낀 옥 반지도 마찬가지인가요? 옥도 보석이라던데.

옥은 보통 경옥硬玉과 연옥軟玉으로 나누는데, 경옥은 나트륨과 알루미늄을 함유한 광물로 화학식은 $NaAlSi_2O_6$야. 금속이 섞인 돌이지. 이름에 들어간 한자의 뜻을 보면 알겠지만, 연옥은 경옥보다 무르단다. 색깔은 경옥과 비슷한데 화학식은 완전히 다르지. 이제 보기에 비슷해도 결정구조에 따라 물리적 성질이 다르다는 건 이해하지? 주성분이 칼슘과 마그네슘인 연옥의 화학식은 $Ca(Mg \cdot Fe)_5Si_8O_2(OH)_2$야. 굳이 화학식을 외울 필요는 없어. 단지 이 보석도 결국 우리가 알

OXYGEN

ALUMINIUM

고 있는 흔한 금속들의 화합물이고, 화학식이 다른 것처럼 성질도 저마다 다르다는 것만 알아두렴.

그리고 또 뭐가 있더라…. 아! 사람들이 좋아하는 보석 중 에메랄드emerald라는 보석이 있단다. 에메랄드는 모래의 주성분인 규산염 속에 알루미늄이 들어 있는 거야. 에메랄드는 불순물에 따라 여러 가지 색을 띠게 돼. 제주도의 아름다운 연녹색 바다를 보고 우리가 에메랄드빛이라고 표현하기도 하지. 에메랄드의 아름다운 녹색은 크로뮴이 소량 섞여 있기 때문에 나타나는 색이야. 그러니까 모래에 알루미늄을 섞고 크로뮴을 양념처럼 치면 에메랄드가 탄생하는 것이지.

대부분 보석은 자연에서 만들어지지만 아까 말한 인조 다이아몬드처럼 인공적으로 보석을 만들기도 해. 그러면 인공 보석의 성분은 천연 보석과 다를까? 그렇지 않아. 인공 보석은 화학적으로도, 광물학적으로도 천연 보석과 완전히 같단다. 결정의 상태는 물론 굳기, 비중을 비롯하여 모든 특성이 같지. 비록 인공품이라고는 해도 모조 보석과는 완전히 다른 거야. 모조는 겉보기만 비슷하지, 성분이나 특성이 전혀 다르거든. 심지어 어떤 인공 보석은 천연 보석보다 질이 좋은 것도 있다고 해. 그러면 인공 보석과 천연 보석 사이에는 대체 무슨 차이가 있는 걸까? 정답은 바로 '시간'이란다. 천연 보석은 오랜 시간 동안 자연이 만든 것이고, 인공 보석은 실험실이나 공장에서 순식간에 만들어낸 것이지.

이런 천연 보석 중에는 어쩌면 지구의 나이와 비슷할 정도로 오랜 세월을 버텨온 것들이 있을지도 몰라. 지구의 내부는 커다란 화학실험실과 같다고 말했지? 과학자들이 인공적으로 이러한 물질들을 만들기 위한 노력을 계속하고 있지만, 사실 지구 내부와 완전히 똑같은 고온과 고압의 조건, 그리고 시간을 만들기란 불가능해.

아빠가 생각하기에 보석이 가치 있는 건 금이나 은처럼 그 물질이 순수하기 때문이 아니야. 이렇게 아름다운 색을 내기 위해서는, 함유된 약간의 불순물이 더 많아서도 안 되고, 적어서도 안 되는 적절한 조합이 필요하잖아. 보석의 이 절묘한 조합은 자연에서 오랜 시간 이루어진 거야. 평범한 광물과 불순물이 이 시간을 거쳐서 귀한 보석으로 탈바꿈한 것이지. 물질 자체보다는 그 물질을 만들기 위한 그 시간이 진정 값진 것 아닐까?

아빠는 네가 공부하는 것도 마찬가지라고 생각해. 물론 네가 나중에 어떤 사람이 되고 싶다는 희망이나 원하는 직업도 있을 것이고, 그걸 이루었을 때 얻을 수 있는 풍요로움이나 물질적인 가치도 있을 거야. 하지만 네가 어떤 모습으로 성장을 하든지 아빠는 너를 사랑할 것이고, 네가 자신을 사랑할 줄 알면 그걸로 충분하다고 생각해. 정말 네가 가치를 두어야 할 것은 인생을 살아가는 시간 그 자체란다. 네가 그 시간 동안 성실하게 노력하는 과정이야말로 가장 중요한 것이기 때문이야.

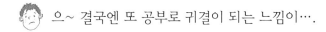 으~ 결국엔 또 공부로 귀결이 되는 느낌이….

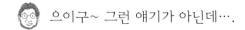 으이구~ 그런 얘기가 아닌데….

Chapter 8

형광빛은 어디서 오는 걸까?

초등학교를 졸업할 즈음이였다. 졸업하기 몇 주 전에 엄마 손을 잡고 버스를 타고 어디론가 갔다. 한참을 간 곳은 금은방이 몰려 있는 종로의 어느 거리였다. 당시에 누구나 가지고 싶어 했던 일본제 시계를 졸업 선물로 받았다. 지금 생각해 보면 엄청난 선물이었다. 시계를 차고 있으니 갑자기 어른이 된 기분이 들었다. 그날 이후 매일 시계를 차고 다녔고, 심지어 잠자리에서도 차고 있었다. 게다가 야광 기능이 있어서 매일 밤 이불 속에서 시계를 한참 들여다보며 잠을 설친 기억이 난다. 시계에 표시된 숫자와 바늘에 노랗고 초록빛이 나는 야광물질은 어떻게 빛이 나오는지 너무 궁금했다. 당시에 나는 빛은 작은 알갱이고 야광물질이 빛을 가둘 수 있어서, 어두운 곳에서 가두어 둔 빛을 조금씩 공기 중으로 내보낸다고 생각했다.

그러던 어느 날, 저녁 무렵 동네 친구들과 골목에서 뛰어놀다 옷을 벗어 둔 채 집에 들어왔고, 졸업 선물로 받은 야광 시계도 같이 놓고 왔다는 것을 저녁밥을 먹을 때 알게 되었다. 얼굴이 사색이 되어 골목길로 갔을 때 전봇대 밑에 옷만 널브러져 있었고 시계는 사라졌다. 그렇게 소중한 시계를 잃어버린 걸 알고도 아버지는 나를 혼내지 않으셨다. 그 이후 시계와 관련한 어떤 말도 부모님께 꺼낼 수 없었지만, 중학교에 입학한 후 어느 날 저녁, 퇴근하신 아버지가 전자시계를 나에게 건네주셨다. 흐뭇하게 웃으시던 그때의 아버지 얼굴을 지금도 잊을 수가 없다. 전자시계도 불이 들어와 어두운 곳에서 볼 수 있었지만, 야광으로 숫자를 알려주던 그 시계에 대한 궁금증과 아쉬움은 한동안 가시질 않았다.

아빠~ 전에 말씀해 주신 형광등 이야기나 LED도 그렇고요. 마트에서 화장지를 살 때도 계속 형광fluorescence이란 말이 나오는데, 대체 형광이 뭔가요? 집에 있는 오래된 탁상시계를 보면 숫자와 바늘에 야광물질 같은 게 있는 것 같은데, 이것도 형광인가요? 그리고 '형광펜'의 형광도 같은 건가요?

어이쿠, 질문이 많네? 그러고 보니 이젠 형광에 관한 공부를 제대로 해야 할 것 같구나. 형광의 개념은 좀 어렵지만 우선 이것만은 알아두렴. 형광물질이 섬유 표백제나 화장지 같은 데 사용되는 증백제●增白劑, brightening agent에 들어간다고 했었지? 하지만 과학에서는 꼭 이런 제품에 들어 있는 물질만 형광물질이라고 하지는 않아. 사실 대부분 물질에는 형광이라는 특성이 있어. 형광은 물질의 기본적인 특성 중의 하나거든. 심지어 물도 형광 특성이 있지만, 그렇다고 우리가 물을 형광물질이라고 하지는 않지. 우리가 형광물질이라고 분류하는 물질들은 아주 강한 형광이 나오는 것들이고, 그중에 해로운 성질을 가진 물질을 다시 특별히 유의해서 취급하고 있어.

모든 물질은 외부로부터 에너지를 받게 되면 그 에너지의 세기와 물질의 종류에 따라서 다시 '열'이나 '빛'을 방출하지. 예를 들어 철에 열에너지를 가하면 처음에는 철이 뜨거워지겠지? 열을 방출하는 거야. 점점 뜨거워지며 강한 열을 내다가 에너지를 더 받으면 열과 함께 붉게 타오르는 듯한 빛을 방출하지. 용광로나 대장간에서 담금질하는 장면에서 봤었지? 이제 온도가 더 올라가면 밝은 노란빛을 내는데, 이렇게 열과 빛을 동시에 방출하는 것이지. 그리고 지난번에 형광등이나 조명 얘기를 할 때도 대부분 전기에너지가 빛에너지로 전환되는 사례가 많았지? 이렇게 물질에서 빛이 나는 모든 현상을 과학적 용어로 발광emission, luminescence이라고 하는데, 이제는 이 발광에 대해서 조금 더 자세히 알아볼 때가 된 거야.

사실 야광이라는 말은 그저 밤에도 보인다는 의미로 붙인 이름일 뿐이

● 자외선을 흡수해서 옅은 푸른색의 형광을 방출하는 물질. 육안으로 보았을 때 섬유를 희게 보이는 효과가 있다. 형광증백제라고도 한다.

85

고, 과학적인 용어는 아니야. 그리고 탁상시계의 시곗바늘과 숫자에 입혀져 있는 것은 형광이 아니라 일종의 인광phosphorescence 물질이야. 정확하게는 축광luminescence 방식을 사용한 물질이지. 어두운 곳에서도 오랫동안 시계의 시간 표시를 볼 수 있게 하기 위해서는 특수한 도료를 사용해야 해. 그렇다면 시곗바늘에 칠해진 도료의 정체는 뭘까?

형광과 인광의 차이부터 알아보자. 보통 태양 같은 외부의 광원으로부터 빛에너지를 받은 인광물질은 외부 에너지가 끊겨도 한동안 천천히 빛을 방출해. 반면 형광물질은 외부 에너지가 끊기면 나오는 빛도 바로 끊어지지. 외부 에너지는 빛뿐만이 아니라 다른 에너지를 말하는데, 축광은 인광보다 빛이 남아 있는 시간이 긴 것을 말해. 인광도 꽤 짧거든. 인광이나 축광물질이 사용되는 곳은 시계뿐만이 아니야. 대표적으로 군용 장비가 많은데, 야간 나침반이나 야간에 지도를 보기 위한 독도경, 그리고 어둠 속에서도 목표를 향해 총을 조준하기 위한 조준경 같은 곳에 사용해. 이런 경우 장시간 사용해야 하는데 그 에너지원의 정체는 바로 방사성물질이란다. 방사성물질은 지속해서 방사선에너지를 방출하고 있는 물질을 말해. 그 방사성물질이 완전히 소멸할 때까지 계속 방출하지. 이러한 에너지를 인광 도료가 받아서 다시 빛을 방출하는 거야.

과거에는 이 에너지원으로 방사성 동위원소인 라듐(Ra)을 주로 사용했어. 그런데 라듐에서 위험한 감마선이 나오기 때문에 지금은 사용이 중단되었지. 현재 사용되는 방사성물질은 낮은 에너지인 '베타 방사선'을 방출해서 주위의 형광이나 인광물질을 자극함으로써 빛을 발생시키는 것이지. 그런데 라듐과 관련한 슬픈 일화가 있어. 라듐 하면 떠오르는 과학자가 있지?

🙂 당연히 알죠! 퀴리 부인 아닌가요?

🙂 맞아. 과학자인 마리 퀴리Marie Skłodowska-Curie에 의해 발견된 라듐은 여러 목적을 위해 두루 사용되었지만, 가장 대표적인 사용처가 바로 시계였어. 어두운 곳에서도 시계를 볼 수 있도록 붓을 이용해 시계의 숫자판에 라듐 페인트를 칠했는데, 당시에 작업하던 사람들이 작은 숫자판에 정확히 칠하기 위해 붓을 입에 물고 침으로 붓끝을 뾰족하게 만들었어. 그렇게 인체에 흡입된 라듐은 뼈에 구멍을 뚫고 빈혈

과 백혈병을 유발했지. 결국 당시에 작업했던 여러 사람이 사망했었지. 그 작업공들을 '라듐 걸스RadiumGirls'라고 부르게 됐지.

아빠, 그러면 지금 사용하는 방사성물질도 위험한 것 아닌가요?

그렇게 위험하진 않아. '베타 방사선'은 시계의 유리나 금속 케이스로 쉽게 차단되거든. 전에 자외선이 유리를 통과하지 못하는 원리를 알려줬었지? 비슷한 원리야. 사실 방사선이란 것은 우리도 모르게 우리 주변의 도로나 건물 등 여러 곳에서 방출되고 있어. 단지 건강에 영향이 없을 정도로 미미할 뿐이지. 네가 보는 세상은 네 눈에 보이지 않는 전자기파로 꽉 차 있다고 했지? 우리 생활 주변에서 접하는 전자기파에는 약한 방사선도 포함되어 있단다. 방사선에 대해서는 나중에 원자력 이야기를 할 때 자세히 알려줄게.

아무튼 이런 약한 방사성물질 중에는 트리튬(삼중수소, ^3H), 크립톤 85, 프로메튬 147, 탈륨 204 등이 있어. 네가 말하는 야광 시계는 이런 물질 중에 트리튬이라는 물질을 사용해서, '트리튬 시계' 라고 부르는 물건이야. 트리튬은 산업이나 의료계, 그리고 우리의 일상생활 전반에서 아주 유용하게 사용되고 있어. 최근에는 트리튬에서 방출되는 에너지를 이용해 별도의 충전 없이 10년 이상 사용할 수 있는 배터리를 만드는 연구도 진행 중이라고 해. 방사성물질을 안전하게 관리하고 가공할 수 있다면 그 부가가치가 어마어마하기 때문에 다양한 분야에서 활용하기 위한 연구가 계속되고 있지.

그러면 형광은 인광과 다른 것이겠네요. 형광이 뭔지 궁금했을 뿐인데, 인광에 관해서까지 공부를 해야 하나요?

솔직히 이런 발광의 원리를 모두 이해하기는 쉽지 않아. 물리학이나 화학의 고급 과정에 해당하는 지식이 필요하지. 하지만 지금 네 수준에서도 개념 정도는 충분히 이해할 수 있어.

형광과 인광은 시계에만 사용하는 것이 아니라, 우리가 매일 들여다보고 있는 TV에도 사용될 정도로 다양하게 활용이 되고 있어. 우리 주변에서 굉장히 많이 사용하고 있지. 그리고 형광과 인광의 기본적인 원리는 비슷해서 형광에 관해 공부하다 보면 자연스럽게 인광도 알게 될 거야. 자, 이제 본격적으로 시작해볼까?

발광이란 것은 크게 형광과 인광으로 나뉘어. 그 외에 우리가 잘 알고 있는 산란scattering이라는 것도 있지. 산란이란 것은 쉽게 생각하면 받은 에너지를 튕기듯이 돌려주는 것이야. 하늘이 푸른 것은 대기의 입자들이 푸른색을 잘 반사하기 때문이라고 했었지? 태양 빛 중에 푸른색 파장의 전자기파를 공기 중의 입자가 튕겨낸 거야. 축구공처럼 탄성을 가지고 튕긴다고 해서 '탄성적인 산란elastic scattering'이라고 하지. 이 말은 탄성이 없는 산란도 있다는 것이겠지? 이때는 에너지를 약간 흡수하거나 더 추가해서 내보내기도 해.

이 경우에는 빛에너지가 물질 분자에 흡수되었다가 다시 방출되는데, 방출되는 빛은 처음의 빛과 같은 양의 에너지를 갖고 있지 않아. 분자의 구조나 진동에 따라, 아주 미미한 양의 에너지가 줄어들거나 더해진 상태의 빛이란다. 산란 안에서 조금 더 복잡한 산란이 일어나는 셈인데, 사람의 눈으로 관측할 수 있을 정도는 아니야. 입사하는 에너지의 수십억 분의 1 정도의 에너지 차이가 생기지.

이 세 가지의 발광을 제외한 나머지는 열에 의해서 방출되는 빛이란다. 대표적으로 백열전구가 있고, 나무에 불을 붙인 횃불 같은 것도 있지. 그리고 화학발광Chemical luminescence이라는 것도 있어. 물질의 화학반응에 의한 것인데, 결국은 이것도 대부분 열에 의한 발광인 경우가 많아. 이렇게 우리의 일상생활에서 볼 수 있는 발광 현상은 주로 열에 의한 발광, 그 외에 산란과 형광 그리고 인광에 의한 현상으로 방출되는 빛이 대부분이지. 이런 빛은 열이 아닌 다른 자극에 의해 발광을 한다고 해서 냉광이라고도 하지.

형광등을 예로 들면, 전원을 켰을 때 내부에서 발생한 자외선이 형광물질에 부딪히고 그 형광물질이 자외선 에너지를 받고 흥분했다가excited state 다시 진정하면서ground state 안정되는데 그 두 가지 상태 차이만큼의 에너지가 방출되며 가시광선, 즉 빛을 내는 것이지. 그런데 자세히 보면 형광등을 끄더라도 아주 미약한 빛이 한동안 계속 유지되는 것을 볼 수 있는데 이것이 인광이야. 자, 이제 형광과 인광의 원리를 좀 더 자세히 알아보자.

알 것 같아요! 빛으로 다시 빛을 내는 거네요. 어, 그런데 물질은 어떻게 형광을 내는 거죠?

조금 쉽게 알아들을 수 있게 예를 하나 들어볼게. 너와 가장 친한 동네 친구 4명을 어떤 형광물질 분자 안에 있는 전자라고 생각해보자. 그리고 일산을 너희가 마음 편하게 돌아다니며 놀 수 있는 공간이라고 하자. 이것을 궤도 혹은 오비탈이라고 했었지. 원래 너희는 용돈이 많지 않아도 동네에서 공부도 하고 운동도 하며 가끔 간식도 사 먹고 잘 지냈어. 일산이 비록 작은 도시지만 부족하지 않게 지낼 수 있었지. 그런데 어느 날 갑자기 길에서 100만 원을 주운 거야. 너와 네 친구들은 흥분이 됐겠지? 그리고 5명이 돈을 공평하게 20만 원씩 나눠 가졌어. 난데없이 큰돈을 각자 주머니에 가지게 되니 말할 수 없이 떨리는 상태이고 왠지 서울에 가면 좋은 일이 있을지 모른다는 생각에 흥분되고 설렜을 거야. 그래서 갑자기 안정된 일산보다 놀게 많은 서울로 나들이를 하러 가고 싶어진 것이지. 그 정도의 돈이면 더 재미있게 놀 수 있을 것 같아서 서울이라는 흥미로운 공간으로 놀러 가는 거지. 그것도 지하철을 타고 5명이 아주 빨리 갔단다.

그리고 서울에 도착한 후 5명은 햄버거도 먹고 피시방에도 가서 놀았어. 그런데 너희들은 원래 착한 학생들이었지. 얼마 지나지 않아, 점점 걱정도 되고, 왠지 낯선 곳에서 논다는 것에 마음이 편하지 않았어. 그냥 집 근처 동네가 그립고, 주운 돈도 주인에게 돌려줘야 마음이 편할 것 같았지. 결국 5명은 동네로 돌아오려고 바로 지하철을 탔어. 그런데 왠지 한 친구가 그렇게 돌아가는 게 아쉬웠는지, 중간에 연신내라는 곳에 들러서 조금만 더 놀다가 오겠다며 지하철에서 내려버렸지. 그리고 혼자 게임도 하고 군것질도 하며 한참을 놀다가 저녁 늦게야 일산으로 돌아왔어. 4명의 친구들은 일산으로 돌아와서 부모님께 쓰고 남은 돈을 맡기면서 사실대로 고백했어. 그러니 마음이 편해졌어. 물론 중간에 다른 곳에 들렀던 나머지 1명도 저녁 늦게 돌아와서 남은 돈을 맡겼지. 너희들은 다시 편한 마음으로 동네에서 놀게 됐다는 이야기야.

그런데 이 이야기가 형광이랑 무슨 상관이에요? 아빠, 이제 저한테 용돈 20만 원씩 주시는 거예요?

하하, 그건 알기 쉽게 예를 든 거지! 절대 그건 안 된다! 이제 쉬운 산수 문제 하나 낼게. 너희들이 각자 서울 피시방에서 4,000원, 햄버거를 사 먹는 데 6,000원을 썼단다. 그런데 아까 집에 오는 중간에 다른 곳에서 더 놀다 온 한 친구는 게임장에서 2,000원, 떡볶이와 순대를 먹느라 5,000원을 더 썼다면 너희들은 각각 얼마의 돈을 부모님께 맡겼을까?

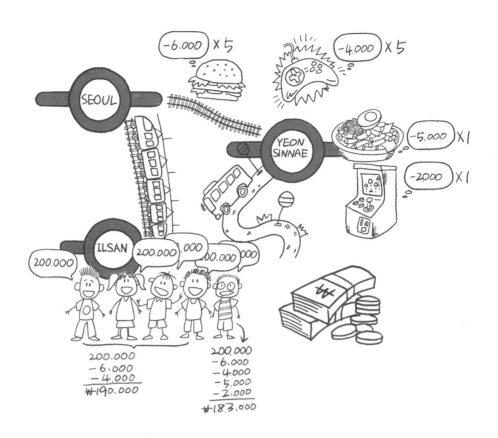

쉬운데요. 저를 뭐로 보시고… 어디 보자… 끙, 4명은 각자 1만 원을 사용했지요. 처음에 20만 원씩 나눠 가졌으니까 19만 원씩을 드렸고요. 나머지 한 명은 7,000원을 더 썼지요. 그래서 18만 3,000원을 드렸어요.

그래, 맞다. 그러면 친구 4명과 나머지 1명의 차이는 뭘까?

차이요? 음…. 일단 돌려주는 금액에 차이가 있지요. 그리고 더 놀다 왔으니까 늦게 왔지요.

그렇지. 부모님께 드린 금액도 차이가 있지만, 놀다가 오느라고 바로 온 너희들보다 훨씬 늦게 왔지. 아까 이 이야기를 시작할 때 어떤 가정을 했었지? 너와 친구 4명을 전자라고 했고, 일산을 너와 네 친구들이 마음 편하게 돌아다니며 놀 수 있는 공간이라고 했지. 이제 돈을 에너지라고 하자. 에너지는 '일'을 할 수 있는 능력이거든. 그리고 서울과 연신내는 서로 다른 전자 궤도 공간이라고 가정을 해보자. 서울은 일산보다 흥분되는 도시지만 대신 물가도 비싸고! 둘 다 전자가 지낼 수 있는 궤도지만, 서울이 에너지 레벨이 큰 궤도인 셈이지.

물질 안의 전자들은 편안하게 지내는 에너지 레벨이 있단다. 이때 외부에서 에너지가 들어오면, 이 전자들이 들뜬 상태로 조금 더 높은 에너지 레벨로 올라가게 되지. 그래서 동네와 같은 편안한 상태의 에너지 레벨을 S_0 라고 하지. 영어로는 'Ground Singlet State'라고 해. 에너지 레벨로 보면 바닥 상태란다. 그런데 서울은 에너지 레벨을 S_1이라고 하는데, 영어로는 'Excited Singlet State'라고 하지. 물질에 에너지를 가하게 되면 S_0에서 놀던 전자가 S_1으로 넘어가게 된단다. 에너지를 흡수해서 높은 에너지 레벨로 올라간 것이지. 이 에너지 레벨은 '돈을 많이 쓸 수 있는 능력'이라고 보면 된단다. 힘이 생긴 것이지. 전에 대기권 이야기를 할 때 말한 것처럼, 큰 힘이 생기면 전자가 원자 밖으로 튀어 나가는 경우도 생긴단다.

그런데 전자가 S_1에 올라가면 S_1 안에서 조금씩 안정하려고 내려가다가 S_1 상태의 바닥에서 더 못 내려가고 S_0 상태로 뚝 떨어진단다. 전자도 편안하고 안정된 상태로 빨리 돌아오길 원하는 것이지. 너희들이 서울에서 돈을 조금 썼더니 불안해지고, 돌아가고 싶다고 고민을 하는 것과 비슷하지. 서울에서 노는 것이 마음이 편하지 않으니까 지하철을 타고 바로 일산으로 온 것과 같은 거야. 바로 이 과정에서 형광이 발생하는 것이란다. 너희들이 돌아와서 돈을 다시 돌려드렸잖니? 아까 돈은 뭐라고 했지?

 에너지요!

그래! 돈을 돌려드렸다는 건 결국 그 에너지가 다시 빛으로 나온다는 뜻이란다. 이 빛이 형광이야.

와~ 완전 쉬운데요. 이해가 가요. 형광이 그렇게 발생하는 것이군요.

자, 그럼 이제 정리를 해볼까?

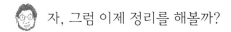

5명의 동네 친구들 : 전자

일산 : 전자가 안정한 상태에 있는 낮은 에너지 레벨 S_0, 바닥 레벨

서울 : 전자가 들뜬 상태에 있는 높은 에너지 레벨 S_1

돈 : 에너지, 일을 할 수 있는 능력

주운 돈 : 외부 에너지, 빛

쓰고 남은 돈 : 방출된 형광

그런데 아까 연신내에서 놀다 온 친구는 뭔가요? 어떤 이유가 있나요?

그 대답을 하기 전에 형광에 대해 알아야 할 것이 하나 더 있단다. 너희가 서울에서 돈을 사용하고 돌아와서 반납한 돈은 주운 돈보다 적을 수밖에 없지. 서울에서 조금이라도 사용했으니까 말이야. 자! 우리가 돈을 '에너지'라고 했었지? '어떤 일을 할 수 있는 힘'이란 것이야. 그러면 처음에 물질이 받았던 에너지보다 방출하는 형광의 에너지가 더 작겠지? 전에 전자기파에서 '진동수'와 '파장'의 관계에 관해서 이야기해준 것을 기억하고 있니?

네. 전자기파는 파동의 특성이 있고, 진동수와 파장을 가지고 있다. 에너지는⋯ 진동수가 큰 것이⋯ 그러니까⋯.

하하, 헷갈리니? 기본적인 공식을 이해하고 있으면 좀 쉽단다. 양자역학의 창시자 막스 플랑크Max Karl Ernst Ludwig Planck가 만든 방정식인 $E=hf$라는 식 하나만 더 외우렴. $f=c/\lambda$ 공식은 이미 네가 들어서 알고 있을 거야. 여기서 f는 바로 진동수이고 람다(λ)는 파장이지. 지금 네가 꼭 기억해야 할 사실은, 파장과 진동수는 서로 반비례 관계라는 것이야. 그리고 에너지와 진동수는 비례 관계란다. 결국 진동수가 크고 파장이 짧은 전자기파는 에너지가 크고, 진동수가 작고 파장이 긴 전자기파는 에너지가 작다는 것이란다. 이 관계는 잊지 않았으면 좋겠어.

예를 들어, 방사성물질에서 나오는 감마선은 전자기파 중에서 파장이 가장 짧고 에너지가 크기 때문에 사람의 몸에 들어오면 세포를 파괴하지. 또 세포 속의 DNA를 파괴해 암이나 돌연변이를 일으키기도 해. 반면에 파장이 길고 에너지가 작은 '전파'라는 전자기파는 통신이나 라디오, TV 등의 신호를 보내기 위해 사용해. 이렇게 예를 들어 생각하면 쉬울 거야. 에너지가 작으니 라디오를 틀었다고 사람에게 해를 끼치지 않잖아.

자, 그러면 다시 형광으로 돌아가보자. 형광으로 방출되는 빛의 에너지는 처음 외부로부터 입사한 에너지보다 작다고 했었지? 진동수는 어떨까? 입사한 빛보다 형광으로 방출되는 빛의 진동수가 작겠지? 그리고 파장은 입사한 빛보다 형광으로 방출된 파장이 길지. 예전에 형광등을 이야기하면서 방전된 전자가 수은을 때려서 수은에서 발생한 자외선이 다시 형광물질에 부딪히고 가시광선의 빛을 보낸다고 했었지? 이렇게 형광은 늘 원래 받았던 에너지 파장보다 더 긴 파장으로만 나오는 거야. 더 짧은 파장으로 나오기는 어렵지.

 와, 뭔가 척척 들어맞는 느낌이 드는데요? 그러면 가시광선의 빛을 형광으로 방출하려면 무조건 가시광선보다는 짧은 파장의 어떠한 에너지를 사용해야 한다는 것이네요.

와우! 드디어 네가 뭔가를 알아듣는구나? 자, 그러면 이제 인광에 대해 알려줄 차례지. 형광이 나오는 과정은 복잡하지만, 이 과정은 매우 빠르게 일어나. 그래서 형광은 외부 에너지가 가해지면 바로 발생하고, 에너지가 사라지면 바로 없어지지. 우리가 전원을 끄면 형광등이 꺼지잖아. 그런데 인광은 조금 달라.

방금 친구 1명이 서울에서 일산으로 오는 중간에 다른 곳에 들러서 놀다가 왔다고 했었지? 4명과는 다른 점이 있었지? 인광은 바로 이 행위 때문에 발생하는 현상이야. 서울도 일산도 아닌 전자가 노는 또 다른 공간을 'Triplet State'라고 해. T_1이라고 하지. 서울이라는 S_1 에너지 레벨과 비슷한 에너지 레벨을 가진 다른 공간System이 있는데, 일부 전자들이 느리게 T_1이라는 곳으로 이동을 한다. 이렇게 연신내인 T_1에서 놀다가 결국 일산인 S_0로 오지. 그런데 연신내에서 시간 가는 줄 모르고 놀다 보니 지하철이 끊겼어. 그래서 연신내에서 일산까지 버스를 여러 번 갈아타고 오는 거야. 결국 T_1에서 S_0로 오는 시간이 너희들 4명보다 한참 걸리는 것이지. 이렇게 서울과 연신내는 다른 에너지 레벨의 시스템이고 이런 이동을 '시스템 간 교차'Inter System Crossing, ISC라고 부른단다.

택시 타고 오면 안 되나요?

오호?! 훌륭한 질문이네? 그럼 훌륭한 답을 해줘야지. 이 이야기에는 택시가 없어! 하하!

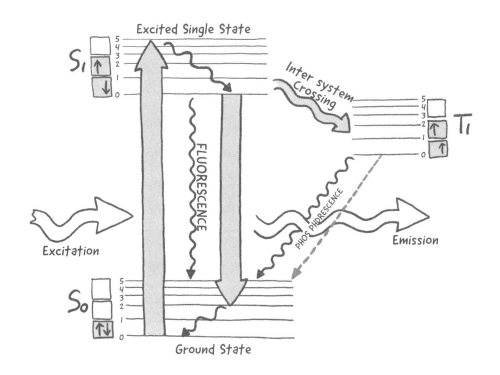

이렇게 S_1과 에너지 레벨이 비슷한 곳에서 일부분의 전자는 느리게 T_1으로 이동할 수 있고, 이 전자들은 T_1의 바닥으로 내려갔다가 다시 S_0로 떨어져. 그런데 이 과정은 T와 S라는 시스템의 차이가 있기 때문에 느리게 일어나지. 과정은 더 복잡한데, 중요한 것은 다른 시스템으로 이동하는 전자들이 있고 다시 원래 시스템으로 돌아오는 과정들이 느리게 일어나기 때문에 입사된 에너지가 사라져도 오랫동안 빛을 낼 수 있는 것이야. 이것이 인광이란다.

어떤 물질이 흡수하는 파장보다 형광의 파장이 좀 더 길고, 인광의 파장은 그보다 더 길게 된단다. 그 이유는 너희와 달리 연신내에서 돈을 추가로 썼기 때문이지. 그러니 집에 왔을 때 남은 돈이 너희들보다 부족했겠지? 결국 에너지가 더 작다는 뜻이고, 진동수가 더 작고 파장이 더 긴 빛이 나온다는 뜻이지.

형광과 인광이 발생하는 물리적 과정은 외부 에너지를 흡수한 형광물질이 그 일부를 다시 빛에너지로서 방출하는 현상으로 볼 수 있어. 그래서 '입사광보다 에너지가 작은 형광의 파장은 입사광의 파장보다 길어야 한다', 이것이 바로 형광·인광에 대한 스토크스의 법칙Stokes' law이란다.

형광과 인광이 어떻게 나오는지는 확실히 알겠어요. 이런 원리를 어디에 사용하나요? 아까 무슨 TV에서 사용한다고 말씀하셨는데요.

엄청나게 많은 곳에서 사용하지. 형광등과 같은 조명도 있고, 여러 가지 목적에 사용되는 형광도료도 있지. 네가 공부할 때 사용하는 형광펜도 마찬가지야. 사실 형광표백제나 증백제는 이름처럼 옷을 하얀색으로 물들이는 게 아니야. 실은 자외선에 의하여 청자색의 빛을 내는 형광도료야. 누렇게 바랜 옷감을 노란색의 보색인 청자색으로 덮어서 하얗게 보이게 하는 것뿐이지. 그러니까 일종의 시각적 속임수야. 또 형광물질을 첨가하여 성형한 플라스틱판이 자동차의 후미등이나 교통표지등으로 널리 사용되지. 물질 자체나 그 화합물의 형광성을 이용하여 어떤 특정 물질을 검출하는 형광분석도 형광을 이용한 것이란다. 드라마에서 과학수사대Crime Scene Investigation가 범행 현장에서 보이지 않는 흔적에 특수한 용액을 뿌리는 장면을 본 적이 있지? 거기에 자외선 광을 쏘이면 흔적이 있던 자리가 다른 색으로 표시되었잖아. 그리고 이 방법을 이용하면 극히 미량의 물질도 검출할 수 있어. 그래서 미세한 분석연구를 할 때 과학자들이 많이 사용하곤 해. 그리고 대표적으로 매일 쳐다보고 있는 TV 화면은 이런 형광과 인광을 이용한 것이란다.

'OLED●Organic Light Emitting Diode TV'에 대해 들어봤지? 아주 복잡한 공정을 거쳐 전자와 정공electron hole을 만들어서 둘이 만나게 하면 빛이 나는 것이란다. 이때 빛이 나는 층을 발광층Emitting Layer, EML이라고 한단다. 발광층의 재료는 특성에 따라 형광과 인광으로 구분해. 말했다시피 인광은 형광과 달리 물체에 빛을 쬔 후 빛을 제거해도 장시간 빛을 내지. 그래서 인광 방식 재료는 기존 형광 재료와 비교했을 때 전기에너지를 빛으로 변환하는 효율이 약 4배나 높단다.

어, 그러면 TV 화면이 늦게까지 빛을 발하니까 화면이 느려지거나 뭉개지는 거 아닌가요?

하하, 걱정할 건 없단다. 인광이라고 해서 빛이 방출되는 시간이 그렇게 엄청나게 길지는 않아. 대략 수천 분의 1초 정도로 짧은 시간이지. 하지만 전자의 움직임에 비하면 엄청나게 긴 시간이기도 하지.

그러면 아까 말씀하신 화학발광은 형광과 인광이 아닌 거죠?

맞아. 화학발광은 형광이나 인광과는 분명히 다른 반응이야. 원리는 비

● 유기 발광 다이오드라고도 한다. 빛을 내는 층이. 전류에 반응하여 빛을 발산하는 유기화합물의 필름으로 이루어진 박막 발광 다이오드이다.

95

● 미국 CBS에서 방영한 과학수사 관련 드라마로. 2000년 10월 6일 부터 2015년 9월 27일까지 방영되었다. 대도시에서 벌어지는 다양한 범죄들을 특유의 개성과 포스로 무장한 과학수사팀의 멤버들이 해결해나가는 내용으로 구성되어 있다.

숫한데, 처음에 주어지는 에너지가 빛에너지가 아니라 화학반응에서 발생한 에너지라는 차이가 있어. 화학발광이 일어나려면 첫 화학반응에 의해 물질 안에 있는 전자를 들뜬 상태로 만들 만큼 충분한 에너지를 제공해야 해. 이 외에도 다양하고 복잡한 조건을 만족해야 하지. 자연에서 볼 수 있는 대표적인 화학발광 사례가 바로 반딧불이나 심해 생물의 발광이야. 그리고 〈CSI〉 ●Crime Scene Investigation 드라마에서 루미놀을 이용해 혈흔을 검출하는 것도 화학발광을 이용한 것이라고 이미 이야기했을 거야.

빛이란 것은 정말 신기한 것 같아요. 그리고 사람들도 대단해요. 어떻게 눈에 보이지도 않은 빛을 다루고 조정하고, 또 그렇게 해서 이 세상의 물건들을 만드는지….

Chapter 9

공평하게 나누기로 하고 힘센 놈이 더 가져가는 것

모든 물질을 쪼개면 결국 원자로 만들어져 있다는 것을 안다. 인류는 원자의 존재를 밝혀냈다. 그리고 그 기원과 종류 그리고 구조와 운동까지 알아냈다. 원자가 모여 분자를 만들고, 물질을 만든다. 결국 원자가 처음부터 분자를 만들지 못했다면 물질이 만들어지지 않았을 것이다. 그렇다면 원자는 왜 분자를 만들기 시작했을까? 우리는 분자를 공부하며 화학적 결합에 관해 공부했다. 원자가 분자를 만들 때 전자를 공유하며 결합하거나 원자가 이온 상태에서 결합한다고 배웠다. 결국 전자가 모든 결합에 관여한다. 화학은 전자의 이야기이기도 하다. 원자가 다른 원자와 결합하는 이유는 무얼까?

모든 물질은 에너지를 가지고 있다. 에너지는 높은 곳에서 낮은 곳으로 자발적으로 변한다. 뜨거운 물이 식는 것과 같은 이치이다. 물이 뜨거운 이유는 물분자 운동이 활발해서 물분자끼리 충돌하며 열에너지를 내기 때문이다. 결국 높은 운동에너지를 낮은 운동에너지로 자발적으로 바꾸며 안정한 상태로 가면서 열에너지가 줄어든 것이다.

간단한 수소분자(H_2)를 보자. 수소원자 혼자 존재하지 않고 두 원자가 만나 분자를 이루는 이유가 질문의 해답일 수 있다. 수소원자 2개를 멀리 떨어뜨려보자. 원자 하나도 에너지를 가지고 있다. 그렇다면 수소분자 전체 에너지는 원자 하나가 가진 에너지의 2배라는 것을 예상할 수 있다. 그런데 이상하게도 수소원자 2개를 가까이 가져가면 떨어져 있을 때보다 전체 에너지가 낮아진다. 그러다가 결합해서 분자가 되면 수소원자 하나의 에너지보다 더 낮아진다. 이런 이유로 분자가 만들어진다. 마치 사람 관계에서의 이성 교제와 같다. 외로운 사람들이 짝을 찾으면 안정감을 느끼는 것이다. 그런데 이런 만남에도 힘이 공평하지 않은 경우가 있다. 어느 한쪽이 더 당기는 것이다. 더 좋아하는 사람이 있기 때문이다.

전에 극장에서 껌과 팝콘을 같이 먹다가 입안에서 껌이 사라진 일을 기억하니? 그때 껌의 베이스로 사용하는 '폴리아세트산비닐'이라는 고분자 화합물이 무극성無極性, nonpolar 유기화합물이고, 팝콘을 튀길 때 사용하는 기름도 무극성 액체라고 했었지. 이 기름이 폴리아세트산비닐과 만나면 같은 무극성 분자라는 이유로 껌의 고분자구조가 풀리게 되는 것이라고 했었지. 그래서 껌의 점성이 없어지면서 흐물흐물 녹듯이 없어지는 것이라고 했잖아. 반면에 '극성極性, Polarity을 가진 물로 이루어진 침에는 무극성인 껌이 녹지 않는다'라고, 용해의 본질에 관련한 이야기를 했었어.

기억나요. 그때 무극성과 극성이란 말이 잘 이해가 안 가서 아빠가 제가 고학년이 되면 알려주신다고 하셨잖아요. 솔직히 그것이 계속 궁금했어요.

간단히 말하면 극성 물질끼리 잘 섞이고, 무극성 물질끼리 잘 섞인다는 것이야. 극성이 서로 다른 물질끼리는 잘 섞이지 않는 것이지. 좋은 예가 있어. 네가 매운 떡볶이를 먹을 때, 매운맛을 달래기 위해서 우유와 물 중에 어떤 것을 마시니?

우유를 주로 마시죠. 물보다는 우유를 마셨을 때 매운맛이 덜하던데요.

그래. 매운 떡볶이를 먹을 때 물을 마시는 것보다 우유나 주스를 마시는 것이 매운맛을 잘 없애주지? 매운맛을 내는 '캡사이신'이라는 화학물질은 무극성 물질이기 때문이야. 그래서 극성 물질인 물보다는 무극성 물질이 들어 있는 우유나 주스에 더 잘 씻겨 내려가는 것이지. 그러면 물질은 왜 이런 극성을 가지는 것일까?

물질을 구성하는 것은 원자로 이루어진 분자들이야. 극성으로 본다면 원자는 원자핵에 양성자(+)와 중성자가 있고 주변에 전자(−)가 양성자의 개수와 같은 수로 있기 때문에 외부의 힘에 의해 전자를 뺏기거나 얻어 오지 않는 한, 원자는 전기적 중성이란다. 하지만 2개 이상의 원자가 모인 분자의 경우는 상황이 달라지지.

원자들이 모인 분자 모형을 본적이 있을 거야. 물질마다 분자 모양이 전부 다르지. 이렇게 다양한 모양의 분자구조에서 생겨난 비대칭과 그 안에 있는 원자 간의 '전기 음성도'란 것의 차이 때문에 '전자구름'이 한쪽으로 몰리게 되는 거야.

결국 분자는 마치 건전지 양극과 음극처럼 이중극자(쌍극자)dipole나 한쪽으로 치우친 전자구름이 여러 군데 몰려 나타나서 다중극자multiplole를 가지게 되지. 이렇게 분자 자체나, 분자가 모인 물질에서 전기적 성질을 띠는 것을 극성이라고 하는 거야.

반대로 무극성도 있겠지. 사실 무극성이라고 해도 극성이 아예 없는 것이 아니야. 하지만 분자 모형을 보면 모양이 대칭 형태로 균형이 잡혀 있어서 전체적으로 극성이 거의 없는 것이나 마찬가지일 정도로 극성이 적은 것을 말하지. 일반적으로 무극성 분자는 극성 분자보다 분자 간의 인력이 적을 수밖에 없어. 극성 분자는 전자구름이 몰려 있는 쪽이 마이너스(−), 전자구름이 약한 부분이 플러스(+)로 표현되는데, 극성 분자끼리 모여 있으면 마치 자석처럼 분자의 서로 다른 극성끼리 당기는 힘이 작용하기 때문에 분자끼리 잘 뭉쳐지는 것이지.

 그러면 무극성끼리는 잘 안 뭉쳐지겠네요?

 무극성은 이런 분자 간 인력이 약하지만, 판데르발스 힘van der Waals force 이라는 유사극성으로 뭉쳐지게 되지.

 판데르발스 힘이요? 어디서 많이 들어봤는데….

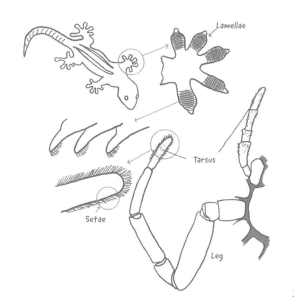

Lamellae

Tarsus

Setae

Leg

1873년 네덜란드의 과학자 판데르발스Johannes Diderik van der Waals가 제시한 개념이야. 전기적으로 중성인 두 물체가 매우 가까워질 때 발생하는 인력을 말하지. 예를 들어 거미의 다리는 무수한 작은 털로 뒤덮여 있어. 털 하나의 폭은 머리카락 1,000분의 1 정도인 수백 nm 수준이야. 자외선 파장의 길이 정도로 가늘지. 바로 이 미세한 털이 천장 면과 몇 nm 떨어져 있을 때 이 둘 사이에서 서로 끌어당기는 판데르발스 힘이 작용해. 거미뿐만 아니라 매끄러운 유리 위에서도 미끄러지지 않고 걸어 다니는 도마뱀붙이도 마찬가지 원리를 이용하는 것이야. 도마뱀붙이의 발바닥에 있는 수백만 개의 미세섬모는 엄청난 인력으로 어디든 붙어 있을 수 있게 해준단다. 극성이 없다고 무시하면 안 돼. 특히 분자 단위처럼 작은 크기가 모인 곳에서는 엄청난 힘을 발휘하지.

무극성 분자에서도 전자의 운동으로 순간적인 짧은 시간 동안 이중극자가 형성되면, 그 옆의 분자도 일시적인 영향으로 극성이 일어나서 '유발 이중극자'가 생성되지. 이런 순간적인 인력이 모여 판데르발스 힘이 생겨나는 거야. 그래서 무극성 분자 역시 무극성 분자끼리의 용해성이 좋은 것이지. 그래서 일반적으로 화학물질은 극성 용매에는 극성 분자들이 잘 녹고 무극성 용매에는 무극성 분자들이 잘 녹는 성질을 지니고 있는 것이란다.

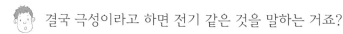 결국 극성이라고 하면 전기 같은 것을 말하는 거죠?

그렇지. 물질을 이루는 모든 분자는 여러 원자가 결합하는 모양에 따라 전기적인 성질을 띤다고 생각하면 되지. 이제 어떻게 극성을 띠는지 볼까?

분자를 이루는 원자들이 서로 결합할 때는 어떤 접착제 같은 것이 있는 것이 아니라 '전자쌍'을 공유하는 형태로 결합을 하지. 그래서 이런 결합을 공유결합이라고 해.

예를 들어 가장 간단한 수소분자(H_2)를 살펴보자. 이럴 때 사용하는 것이 루이스 전자점식Lewis electron-dot diagram이야. 입체적으로 생긴 모양의 분자 구조를 종이 위와 같은 평면에 나타내기 위해서 편리하게 사용하는 방법이지. 이제 그 전자점식을 그려볼까?

수소는 전자 1개를 가진 원자인데, 바깥 껍질 궤도에 있는 '원자가전자'가

1개야. 전부터 늘 이야기한 것인데, 원자는 바깥 궤도를 꽉 채우고 싶어 하고 18족 원소를 제일 부러워한다고 했었지? 수소원자는 최외각전자 2개를 만들기 위해, 늘 모자란 전자 1개를 채우려고, 1개가 남는 다른 원소들과 결합 하길 좋아하지. 흔한 수소원자 2개가 서로 잘 붙게 되는 이유야. 그러면서 전자 2개를 서로 자신 것인 것처럼 공유하는 공유결합을 하는데, 이것을 루이스 전자점식으로 표현하면 'H : H'와 같은 식으로 표시할 수 있어. 이렇게 원자 사이에 있는 전자 2개를 ':' 표시로 나타내고 '공유전자쌍'이라고 하지.

그런데, 양쪽에 있는 수소원자는 서로 공유전자쌍을 자기 쪽으로 끌어들이지. 이렇게 공유전자쌍을 끌어들이는 힘을 '전기음성도'라고 하는 거야. 결국 전기음성도는 분자 안에 있는 원자가 그 원자의 결합에 관여하고 있는 전자를 끌어당기는 힘을 나타내는 척도라고 볼 수 있어. 예로 수소원자의 경우는 전기음성도가 2.2란다. 그러면 위의 수소분자는 양쪽에서 2.2의 힘으로 당기고 있는 셈이지. 이때 양쪽에서 같은 힘으로 당기고 있기 때문에 공유전자쌍은 정중앙에 있겠지? 이것을 '무극성 공유결합'이라고 하는 거야.

이제 다른 분자를 살펴보자. 불화수소산(HF)은 수소(H)와 플루오린(F) 원자가 결합한 분자이지. 플루오린화수소라고도 해. 이 물질이 가진 막강한 힘에 대해서는 전에 설명했었지? 워낙에 강하고 독해서 유리를 깎는 데도 사용하지. 반도체 공정에도 사용하는 유독성 화합물인데, 단 1방울만 피부에 흡수되더라도 뼈까지 녹일 수 있기 때문에 아주 조심해야 해. 이 불화수소산 분자의 루이스 전자점식은 이렇게 된단다.

원소번호 9번인 플루오린은 첫 번째 궤도에 2개, 두 번째 최외각 궤도에 7개의 전자를 가지고 있어서 늘 전자 하나가 모자라지. 마찬가지로 수소와 공유전자 쌍을 가지겠지. 그런데 플루오린의 전기음성도는 4.0이야. 수소원자의 2배에 가까운 힘으로 공유전자쌍을 당기게 된단다. 결국 공유전자쌍의 위치가 정중 앙이 되지 않고 플루오린 쪽으로 치우치겠지? 힘이 센 아이와 힘이 약한 아이 가 줄다리기를 한다고 생각하면 되는 거야.

수소의 입장에서 보면 전자 1개를 가져와야 하는 건데, 오히려 전자 1개 를 뺏긴 듯한 억울한 상태가 되고, 플루오린의 입장에서는 전자 1개를 더 가져 온 상태가 되겠지? 사실은 온전하게 전자 1개를 가져오거나 내어준 것은 아니 고 일부가 뺏고 뺏기는 정도이긴 해. 그래도 수소 입장에서는 전자를 일부 뺏 겼으니 중성을 띠지 못하고 양전하(+)를 띠고 플루오린은 전자를 일부 더 가져 온 셈이니 음전하(-)를 띠게 되는 것이지. 반대로 수소분자(H_2)는 공평하게 팽 팽해서 전기적으로 중성화되어 있는 것이란다. 그래서 극이 없다고 해서 무극 성이란 표현을 사용한 것이고, 불화수소산처럼 한쪽으로 치우쳐서 전기적 성 질을 띤 것을 '극성 공유결합'이라고 하는 것이야.

정리해보면, 이렇게 2개 이상의 원자가전자를 공유할 때, 만약 원자 중 에 힘이 센 놈이 있다면 공유전자쌍을 조금 더 끌어오는 것이고, 모든 원자의 힘이 같다면 공유전자쌍은 정중앙에 있게 되는 것이지. 운동회에서 줄다리기 를 하는 것을 떠올리면 이해하기 쉬울 거야. 전자쌍을 조금 더 끌어간 원자 쪽 은 약간의 음(-)전하를 띠게 되고, 전자쌍을 조금 양보해 준 원자 쪽은 약간의 양(+)전하를 띠게 되는 것이지.

자, 이제 이 극성을 설명하기 위한 가장 쉬운 예를 하나 더 들어보자. 우 리 주변에 흔히 있는 물질로 말이야. 물(H_2O)과 이산화탄소(CO_2)를 잘 알고 있 지? 이 두 분자의 극성은 달라. 물은 극성이고 이산화탄소는 무극성이지.

물분자는 분자 전체적으로는 중성이지만 대표적인 극성 분자지. 물분자 는 수소(H) 2개와 산소(O) 1개로 이루어져 있는데, 산소가 수소보다는 힘이 조 금 세지. 아무래도 원자가 무거운 것이 전기음성도가 좋아. 원자핵 안의 양성 자가 많기 때문이야. 산소의 전기음성도는 3.44야. 그래서 물분자의 '중심원 자'는 산소가 되지. 산소가 수소와 결합하기 위해 공유하고 있던 공유전자쌍을 산소 쪽으로 조금 더 끌어가기 때문에 산소원자 쪽은 음(-)전하를 띠고 두 수 소원자 쪽은 양(+)전하를 띠게 되는 거야.

이렇게 분자 전체적으로 보면 중성을 띠지만 그 내부로 들어가보면 부분

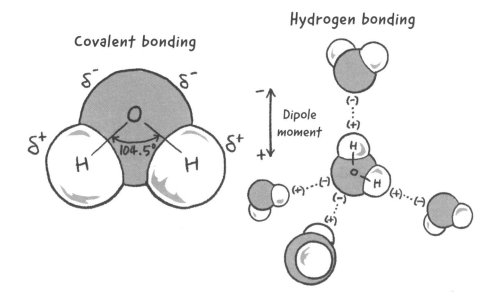

Covalent bonding

Hydrogen bonding

Dipole moment

적으로 전하를 띠게 되는데, 이때 생겨난 부분적인 음전하와 양전하의 힘을 쌍극자모멘트Dipole moment라고 하는 것이야. 그런데 물은 수소 2개가 산소와 결합을 하고 있으니 산소와 수소로 결합한 공유전자쌍이 2개가 있는 것이고, 결국 '쌍극자모멘트'는 2개가 되는 것이란다.

여기에서 하나 더 알아두어야 하는 것이 있어. 쌍극자모멘트는 단순히 '힘'만을 의미하는 것이 아니야. 물분자 모형을 살펴보면, 산소원자에 마치 귀처럼 수소원자 2개가 붙은 모습이 꼭 곰의 얼굴처럼 보이기도 해. 수소원자는 104.5°의 각도로 결합이 되어 있어서 그렇게 보이는 것이지. 왜 이런 모습이 되었을까?

비밀은 바로 중심원자인 산소가 수소와 결합하는 데 있어서 제외된 4개의 전자가 만든 비공유전자쌍unshared electron pair에 있지. 비공유전자쌍은 무조건 중심원자에 붙은 것만 영향을 준다고 생각하면 된단다. 이것을 '전자쌍 반발 원리'라고 해. 공유전자쌍은 공유결합하고 있는 두 원자의 핵에 모두 끌리지만, 비공유전자쌍은 중심 원자의 핵에만 끌려. 그래서 비공유전자쌍 사이의 반발력이 공유전자쌍 사이의 반발력보다 강하지. 그리고 비공유전자쌍은 중심 원자에만 속해 있기 때문에 중심 원자의 핵에 더 가까이 있으면서 넓은 공간을 차지해. 물(H_2O)은 중심원자인 산소에 공유전자쌍이 2개, 비공유전자쌍이 2개인데, 결국 공유전자쌍 2개를 비공유전자쌍 2개가 반발력으로 밀어내는 거야. 그래서 최종적으로 결합각이 104.5°가 되는 것이지.

이처럼 쌍극자모멘트는 힘뿐만 아니라 방향도 포함한 개념이야. 이렇게 방향을 가진 결합에서 생기는 쌍극자모멘트들을 전부 합쳤을 때 완벽하게 0이 되면 무극성 분자이고, 0이 아니면 극성 분자라고 하는 거야. 물의 경우 수소가 붙어 있는 부분은 조금 더 양(+)전하를 띠고 수소에서 먼 쪽의 산소 부근이 음(−)전하를 띠게 되는 것이지. 결국 분자의 구조가 극성에도 영향을 미친다는 거야. 대체로 중심원자에 비공유전자쌍이 있으면 거의 99% 극성이라고 보면 된단다.

● 방향과 크기의 의미를 모두 포함하는 표현 도구로서 주로 힘이나 자기장, 전기장, 변위 등의 물리적 개념을 설명할 때 이용된다. 크기만을 의미하는 스칼라량과 비교되는 양이다.

쌍극자모멘트는 벡터 ●vector이기 때문에 당연히 방향성을 가지는데, 분자의 중심원자에 비공유전자쌍같이 분자의 구조를 변형시키는 요소가 존재하면 분자의 구조가 직선형이 못 되고 휘어버리는 경우가 발생해. 결국 벡터의 총합이 0이 안 되고 극성을 띠게 되는 것이지.

이제 이산화탄소(CO_2)를 살펴볼까? 탄소는 최외각전자가 4개이고 산소는 6개지. 산소가 8개를 채우기 위해 전자 2개가 더 필요하니 탄소의 2개 전자와 공유결합을 하는 모양이 되지. 마치 물과 비슷한 모양으로 결합해. 그래서 중심원자는 탄소(C)이지만 물과 달리 전자 4개가 모두 공유결합에 참여해서 중심원자에 비공유전자쌍이 없고, 산소(O)에 비공유전자가 있지. 하지만 산소 쪽에 비공유전자쌍이 있는 건 이산화탄소의 분자 모양에 전혀 영향을 주지 않아.

 대체 중심원자를 어떻게 결정하는 거죠?

보통은 분자 내에서 원자 수가 적은 원소나, 원자가전자의 개수가 많은 원자가 한 분자 내에서 중심원자가 되는 것이야. 이산화탄소에서 탄소(C)의 경우 원자가전자가 산소의 6개보다 적은 4개가 되지만, 분자 내 원자 개수가 적어서 중심원자가 될 수 있어. 이산화탄소분자 모양이 O=C=O 형태인데, 직선형인 이유는 중심원자인 탄소 주위에 공유전자쌍 4개만 있고 비공유전자쌍이 없기 때문이야. 쌍극자모멘트의 벡터 크기가 같고, 방향이 반대이기 때문에 두 벡터가 역벡터 관계로 상쇄되어 힘의 총합이 0이란다. 그렇기 때문에 무극성이 되는 것이지.

이제 알겠어요. 중심원자에 비공유전자쌍이 없으면 비공유전자들에 의해 생긴 반발력이 없기 때문에 분자구조가 직선형이 되고 무조건 무극성이 되겠네요?

하하! 조금 전에 99%라고 얘기했지? 1%의 예외라는 게 있지 않겠니? 분자구조 때문에 이산화탄소처럼 중심원자에 비공유전자 없이 공유전자만 있어도 극성이 되는 경우가 존재할 수 있어. 줄다리기 이야기를 해줬잖아. 불화수소산(HF)도 마찬가지지만 염산(HCl)도 직선형이면서 극성이지.

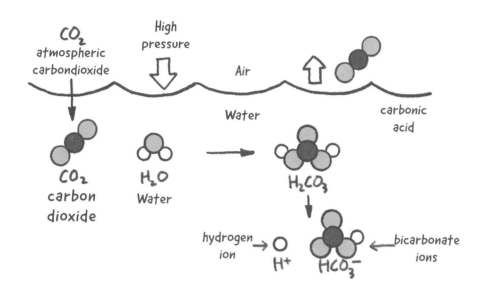

분자의 무극성, 극성을 나누는 기준은 분자 내 모든 공유결합 쌍극자모멘트들의 합이 0인지 아닌지도 있지만, 결합을 이루는 두 원자 간의 전기음성도 차이 여부도 있어. 전기음성도가 크면 그만큼 전자를 더 끌어당기게 되니까 단순히 비공유전자쌍의 존재 여부만으로 극성을 판단할 수 있는 건 아니라는 거야.

이런 비공유전자쌍의 영향과 원자 배열, 원자 간 결합 등 다양한 요소가 분자의 구조를 결정하는 것이지. 그다음 분자의 구조 중 결합의 길이와 방향, 그리고 결합을 이루는 두 원자 간의 전기음성도 차이를 모두 계산해서 결합 쌍극자모멘트 값을 결정하는 거야. 우리가 일일이 계산해보려면 무척 어려운 일처럼 보이지만, 자연은 힘의 균형을 맞춰서 자연스럽게 결합한단다.

아빠! 그런데 이산화탄소는 무극성이라고 했죠? 그런데 제가 알기로 탄산음료 안에는 이산화탄소가 녹아 있다고 들었어요. 물은 극성인데 어떻게 무극성인 이산화탄소가 녹아 있는 거죠? 서로 다른 극성이잖아요.

엄밀하게 보면 잘 녹지 않아. 이산화탄소 자체는 무극성이지만, 이산화탄소와 물분자 간에도 약간의 인력이 작용하는데, 음료에 이산화탄소를 주입하면 분자 간 인력 때문에 물과 반응해서 약간의 탄산이 만들어진단다. 이때 압력을 높여 이산화탄소를 계속 넣어주면 탄산의 농도가 더 증가하고, 반대로 압력을 줄이면 탄산이 분해되어 이산화탄소가 튀어나오지. 일정한 압력에서는 물과 이산화탄소로부터 탄산이 생성되는 양과 탄산이 이산화탄소와 물로 분해되는 양이 같아지게 되는 거야. 이 상태가 탄산음료란다. 기체는 온도가 낮고 압력이 높을수록 잘 녹게 된단다. 콜라 같은 경우에 병뚜껑을 열면 압력이 낮아지고 탄산이 이산화탄소로 분해돼 나오지? 게다가 따뜻한 곳에 놓으면 완전히 김이 빠지잖니? 바로 이런 이유란다. 결국 탄산음료 같은 경우는 탄산을 통해 이산화탄소를 억지로 녹여놓은 상태라는 것이지. 그래서 그나마 녹은 것도 압력이 낮아지고, 온도가 높아지면 도로 튀어나와버리는 것이지.

이제 좀 알 것 같아요. 결국 분자들은 여러 가지 이유로 극성을 가지거나 무극성의 성질을 가지게 된다는 거요. 뭐든 다 이유가 있었어~

Chapter 10

pH가 작으면
왜 산성이 되나요?

나무젓가락 제조업체에서는 탈색을 위해 강염기 화학물질인 수산화나트륨(NaOH)을 사용한다. 그리고 염기를 중화neutralization하기 위해서 강산인 염산(HCl)을 사용한다. 산과 염기가 만나 중성이 된다는 이론은 익히 알고 있었지만, 제대로 된 실험을 해본 것은 대학 때가 되어서였다. 염산과 수산화나트륨을 정확한 중량으로 비커beaker에 넣고 섞었다. 이론대로라면 중화된 소금물이 남았을 것이다. 반응으로 발생한 열이 식은 후 미지근해진 물을 앞에 두고, 이걸 정말 마셔도 괜찮을까 하는 고민을 했다. 실험 전에 두 용액을 정확하게 0.1㎖의 농도로 맞췄지만, 혹시라도 발생할 사고에 대비해 리트머스 시험지[●]litmus paper와 페놀프탈레인[●●]phenolphthalein 용액으로 실험까지 했다. 반응 후 미지근한 용액의 맛은 약한 소금물 맛이었다. 과거의 화학자들에게는 여러 가지 반응 실험의 결과를 확인하기 위해 냄새를 맡고 맛을 보고 직접 만져보는 것이 가장 기본적인 과정이었다. 분명 위험한 일이었다. 그렇게 과학자들의, 목숨을 건 실험 덕분에 많은 과학적 사실이 밝혀졌다.

　　대부분의 사람은 산성과 염기성의 정도를 pH라는 단위로 표시한다는 것 정도는 알고 있다. 아마도 pH 7을 기준으로, 그보다 낮으면 산성이고 높으면 염기성이라는 것까지도 배웠을 것이다. 그러나 pH라는 것이 무엇이고, 숫자가 0부터 14까지 있는 이유는 자세히 알지 못한다. 중학교 수업 시간에 pH

[●] 리트머스 이끼에서 추출한 용액에 종이를 담갔다가 말린 것이다. 산과 염기를 쉽게 구별 가능하다는 장점 덕에 오늘날까지도 널리 쓰이는 방법이지만, 정확한 수소이온 농도 값을 알 수는 없다는 단점도 가지고 있다.

[●●] 페놀계의 무색투명한 용액이다. 산과 염기를 구별하는 지시약으로 사용된다. 산성 용액 속에서는 무색이며, pH 9 이상의 염기성 용액에서는 자홍색을 띤다.

와 숫자에 대하여 선생님께 질문했을 때 그런 건 시험에 나오지 않는다고 수업에 집중하라고 핀잔을 들을 적이 있었다. 결국 대학에 들어가서 본격적으로 화학을 공부하면서 제대로 알게 되었지만, 만약 그 원리를 중고등학교 시절에 미리 알았더라면, 어렵게만 느껴진 화학 과목을 조금 더 재미있게 공부하지 않았을까.

아빠! 염산과 수산화나트륨을 서로 섞으면 정말로 중화가 되면서 물과 소금이 되나요?

물론이지. 아빠는 두 용액이 반응해 중화된 소금물을 마셔 본 적도 있어. 하지만 이런 실험을 할 때는 각각의 물질을 정확한 반응 비율로 섞어야 해. 반응 비율이 맞지 않으면 반응하지 않은 물질이 남게 되거든. 각각 강산과 강염기라서 함부로 접촉하거나 섭취하는 건 몹시 위험해. 중화가 확실히 되었는지는 산과 염기를 테스트하는 시약으로 확인할 수 있어.

이 둘이 어떻게 반응하는지 볼까? 염소(Cl)와 나트륨(Na) 사이의 반응은 너무나 격렬해서 엄청난 열을 방출하지. 마치 사랑에 빠진 남녀처럼 격렬하게 만난단다. 모든 원자는 마지막 궤도에 8개의 전자를 가지려는 경향이 있다고 했었지? 그래서 18족 원소가 모든 원소의 로망이라고 귀에 못이 박이게 이야기했어.

네~ 박였어요. 잊을 만하면 나오는 얘기여서요. 헤헤.

주기율표를 보면 원자번호 11번인 나트륨은 1족 원소이고 원자핵에 양성자 11개와 주변에 전자 11개가 있어. 첫 번째 전자궤도에 전자 2개와 두 번째 궤도에 전자 8개를 채우고 나면 1개가 맨 바깥쪽에 있게 되지. 그리고 원자번호 17번인 염소(Cl)는 마지막 바깥 궤도에 7개의 전자를 가져. 그래서 나트륨은 늘 하나를 버리고 바깥 궤도에 8개를 두려고 하고, 염소는 외부에서 전자를 하나 가져와야 8개가 채워지니 늘 전자 하나를 찾아 헤맨단다. 그래서 둘이 만나면 격렬하게 반응을 하는 거야. 바로 소금이 되는 것이지. 반응의 무게비율로 따

진다면 나트륨 22.9897과 염소 35.4527의 비율인데, 바로 이 숫자가 '원자량'
이란다.

그러면 거꾸로 소금에 물을 넣으면 다시 나트륨과 염소원자가 만들어지
나요?

그렇진 않아. 나트륨과 염소가 반응할 때 엄청난 반응열이 발생한다고
했지? 소금을 분해해서 다시 순수한 나트륨과 염소원자로 만들려면 그만큼의
에너지를 다시 공급해야 해. 보통은 전기를 사용해서 그 에너지를 통해 분해하
지. 소금 자체는 몹시 안정적인 화합물이기 때문에, 일반적인 방법으로 순수한
원자끼리 떼어놓기는 힘들어. 그냥 소금물은 안정적인 나트륨이온과 염소이온
으로 해리dissociation●가 되어 있는 상태야.

● 분자가 원자나 이온, 더
작은 분자로 나뉘는 화학적 현
상이다. 또 해리는 원래 존재하
는 두 극성물질의 인력에 의해
만들어진 이온결합 물질이 반
대로 나눠지는 것으로, 이온결
합의 반의어이다. 이온화도 해
리와 같이 이온을 발생시키지
만, 극성 공유 결합물질과 금속
에 작용한다. 이온화는 물질이
용매에 녹을 때 이온도 같이
얻어 원래 이온을 가지고 있지
않던 두 분자가 전자를 얻어
이온을 발생시키는 것이다.

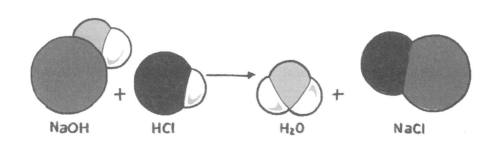

$NaOH$ + HCl → H_2O + $NaCl$

그런데 산과 염기, 중화에 관해서 공부하면서 pH 농도라는 말이 나오는
데, pH 농도에 관해 알고 있니? pH 농도의 숫자가 가진 의미 말이야. 왜 산성
은 숫자가 적은 것이고, 염기는 숫자가 큰 것인지, 그리고 왜 pH 농도는 14까
지 있는 것인지 말이야.

정확히는 잘 모르겠어요. pH의 의미 같은 건 시험에 안 나왔는데요.

그러면 오늘은 pH에 대해서 공부해볼까?
전에 알려준 적이 있지만, 산acid이라는 말은 라틴어에서 '시다'라는 뜻을
가진 단어, 'acidus'에서 유래했어. 신맛을 내는 산에는 아세트산, 젖산 등이
있지. 산은 대부분 신맛을 내지만, 그렇다고 모든 산이 전부 신맛을 가지고 있
지는 않아. 그래서 맛을 가지고 물질의 성질을 구분한다는 것은 어리석은 방법
이지.

산 염기 구별 방법에 대해 복습을 해볼까? 화학자 아레니우스$_{Svante}$ $_{Arrhenius}$는 물질을 물에 녹였을 때 수소이온(H^+)을 내놓는 물질을 산으로, 수산화이온(OH^-)을 내놓는 물질을 염기로 정의했어. 산과 염기에 대한 정의는 과학자마다 비슷하면서도 약간씩 다른데, 기준을 어디에 두느냐에 따라 조금씩 차이가 있지. 아레니우스의 정의는 수용액의 경우에만 잘 들어맞아. 그래서 또 다른 과학자 브뢴스테드-로우리$_{Brønsted-Lowry}$가 물에 녹지 않는 물질을 어떻게 할까를 고민하다가, 양성자를 받는 화합물이 염기라고 정의했지. 그 기준은 수소야. 보통 양성자 1개는 전자가 없는 수소이온(H^+)을 말하지. 쉽게 말하면 산이란 수소이온을 내놓는 물질이고, 염기는 수소이온을 받는 물질인 거지. 기준이 수소가 된 것은 수소이온(H^+)이 가장 흔하기 때문이야. 또 수소 양이온은 오로지 양성자 1개만으로 구성되어 있기 때문에, 예외적으로 수소 양이온이 곧 양성자라는 이유도 있어. 결국 수소 양이온을 받을 수 있는 염기는 음(−)의 극성을 가진다고 한 거지. 그리고 산은 수소 양이온을 줄 수 있는 물질이라고 정의했던 거야. 그런데 산의 한 종류인 삼불화붕소$_{Boron \, TriFluoride}$(BF_3) 같은 분자는 수소이온이 존재하지 않아서 이 이론도 설명이 부족했지.

그래서 루이스가 더 확장된 기준을 제안했어. 화학반응 시 전자를 받는 물질을 산, 전자를 잘 내놓는 물질을 염기로 정의한 거야. 조금 전에 루이스 전자점식 이야기했던 것 기억나지? 루이스 전자점식을 고안한 바로 그분이야. 이분은 분자 안에서 전자를 다루듯이 모든 것을 전자로 해결하시는 분이지. 이렇게 산과 염기는 원자 단위에서 고민을 해야 하는 것이지, 단순히 맛과 현상을 가지고 구분할 수 있는 문제는 아니야.

이렇게 수소 양이온은 산성의 정도를 정의하는 중요한 기준이 됐어. pH란 단어는 라틴어 'potentia hydrogenii'의 약자야. 영어로는 'hydrogen exponent', 즉 '수소의 세기'라는 뜻이지.

'수용액 안에 수소이온이 얼마나 들어 있느냐'를 말하는 것인데 이것을 '수소이온 농도'로 정의하고 화학적 관점에서 물질의 산성, 염기성의 정도를 나타내는 단위로 사용하게 됐지. 수소이온 농도는 수용액 중에 수소이온의 몰농도를 말하는 거야. 몰 단위●는 지난번에 국제 SI 단위를 알려주면서 배웠을 거야. 몰농도는 용액 1ℓ에 녹아 있는 용질의 몰수로 나타내는 농도로 ㏖/ℓ 또는 M으로 표시하지. 예를 들어 2M(몰) 염산 용액은 염산 용액 1ℓ에 2㏖의 염산이 용해되어 있는 것을 말해. 하지만

● 몰은 물질의 입자의 수를 나타내는 국제단위계의 기본 단위이다.

Gilbert N. Lewis

pH는 수소이온 농도를 몰농도로 직접 표기하는 것이 아니라 또 다른 표기법이야. 수용액에서 수소이온이 녹아 있는 농도를 로그의 역수로 계산해서 나타낸 값이란다.

 그냥 몰농도로 표시하면 되지, 따로 로그로 표시하는 이유가 뭔가요? 애초에 로그가 무엇인지 잘 모르겠어요.

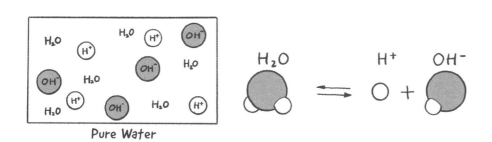

Pure Water

 쉽게 말하자면 너무 작기 때문이야. 일단 물의 이온곱ion product of water에 대한 이야기를 먼저 해야겠구나. 산도 염기도 아닌 중성의 대표적인 물질이 바로 '물'이지. 물분자는 수소 2개와 산소 1개로 이루어진 분자란 것은 누구나 잘 알고 있을 거야. 하지만 실제 물을 잘 들여다보면 순수하게 H_2O 분자만 있는 것이 아니야.

 물이 H_2O가 아니라고요?

$$H_2O \rightarrow H+ + OH-$$

 물의 분자식은 H_2O지. 하지만 물은 단순한 물질이 아니야. 아주 복잡한 물질이지. 순수한 물은 자체적으로 이온화할 능력을 갖추고 있어. 이걸 물의 자동이온화Auto Ionization라고 하지! H_2O가 수용액에서 수소이온(H^+)과 수산화이온(OH^-)으로 분리되는 것이야. 하지만 이온화도가 아주 낮아서, 매우 적은 양만 이온화한단다. 게다가 적은 양의 수소이온은 혼자 있지 못하고 분리되자마자 또 다른 물분자와 수소결합을 하게 되지.

$$H^+ + H_2O \rightarrow H_3O^+$$

이런 결합물을 하이드로늄이온hydronium ion(H_3O^+)이라고 해. 이 결합 과정 또는 반대인 역과정도 동시에 연속적으로 일어나고 있어. 결과적으로 일정하고 적은 양의 H_3O^+와 OH^-이온이 만들어지고 있는 것이지. 그 양이 어느 정도인가 하면 25℃의 순수한 물에서 약 1,800만 개의 분자 중 딱 분자 하나 정도만이 이온화되어 있을 정도야. 그 정도로 미미하지만, 물이 완전히 중성이 아니라 산성과 알칼리성의 양쪽 성질을 가지고 있는 거야.

이렇게 순수한 물 중에서 매우 적은 양의 물분자가 해리되어 수소이온과 수산화이온이 생기고 분리되지 않은 물분자인 H_2O와 함께 그 분포에 평형을 유지하고 있다는 것이지. 결국 앞의 두 식을 합쳐보면 2개의 물분자가 만나서 하이드로늄이온과 수산화이온을 만드는 거야. 그리고 역반응도 계속 일어나지. 화학반응은 우리가 생각하는 것과는 달리 한쪽 방향으로만 일어나지 않는단다. 대부분의 화학반응은 거의 양쪽으로 계속 일어나지. 결국 평형상태에서 중성인 물의 이온화도는 일정하다는 거야.

$$2 H_2O \rightarrow H_3O^+ + OH^-$$

여기서 H_3O^+와 H^+는 같은 양이라고 봐야 해. 왜냐하면 어차피 수소 양이온 혼자 있지 못하기 때문이야. 물분자에 붙어 있어야 하기 때문에 그 수가 같을 수밖에 없지. 물 안에서 수소이온(H^+)과 수산화이온(OH^-)의 이온화도를 각 성분의 몰농도로 이렇게 계산할 수 있어.

$$[H_3O^+] \times [OH^-] / [H_2O] \times [H_2O] = K$$

여기에서 이온화도를 K라고 하고, 반응의 평형상태에서 K값은 일정하다는 것이지. 게다가 물인 H_2O 양은 거의 일정하다고 하면 이런 식으로 바꿀 수 있겠지. 결국 우변이 일정한 값이라는 거야.

$$[H_3O^+] \times [OH^-] = K \times [H_2O]^2$$

이렇게 수용액 안에서 수소이온과 수산화이온의 수는 반비례 관계가 성립하지. 수소이온이 줄어들면 수산화이온이 많아지게 되고, 수산화이온이 많아지면 수소이온이 적어지는 것이지, 이 K값을 물의 이온곱이라고 하며 Kw로 표시하고 25℃에서 1×10^{-14}의 값을 갖는단다. 무척 작지.

실제로 물분자의 이러한 해리는 매우 작아서 순수한 물속에 있는 수소이온과 수산화이온의 몰농도는 각각 10^{-7}M이란다. 따라서 어떤 물질이 물에 녹아서 내보내는 수소이온이 10^{-7}M보다 크면 산성이고, 10^{-7}M보다 작으면 염기성이라고 하게 된 거야. 대부분 수용액의 두 농도의 곱은 늘 1×10^{-14}을 갖는다고 보면 되지.

사실 용액의 수소이온 농도 숫자는 매우 낮기 때문에 농도 계산하기가 불편해. 1×10^{-14}은 0.00000000000001이잖아. 아주 작은 수는 계산하기가 번거롭잖아. 네 질문에 대한 답이 바로 이거야. 우리가 로그를 사용하는 이유 말이야. 예를 들어 우리가 계산할 때 십진법 단위의 낮은 숫자라면 계산이 쉬운데, 숫자가 커지면 계산하거나 소통하기가 어렵거든. 그래서 큰 수는 10의 제곱을 단위로 조정해서 2제곱, 3제곱, 4제곱처럼 거듭제곱으로 표현을 하면 쉽게 다룰 수가 있지. 이런 것을 지수라고 하지. 예를 들어 1억을 100,000,000 이라고 하는 것 보다 지수인 10^8으로 표현하면 간단하잖아. 그런데 이젠 10도 귀찮은 거야. 10을 1로 보고, 100(10^2)은 2, 1000(10^3)은 3, 100000000(10^8)은 8로 제곱수 자체로 표현하는 것이 더 간편하잖아. 게다가 1보다 작은 분수로 가면 이 방법이 더 편해. 이렇게 십진법 단위에 혼동되지 않기 위해 로그라는 기호를 붙인 거지. 이것이 바로 로그$_{log}$ 계산법이란다. 예를 들면 100조는 100,000,000,000,000인데 지수로 '10의 14승=10^{14}'라고 간단히 사용할 수 있어. 거기서 로그값으로 다시 환산하면 그냥 '14'라고만 쓸 수도 있거든. 그래서 많이 사용하지.

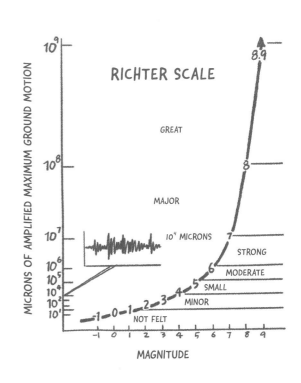

아~ 큰 수를 로그 단위로 편리하게 쓸 수는 있을 것 같은데, 일상생활에는 그다지 많이 사용할 것 같진 않은데요.

그렇지 않을걸? 얼마 전에 지진이 났을 때 리히터 규모●Richter magnitude scale로 얼마라고 하는 이야기를 뉴스에서 들었지? 리히터 규모가 바로 로그값이야. 그래서 리히터 3과 리히터 6은 숫자가 2배니까, 얼핏 지진 규모도 2배 차이가 날 것 같아 보이지만 사실은 10^3, 즉 1,000배 차이가 나는 거야. 리히터 규모 1단계마다 지진 규모가 10배씩 증가하는 것이지. 이렇게 로그를 적절히 활용하면 큰 수나 아주 작은 수를 쉽게 계산할 수 있단다.

아~ 이제 이유를 알겠어요. 왜 로그를 사용했는지 말이에요. 그런데 왜 역수를 사용한 거예요? 수소이온 농도가 올라가면 산이라고 하셨는데, 실제 로그값으로 보면 숫자가 낮은 게 산인데….

게다가 분수로 되어 있으면 더 계산하기 싫지? 위에 있는 이온곱이 분수이니까 1×10^{-14}은 0.00000000000001이고 1/100,000,000,000,000잖아. 분수이기 때문에 다시 분모 분자를 바꾸어 역수를 취해주면 식이 간단해진단다. 그것이 바로 pH의 척도가 되는 것이지. 결국 수소이온 농도를 로그의 역수를 취해주면 보다 편리하게 수소이온 농도를 표현할 수 있는 것이란다.

$$pH = \log_{10}(1/[H+]) = -\log_{10}[H+]$$

그래서 중성 상태의 수소이온 농도인 10^{-7}M은 pH가 $\log 10(1/1 \times 10^{-7})$이므로 역수를 취하면 $-\log 10(1 \times 10^{-7})$이 되고, 최종 값은 7이 되는 것이지.

pH에서 H는 hydrogen, 즉 수소의 약자이고 식에서 이렇게 역수를 취했기 때문에 pH 숫자가 적으면 수소가 많다는 뜻이고 산성이 되는 것이란다. $1/10,000,000(10^{-7})$보다 $1/10,000(10^{-4})$가 더 큰 수이기 때문에 로그값의 역수인 pH에서는 4가 7보다 더 큰 수로 받아들여지는 것이지. 이젠 그냥 외우지 말고 그 생성된 의미를 알면 혼동되지 않을 거야.

로그라는 게 그런 거였군요. 알 것 같긴 한데, 차분히 다시 풀어봐야겠어요. 아무튼 확실히 pH의 의미는 알겠어요. 그런데 우리 몸의 70%가 물이라고 했는데, 그러면 우리 몸도 완전히 중성은 아니겠네요?

우리 몸의 70%가 물이기는 하지만, 몸의 물이 모두 균일한 것은 아니야. 몸의 어디에 있느냐에 따라서 pH 값도 조금씩 달라.

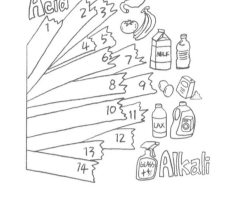

우리 몸에서 대표적인 몇 가지의 pH 값과 하이드로늄(혹은 수소)이온의 농도를 살펴볼까? 위액은 거의 염산이나 마찬가지야. pH는 1~2이고 H_3O^+ 농도는 10^{-1}~10^{-2}M이지. 소변은 pH가 5~8 정도이고 H_3O^+ 농도는 10^{-5}~10^{-8}M이야. 여기에는 사람마다 개인차도 있고, 또 같은 사람이라도 몸 상태에 따라서 어느 정도 오차가 있어. 그런데 사람의 혈액은 신기하게도 거의 정확하게 pH 7.4인 약알칼리성으로 유지되고 있지. 우리가 아파서 병원에 가면 혈액을 검사하는 경우가 있는데, 이때 혈액의 산도 측정을 꼭 하게 된단다. 만약 pH가 ±0.2 정도만 변해도 생명을 잃게 되지. 그래서 우리 몸은 혈액의 pH 농도를 pH 7.4로 유지하는 놀랄 만한 비법을 가지고 있어. 체내에는 여러 가지 완충계가 있는데, 대표적인 것이 탄산-중탄산완충계carbonic acid bicarbonate buffer system란다. 혈액의 pH 농도를 일정하게 유지하지.

이 완충계가 제대로 작용을 하지 못하게 되면 혈액 pH에 변화가 생기고 생명까지도 잃을 수 있어. 혈액이 산성으로 변해간다는 것은 세포 내에 수소이온이 많아짐을 의미하고 pH의 항상성●恒常性, homeostasis이 깨지면서 세포가 죽음에 이르게 되는 것이지. 그 결과로 노화가 촉진되고 각종 질병에 걸리게 되는 거야. 혹시 항산화물질抗酸化物質, antioxidant이라는 말은 들어봤니? 건강식품 광고에 많이 나오지. 바로 이것과 관련된 거란다.

● 변수들을 조절하여 내부 환경을 안정적이고 상대적으로 일정하게 유지하려는 계의 특성을 말한다. '유사한' 혹은 '동일하게 유지하다'라는 뜻을 가진 그리스어에서 유래하였다.

헉, 탄산음료도 산성이잖아요! pH가 3 가까이 된다고 배웠어요. 그러면 콜라를 많이 마시면 죽는 건가요?

하하! 네가 말한 것처럼 우리가 즐겨 마시는 탄산음료의 pH는 3.5~4.0 정도야. 하지만 탄산음료를 마신다고 몸이 산성화되지는 않아. 그 이유는 아까 알려준 완충계가 체내에서 작용하고 있기 때문이지. 그리고 위액이 강산이야. 강산에 탄산음료 정도 들어간다고 달라질 게 있겠니?

혈액의 pH 농도가 적절하게 유지되고 있는 것은 혈액 안에 있는 많은 혈장 단백질 때문이야. 특히 적혈구의 헤모글로빈hemoglobin이 훌륭한 일을 해. 우리 몸의 조직에서는 각종 대사활동을 하면 최종적으로 이산화탄소가 발생하지. 산소를 들이마시면 각 조직이 산소를 공급받아 산화를 통해 에너지를 만들고 그 에너지로 운동 등의 활동을 하고, 결국 이산화탄소를 배출하는 거야. 이산화탄소가 물과 만나서 탄산(H_2CO_3)이 된다는 것은 알고 있지? 탄산은 바로 분리되어 수소이온(H^+)과 중탄산이온(HCO^{3-})으로 해리되지. 이때 발생한 수소이온 때문에 산성화가 될 수 있는데, 이 수소이온과 결합을 하는 것이 적혈구 내의 헤모글로빈이야. 이렇게 바로 완충작용을 하기 때문에 우리 몸이 산성화되지 않는 것이란다.

혈액암에 걸리면 다른 암보다 훨씬 빠르게 갑자기 사망하는데, 그 이유가 바로 이것이야. 완충계가 제대로 작용하지 못해서 혈액이 급격하게 산성화가 되는 것이지. 그러면 모든 몸의 대사가 망가지고, 심장마비와 같은 몸의 이상이 오게 돼. 모든 생명체는 항상성을 유지하려고 해. 우리 몸도 마찬가지지. 그런데 항상성을 유지하지 못하게 되면 단순히 불편한 것을 넘어서, 심각한 질병으로까지 이어지는 것이란다.

건강한 사람의 경우 체온 36.5℃에, 65~70% 정도의 체내 수분, pH 7.3~7.45 정도를 유지해. 그런데 체온의 변화나 수분의 결핍은 발열이 나며 고통을 느끼고 갈증과 어지러움 등 증상을 동반하기 때문에 금방 알아차릴 수 있지만, 체내의 pH 변화는 알아차리기 어렵지. 신장 질환, 부정맥, 암 등은 이런 체내의 pH 불균형으로 유발되는 대표적인 질병이야.

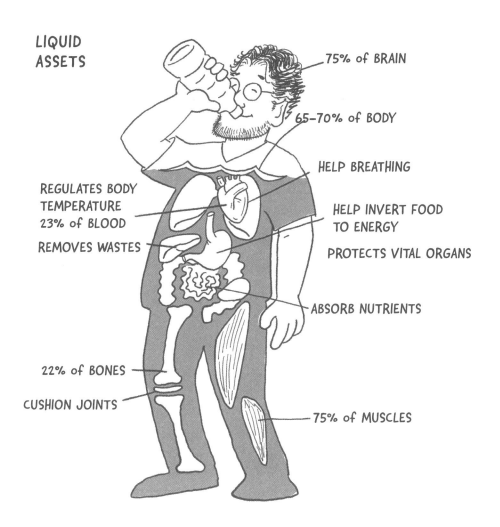

LIQUID
ASSETS

75% of BRAIN

65-70% of BODY

HELP BREATHING

HELP INVERT FOOD
TO ENERGY

PROTECTS VITAL ORGANS

REGULATES BODY
TEMPERATURE
23% of BLOOD

REMOVES WASTES

ABSORB NUTRIENTS

22% of BONES

CUSHION JOINTS

75% of MUSCLES

몸이 산성화된다는 것이 정말 위험한 일이군요. 그런데 수분이 부족한 것도 위험한가요? 물을 자주 마시지 않아도 별 문제 없는 것 같은데요.

물과 관련한 흥미로운 이야기를 하나 더 해줄까? 한 사람이 하루에 직접 섭취하고 배설하는 물은 약 2.5ℓ야. 1ℓ는 직접 마시고, 1.2ℓ는 다른 음식을 통해 그리고 0.3ℓ는 몸속의 화학반응을 통해 생성하지. 그리고 다시 물을 배출하는데, 1.5ℓ는 소변으로, 0.1ℓ는 대변으로, 0.3ℓ는 호흡으로, 0.6ℓ는 피부를 통해 땀으로 배출해. 이런 2.5ℓ의 물이 얼마나 중요할까? 만약 물을 마시지 않아 갈증을 느끼기 시작하면 어떤 일이 일어날까? 체내에 65~70%가 있어야 할 물이 부족하면 어떤 일들이 발생하게 될까?

글쎄요… 갈증이 나겠지요. 그런데 솔직히 참을 수는 있을 것 같아요. 엄마가 물을 자주 마시라고 하는데 귀찮거든요

● 뇌하수체 후엽에서 분비하는 펩티드호르몬이다. 신체의 수분이 부족하면 분비되는 호르몬으로. 신장에 작용해서 수분이 소변으로 배출되는 것을 억제한다. 혈관을 수축시키는 작용도 있다.

몸 안의 물이 부족하면 우선, 뇌가 물 부족을 감지하고 앞으로 혈액의 농도가 짙어질 것을 세포들에게 미리 알린단다. 그러면 세포들은 세포 안의 물을 빼서라도 혈액의 농도를 낮추려고 하지. 그리고 뇌에서는 항이뇨호르몬●抗利尿 -, antidiuretic hormone/vasopressin, ADH을 분비해. 소변으로 빠져나가는 수분을 줄이기 위해 나름의 응급처치를 하는 것이란다. 체내의 수분을 적정 수준으로 유지하기 위한 시스템이 발동하는 것이지. 완전 비상사태야. 그러면 신장에서 소변으로 나가야 할 물을 몸으로 재흡수하기 시작해. 결국 몸이 소변을 다시 빨아들이는 셈이야. 이것이 반복되다 보면 만성탈수로 진행하고 혈액 내 노폐물이 증가하는데, 이때 이산화탄소의 양도 증가하지. 체내 이산화탄소가 증가하면 pH도 적정선을 유지하지 못하고 아까 이야기한 완충계가 제대로 작동을 못 해. 결국 신체가 산성화될 확률이 높아져. 더군다나 혈액량이 감소하고 노폐물이 증가하면 산소와 영양분이 근육과 장기에 도달하는 속도도 줄어들어서 쉽게 피로해지지. 단기적으로는 이유 없이 짜증도 나고 피로도도 증가하다가 장기적으로 가면 질병이 발생하거나, 끝내 사망에 이르게 되는 거야.

우와, 몸에 물이 부족하다는 것은 생각보다 더 위험한 일이었네요. 우리 몸은 정말 정밀한 시스템 같아요. 엄마가 물 자주 마시란 말씀이 괜한 얘기가 아니었네요.

Chapter 11

이가 없으면 잇몸,
주유소가 없으면 편의점!

고등학교 시절에 '화학'이란 과목에 매료된 계기는 바로 탄소의 존재였다. 복잡한 화학식과 원자량 등을 가지고 반응을 공부하는 것은 그 자체로 고역이었다. 그러던 중 탄소라는 원자의 막강한 힘과 매력에 빠지게 됐다. 선생님은 다이아몬드를 그저 탄소 덩어리라고 했다. 그리고 연필을 만드는 흑연도 같은 탄소라고 하셨다. 도무지 이해가 가지 않았다. 만약 탄소분자를 눈으로 볼 수 있었다면 그저 시커먼 덩어리일 거라 생각했기 때문이다. 그런데 그 결정구조에 따라 그렇게 투명하고 아름다우며 가장 강한 물질이 될 수 있다는 것을 상상조차 할 수 없었다. 사람들이 열광하는 그런 보석이 결국 그저 숯이나 연필심의 다른 모습이라는 것이 우습기까지 했다. 선생님은 탄소 물질의 겉보기가 다른 원인을 설명해주지 않으셨다. 그런 내용은 시험에 나오지 않는다는 이유였다. 결국 이 탄소에 매료된 순간부터 탄소를 중심으로 한 화합물과 그 반응들에 관심이 커졌고, 대부분의 화학물질과 반응의 중심에 탄소가 있다는 것을 알게 되었다. 심지어 생명체 또한 탄소를 중심으로 한 분자로 이뤄졌다는 것을 알게 된 날부터 눈을 뜨면 주변에 보이는 모든 것들이 탄소로 보이기 시작했다. 정말 탄소라는 원소가 없었다면 이 세상이 존재조차 했을까? 이렇게 대부분의 탄소화합물을 연구하는 화학의 한 분야가 '유기화학'이다.

● 썩은 달걀 특유의 냄새
가 나는 유기황화합물이다.
천연가스에 첨가하여, 누출시
신속하게 이를 알아챌 수 있
도록 하는 부취제로 사용되기
도 한다.

지난번 미용실에서 메르캅탄●mercaptan에 대한 이야기를 하면서, 탄소와 수소가 결합한 C_nH_m 구조의 탄화수소 혹은 탄소화합물에 관해 나중에 알려준다고 했었지. 기억나니?

네. 계속 궁금했어요. 탄소화합물에는 대체 어떤 것들이 있는 것이죠?

간단하면서도 상당히 답하기 어려운 질문이구나. 그건 '식물에는 어떤 것들이 있지요?'와 비슷한 질문이야. 지구에는 수많은 식물이 있는데 그것을 전부 설명하기란 무척 어렵잖아. '탄소화합물'의 사전적인 의미는 '탄소(C)를 중심으로 수소(H), 산소(O), 질소(N), 황(S), 인(P) 등이 결합해서 만들어진 화합물'이야. 유기화합물 또는 유기물이라고도 할 수 있는데, 대학교에 가서 화학을 전공하게 되면 '유기화학'만 1년 내내 공부해야 할 정도로 다루는 범위가 넓어. 심지어 평생 이것만 연구하시는 과학자분들도 계신단다.

현재까지 알려진 탄소화합물 종류만 해도 수천만 종이 넘어. 그리고 앞으로도 계속 과학자들에 의해 탄소화합물이 발견되거나 합성될 거야. 바로 지금, 이 순간에도 말이지. 사실 탄소화합물의 구조는 엄청나게 복잡하기 때문에 과거에는 그 연구도 쉽게 할 수 없었어. 심지어 탄소화합물을 인위적으로 합성할 수 없었던 시절에는 모든 탄소화합물이 생명체로부터 만들어진다고 생각하기도 했지. 과학자들조차 탄소화합물은 인간이 쉽게 파악할 수 없는 신비의 대상으로 여겼던 거야.

그러면 조금 쉽게 알려주실 수는 없나요? 아빠는 설명을 잘해주시잖아요.

하하! 쉽게 생각해서 분자식에 탄소가 들어간 것은 모두 탄소화합물이야. 하지만 탄산음료에 들어가는 이산화탄소(CO_2)나 탄산(H_2CO_3)은 탄소가 들어 있지만, 유기화합물이 아닌 무기화합물이야. 예외가 있는 것이지. 화학이 어려운 이유가 법칙이 있지만 항상 예외가 따로 존재하기 때문이야. 하지만 이렇게 하나하나 외울 수는 없지 않을까? 가장 쉬운 방법은 탄소의 입장에서 살펴보는 거야. 이건 인간관계와 마찬가지야. 네가 네 친구의 어떤 행동이나 속마음을 알고 싶어지면, 그 친구의 입장에서 생각을 해보지 않니?

탄소를 알게 되면 이런 물질을 더 잘 이해할 수 있는 거군요?

그렇지. 우리 주변에 있는 물질 대부분, 아니 심지어 우리 몸을 구성하는 단백질과 DNA도 탄소를 중심으로 이루어져 있단다. 구조가 분명하게 밝혀진 단백질과 DNA만 해도 6,000만 종이 넘지. 즉, 인류 문명은 탄소를 토대로 세워진 '탄소 문명'이란다. 그래서 초창기에는 유기화학의 정의를 생명체가 만들어 내는 물질이라고 생각했어. 그런데 분석기술이 발달하면서 유기물에 탄소가 포함됐다는 사실을 알게 됐지. 현대 화학에서의 유기물의 정의는 탄소화합물을 총칭하게 된 거야. 하지만 무조건 탄소를 포함한다고 유기물은 아닌 거야. 보통은 탄소와 탄소끼리의 결합이나 탄소와 수소끼리의 결합이 존재하면 99%는 유기물인 셈이야. 두 공유결합이 존재하지 않으면 무기물이라고 생각해도 무방할 정도지. 이산화탄소와 탄산이 그런 예외 경우야. 이 두 결합은 무척 중요하다는 얘기가 되는데….

아, 그래! 그럼 석유에 대한 이야기를 해주면 되겠구나. 대표적인 탄소화합물이니까 말이야. 자동차 연료인 가솔린(휘발유)과 디젤(경유) 그리고 LPGLiquefied Petroleum Gas는 모두 원유에서 추출하지. 그리고 이 원유의 주성분이 바로 탄소란다. 혹시 옥탄가Octane Number라는 말을 들어본 적 있니?

옥탄가요? 어디서 들어본 것 같은데요. 석유와 관련된 얘기는 맞는 것 같은데….

분명 들어봤을 거야. 정유회사의 광고에서 가솔린의 품질을 타사 제품과 경쟁적으로 홍보하기 위해 '옥탄가가 좋다'라는 문구를 많이 사용하지.

탄소는 우주에서는 4번째, 지구에서는 12번째로 많은 원소야. 지난번에 알려줬지? 양이 가장 많은 원소는 아니지만, 탄소가 가진 엄청난 화학적 능력 때문에 중요한 원소지. 탄소는 원자핵에 양성자 6개를 가지고 있지. 이 말은 탄소가 6번째로 가벼운 원소이기도 하다는 거야. 그러면 원자핵에 양성자 1개를 가진 수소는 어떨까? 수소는 우주에서도, 지구에서도, 그리고 우리 몸에서도 가장 많은 원소이고 제일 가볍지.

 수소가 제일 많은 이유는 대체 뭔가요? 제일 가벼워서 그런가요?

 그 이유는 우주의 탄생과 관련이 있지. 현재까지 알려진 바로는 우주의 탄생은 바로 빅뱅Big Bang이라는 현상에 의해 시작됐지. 모든 물질이 그때 만들어졌지만 당시에는 원자가 만들어지지 않았어. 최초의 우주는 지금처럼 텅 빈 것이 아니라 아주 작은 공간에 높은 온도로 빛과 입자가 섞여 있다가 팽창하며 조금씩 식기 시작했지. 식으면서 양성자와 중성자, 전자와 중성미자로 꽉 차 있었어. 물론 이때도 원자는 없었지. 이제 우주가 조금 더 식는단다. 그러면서 입자가 서로 만나게 되는 거야. 물론 식었다고 해봐야 절대온도로 1,000억 K였지만 입자들이 뭉치기 시작할 수 있는 온도였지. 그러면서 핵이 만들어지기 시작했어. 이렇게 상상을 해보자. 네 입자들을 밀가루 같은 입자라고 생각해보자고. 밀가루에 물을 붓고 반죽을 하듯 입자들이 서로 붙어서 원자를 만드는 과정을 거치는 것이지. 뜨거운 온도에서 양성자 1개가 중성자 1개와 전자를 만나 수소원자를 만들고, 수소양성자 2개가 중성자와 함께 결합하고 전자 2개를 만나서 헬륨원자가 되고. 그러면서 나중에 별을 통해 무거운 원자들이 하나 둘 만들어진 것이란다. 탄소도 그렇게 만들어진 것이지. 결국 모든 것은 수소원자로 시작한 거야. 그러다 보니 아직도 수소가 우주에서 제일 많은 것이지.

지난번에 모든 원자의 로망은 무엇이라고 했지? 맨 바깥 궤도에 전자를 꽉 채우고 싶어 한다고 했지? 탄소는 6개의 전자를 가지고 있어. 첫 번째 전자궤도에 2개를 가지고, 두 번째 궤도에 4개의 전자를 가지고 있지. 두 번째 껍질에는 8개가 채워져야 하는데, 그러려면 늘 모자란 4개를 채우려고 노력을 할 거야. 그런데 주변에 가장 많이 널려 있는 게 누구지? 바로 수소라고 했었지. 수소원자는 최외각전자가 1개야. 첫 번째 궤도에 2개가 있어야 하는데 수소도 늘 하나를 어디선가 채우려고 돌아다닌단다. 그게 아니면 쉬운 방법으로, 하나를 버려버리기도 하지!

 버리면 전자가 하나도 없는데요? 그러면 원자가 아니잖아요.

그렇지! 그래서 정확한 표현은 수소 핵만 남은 걸 수소양성자(H^+)라고 부르는 거야. 이것을 이온이라고 했잖아. 수소는 전자가 하나이기 때문에 전자가 없다 해도 가장 작은 입자라는 원자의 범위에 있는 거야. 아무튼 탄소 입장에서 보면 4개의 수소와 만나면 일이 간단해지는 것이지. 그런데 이 탄소가 몸집을 불려가는 걸 좋아해서 탄소끼리도 잘 뭉친다고 했었지. 4개가 늘 모자란 탄소 2개가 전자 1개나 2개를 공유하면 C-C 혹은 C=C 형태가 돼. 그리고 탄소는 흔한 수소와도 결합하면서 계속 몸을 불려나간다고 했었어. 심지어 탄소원자끼리는 연속적인 공유결합을 형성하며 실처럼 계속 이어지는 특이한 성질이 있기 때문에 탄소원자로 이루어진 분자도 만들어지는 것이야. 이런 형태로 실처럼 길게 늘어져서 만들어진 분자가 고분자라고 했었지? 우리가 주로 사용하는 플라스틱이 고분자의 대표적 물질이라고 했었지?

기억나요. 지난번에 고분자에 관해 말씀하실 때 들었어요.

자, 그러면 하나씩 복습해보자. 가장 기본적인 탄소(C) 1개에 수소(H)가 4개가 붙어 있는 분자의 구조가 무엇이었는지 기억나니?

메탄이요! 분자식은 CH_4.

맞아. 모양은 수소 4개가 탄소를 동서남북으로 감싼 형태가 된단다. 이런 모양을 유지하는 이유는 쌍극자모멘트라는 현상 때문이라고 했었지. 화학식은 CH_4가 되고 우리는 이것을 메탄 혹은 메테인이라고 부르지. 자, 이번엔 탄소원자 2개가 공유결합된 모양을 볼까? 탄소끼리도 잘 결합을 한다고 했었는데 기억이 나니? 이런 모양인데….

CH4

METHANE

에테인이요! 분자식은 C_2H_6이지요. 이제 이런 것쯤은 쉽게 알 수 있어요. 지난번에 배운 규칙이 있잖아요.

와우! 대단한데? 맞아. 에테인이라고 했지. 지난번에 고분자를 공부하면서 에틸렌(C_2H_4)분자를 가지고 고분자 사슬을 만드는 공부를 했는데, 그럼 이 모양의 탄화수소가 계속 붙어나가는 구조도 상상할 수 있겠지?

그런데요… 에테인과 메테인이 혹시 메탄올과 에탄올이랑 관련이 있을 것 같은데요. 학교에서 두 액체에 대한 차이점을 배웠거든요. 관련이 있는 거 맞죠?

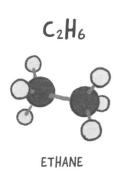

C_2H_6

ETHANE

맞아! 에탄올의 화학식은 C_2H_5OH인데, 에테인(C_2H_6)의 수소 하나가 하이드록실기hydroxyl group($-OH$)로 바뀐 물질이란다. 화학명명법은 분자의 구조에 따라 조금씩 다르다고 했었지? 메탄올도 마찬가지로 이 메테인이 하이드록시기로 치환된 물질이란다. 메탄올은 공업용 알코올이고, 에탄올은 네가 수업 시간에 램프로 실험할 때 사용한 연료야. 그 연료는 순수한 에탄올이고 이 에탄올은 사람이 마실 수도 있는데 그걸 물에 희석한 것이 바로 어른들의 음료수인 술이지. 비슷한 이름의 메탄올은 마시지 못해. 에탄올과 달리 메탄올은 인체 내에 흡수될 때, 간에서 폼알데하이드formaldehyde라는 독성 물질로 변환되어 인체에 치명적이지만 에탄올은 인체 내에 흡수되어 아세트알데하이드acetaldehyde라는, 독성이 상대적으로 적은 물질로 변화한단다. 아세트알데하이드도 독성이 있지만, 산소와 만나면 산화되어 아세트산으로 바뀌기 때문에 마실 수 있는 것이지. 이야기가 잠깐 다른 데로 샜구나.

아무튼 이렇게 계속 탄화수소가 붙어가면 이런 모양이 되겠지?

와! 이대로 얼마든지 이어 붙일 수 있겠는데요?

자, 그럼 이제 탄소 3개를 붙여볼까? 이름이 뭘까?

와~ 3개를요? 이건 뭔가요?

C_3H_8이란다. 이 물질은 바로 우리가 잘 아는 프로페인propane이야. 바로 LPG의 원료지. 지금은 대부분 도시가스를 쓰지만, 아빠가 어렸을 때는 집마다 가스통을 배달해서 사용했어. 당시에는 '프로판 가스'라고 불렀어. 지금은 사라졌지만, 회색 바탕에 붉은색으로 LPG라고 적힌 가스통을 배달하던 오토바이를 자주 볼 수 있었어. 자, 이제부터 탄소 1개씩을 더 붙여볼까? 뭔가 규칙이 있다는 것이 예상되지? 탄소가 늘어나면 필요한 수소의 수는 탄소 수에 2를 곱하고 2를 더한 만큼이 되지.

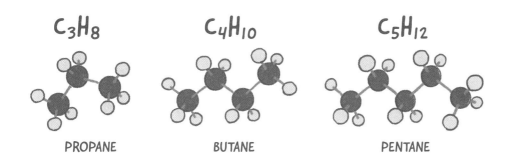

C_3H_8 C_4H_{10} C_5H_{12}

PROPANE   BUTANE   PENTANE

탄소 4개인 C_4H_{10}는 바로 뷰테인butane이야. 너도 들어봤을 거야. 우리가 캠핑 때 사용하는 휴대용 가스를 부탄가스라고 하잖아. 그리고 탄소 5개인 C_5H_{12}는 펜테인pentane이라고 하지. 그리고 C_6H_{14}는 헥세인hexane인데, 이제 원자들이 늘어나며 슬슬 무거워지기 시작해. 탄소 6개에 수소가 14개나 되잖아. 이렇게 탄소 사슬에 수소가 주렁주렁 달려 있으니 당연히 질량이 커지는 거지. 그래서 펜테인까지는 대부분 가스인 기체였지만, 헥세인부터는 액체 상태로 존재하는 거야. 탄소 하나를 더 늘려보자. C_7H_{16}은 헵테인heptane이야. 자, 드디어 대망의 탄소 8개짜리가 등장한단다. C_8H_{18}이 바로 아까 아빠가 질문했던 옥테인octane이란 거야. 그리고 뒤로 노네인, 데케인, 운데케인, 도데케인, 트라이데케인…, 이렇게 계속 붙어가는 거야. 끝까지 알 필요까지는 없어. 중요한 것은 우리가 자동차의 연료로 사용하는 가솔린은 바로 이 '옥테인'과 '헵테인'으로 이루어져 있다는 것이지.

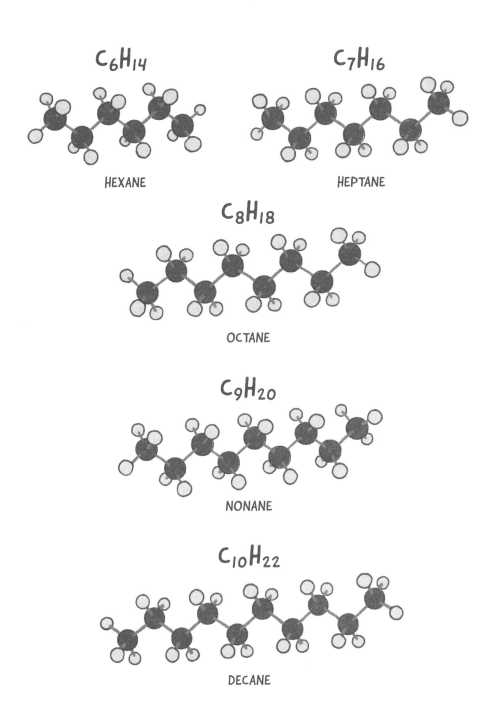

C₆H₁₄

C_6H_{14}

HEXANE

C_7H_{16}

HEPTANE

C_8H_{18}

OCTANE

C_9H_{20}

NONANE

$C_{10}H_{22}$

DECANE

'옥테인'은 압축에 잘 견디지만 '헵테인'은 압력에 약해. 광고에서 말하는 옥탄가는 옥테인의 비율을 말하는 건데, 일반적으로 순수 옥테인의 옥탄가를 100%, 순수 헵테인을 0%로 연료의 옥탄가를 따지는 것이지. 옥탄가가 높을수록 높은 압력에 더 잘 견디는 것이란다.

좋은 차일수록 고성능을 추구하는 고압축 엔진을 사용하는데, 적절한 옥탄가 가솔린을 넣어야만 엔진이 제 성능을 발휘할 수 있지. 자동차에 설계

된 기준의 옥탄가에 미치지 못하는 가솔린을 넣게 되면 연료가 충분히 압축되기 전에 폭발해버리는 거야. 그렇게 되면 100% 연소가 안 된단다. 결국 엔진이 제대로 된 출력을 내지 못하고, 심하면 엔진이 손상되기도 하지. 국내에서 판매되는 가솔린 중 일반 연료는 옥탄가가 90~92 정도고, 고급 연료는 95 이상이야. 그런데 가짜 가솔린에는 '옥테인'과 '헵테인'이 아닌 다른 물질이 섞여 있지. 가끔 그런 불량 가솔린이 불법으로 유통되다가 적발되는 사례가 있는데, 싸다고 해서 적정한 옥탄가에 미치지 못하는 연료를 사용하는 경우에 차량이 고장 날 뿐만 아니라 결국 생명까지 위험하지. 이제 '옥탄가'가 무엇인지, 왜 따져야 하는지 확실히 알겠지?

우리가 아는 자동차 연료가 그저 탄소와 수소로만 된 물질이었군요. 저는 엄청 복잡한 물질일 줄 알았는데….

탄소와 수소만으로 되어 있다지만 탄소화합물은 그렇게 단순한 물질이 아니야! 탄소는 결합하는 원소와 결합하는 모양 등에 따라서 얼마든지 다른 구조와 성질을 지니게 되거든. 지금까지 설명한 건 극히 일부에 불과하단다. 수소와 잘 결합하기 때문에 쉽게 예를 든 것이지. 이런 탄소화합물을 탄소와 수소로 이루어졌다고 해서 '탄화수소'라고도 하지. 탄소는 수소 이외에도 산소(O), 질소(N), 황(S), 인(P), 할로겐원소와도 결합하고 탄소끼리 연결도 되지만, 사슬 모양이나 가지 모양, 고리 모양 등의 다양한 구조를 이룰 수도 있거든. 그래서 분자식은 같지만 녹는점, 끓는점, 밀도와 같은 물리적 성질이나 화학적, 광학적 성질이 완전히 다른 물질이 되기도 하지. 마치 쌍둥이처럼 비슷하지만, 성격은 완전히 다를 수 있어. 이런 것을 이성질체isomer라고 해.

또 재미있는 것을 알려줄게 탄화수소에 수소가 아닌 다른 원소나 분자가 결합하면 규칙적으로 이름이 변하지. 탄화수소에 하이드록실기(-OH)가 붙으면 알코올이 되는 것처럼 말이야. 예를 들어 탄소 개수에 따라 메탄올(CH_3OH), 에탄올(C_2H_5OH), 프로판올(C_3H_7OH) 순서로 이름이 붙게 되지. 여기서 두 번째인 에탄올이 아빠가 즐겨 마시는 술의 주성분이라고 했잖아. 결국 술도 탄화수소화합물인 것이지. 1부터 10까지의 숫자를 라틴어로 메타 / 에타 / 프로파 / 부타 / 펜타 / 헥사 / 헵타 / 옥타 / 노나 / 데카라고 한다고 했지. 이것만 알면 이제 앞으로 탄화수소분자의 화학식 정도는 외우지 않고도 대략 알 수가 있겠지?

네, 이름 규칙을 알게 되니 쉽게 이해되는 것 같아요. 그런데 아빠! 가솔린 말고 LPG로 움직이는 차는 진짜 가스를 연료로 쓰는 건가요?

현재 전기차를 제외한 자동차에 사용하는 화석 연료는 가솔린, 디젤, LPG 그리고 LNGLiquefied Natural Gas라는 천연가스가 있어. 이 중 디젤의 주성분은 탄소가 16개인 헥사데케인($C_{16}H_{34}$)이야. 분자식만 봐도 엄청나게 무거워 보이지 않니? 디젤차의 주 연료인 셈이야.

자, 그럼 퀴즈를 하나 낼게. 도심에 일반 가솔린이나 디젤을 파는 주유소는 많지만 LPG 전용 주유소는 그렇게 많지 않단다. 간혹 운행 중에 LPG 연료가 떨어지면 어떻게 해야 할까?

보험사를 부르면 되죠!

하하, 우문현답이구나. LPG는 다른 연료에 비해 만들기 쉽고, 기체이기 때문에 저렴하고 연비는 좋아. 하지만 쉽게 소모되지. 그래서 잘 관리하지 않으면 운행 중에 쉽게 연료가 떨어져. 연료가 떨어지면 네 말마따나 보험사에 연락해서 긴급출동 서비스를 받을 수 있어. LPG 차량도 그렇게 해도 되지만, 아주 급한 경우에 주변 편의점에서 부탄가스를 사서 충전할 수도 있단다.

헐~ 우리가 캠핑에 갔을 때 사용했던 부탄가스요? 아까 LPG는 프로페인이라고 하지 않으셨어요?

부탄, 그러니까 탄소화합물인 '뷰테인'에 대해서 조금만 더 공부해볼까? '뷰테인'의 분자식이 C_4H_{10}이라고 했었지? 그것보다 탄소 하나가 작은 것이 뭐라고 했지? C_3H_8인 '프로페인'이었지? 자, 이제 LPG가 무엇인지 알아볼까? LPG는 석유 정제과정에서 얻어지는 C_3 및 C_4 탄화수소의 혼합물이야. '프로페인'과 '뷰테인'이 주성분이지. 그런데 두 물질이 섞여 있는 비율이 약간 달라.

혹시 우리가 캠핑에 갔을 때 추운 밤에 부탄 가스통을 버너에 끼워도 불이 잘 안 붙었던 거 기억나니? 그때 부탄가스통에 열을 가해주니까 버너의 불꽃이 붙고 불의 세기도 커졌었지? 부탄가스통 안에

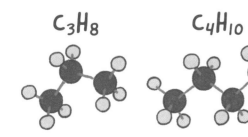

C_3H_8 C_4H_{10}

PROPANE BUTANE

는 압력을 가해 액체 상태로 만든 부탄가스가 들어 있어. 가스통 노즐 입구를 열게 되면 압력이 낮아지면서 액체 부탄가스가 기화하지. 그 기체에 불을 붙여서 연료로 사용하는 원리인데, 뷰테인은 영하 0.5℃ 아래에서는 잘 기화하지 않아. 뷰테인의 끓는점은 영하 1℃거든.

자동차도 마찬가지야. 겨울철에는 온도가 영하로 내려가는 경우가 많잖아. 그래서 뷰테인 때문에 시동이 잘 안 걸린단다. 그래서 '프로판'을 넣어주게 되는 거야. 충전소에서는 계절에 따라 부탄과 프로판의 혼합비율을 조정하게 되지. 대개 겨울철에 프로판을 더 많이 넣는단다. 그리고 압력에 따라서 연소하는 정도에 차이가 있기 때문에, 해발고도가 높은 산간지대에 있는 충전소와 도심에 있는 충전소 사이에도 혼합 비율이 달라.

그런데 화력은 뷰테인이 프로페인의 2배나 돼. 뷰테인이 훨씬 잘 타니 엔진 출력도 좋지. 화력이나 연비만을 생각하면 뷰테인을 사용하는 게 낫지만, 부차적인 이유로 어쩔 수 없이 프로페인을 섞어 쓰는 거란다. 당장 LPG 차량에 연료가 떨어지면 편의점에서 급히 부탄가스를 사 와서 충전할 수 있는 이유가 바로 이거야.

LPG 연료는 뷰테인과 프로페인의 비율이 좀 달라진다고 해서 문제가 생기는 건 아니군요! 그럼 아빠, 자동차 연료 중에 가솔린하고 디젤이 있잖아요. 그런데 LPG와 달리 같은 주유소에서 팔고요. 만약 사람들이 실수로 가솔린 차에 디젤을 넣으면 어떻게 되나요?

당연히 문제가 있겠지? 그런데 대부분 가솔린차에 디젤을 넣는 사고는 거의 없어. 반대로 디젤차에 가솔린을 넣는 경우는 간혹 발생하지. 그 이유는 디젤차의 연료 주입구가 가솔린차의 연료 주입구보다 조금 크기 때문이야. 두 가지의 크기가 달라서 당연히 주유기 노즐도 그 크기에 맞춰 만들어지는데, 디젤용 주유기의 지름이 더 크니까 가솔린차의 주유구에는 들어가지 않지. 그 반대로는 잘 들어가.

디젤 주유기 노즐을 더 크게 만든 이유가 있나요?

과거에 디젤 연료는 주로 대형트럭, 화물차, 중장비, 버스 등에 사용되었어. 대형차량의 연료탱크 크기는 보통 200ℓ～400ℓ나 되는데, 400ℓ면 2드

럼이나 되거든. 그러다 보니 주유소에서 대형차량의 주유를 빨리 하기 위해서 주유기의 노즐이 커야 했던 것이야. 요즘은 디젤차가 많아져서 노즐 크기를 맞춘 곳도 많더라고. 아무튼 질문은 그게 아니지?

'만약 디젤차에 가솔린을 넣으면 자동차에 문제가 없을까' 하는 질문이었지? 디젤차와 가솔린차는 분명히 차이가 있지. 가솔린은 탄소 7, 8개인 헵테인과 옥테인을 사용하지만, 디젤유는 탄소 16개인 헥사데케인을 중심으로 $C_{10}H_{22}$~$C_{21}H_{44}$의 다양한 탄화수소 물질이 섞여 있어. 말 그대로 디젤이 2배로 복잡하고 무거운 탄소화합물이지. 둘의 구성성분이 완전히 다르다는 의미야. 그래서 끓는점, 녹는점, 밀도 등이 다르고 연료로 쓰기 위한 압축 비율이 달라진단다.

결국 자동차가 연료를 태우는 방식도 완전히 다르단다. 쉽게 말하면, 가솔린 엔진은 연료와 공기를 압축한 후, 점화 플러그라는 부품을 이용해 전기로 불꽃을 일으켜 연료를 폭발시키는 거야. 그런데 디젤 엔진은 공간을 압축해서 온도가 올라간 공기에 디젤을 분사해서 저절로 불이 붙게 만드는 것이지. 디젤 엔진이 압축비가 높기 때문에 실린더 내에서 피스톤을 밀어내는 힘도 좋아. 당연히 전체적인 엔진 힘이 훨씬 좋지. 그래서 대형차량에 사용이 되는 것이지. 그리고 디젤이 가솔린에 비해 끈끈함, 그러니까 점도가 10배가량 크지. 분자가 복잡해서 기름처럼 미끈거리는 정도가 큰 거야. 전에 설탕물보다 올리고당이 더 끈적인다고 한 것과 같은 원리지. 그래서 디젤차에 가솔린을 넣으면 윤활유처럼 미끄러운 것이 덜해서 자동차 엔진의 주요 부품이 쉽게 마모되기도 하지.

또 중요한 것은 가솔린이 기화하는 온도가 낮다는 거야. 대략 80℃이고 디젤은 그 2배인 160℃란다. 그래서 디젤차의 압력 펌프는 연료가 160℃가 되도록 높은 압력을 주게끔 설계되어 있는데, 가솔린은 충분히 압력을 가하기 전에 기화해버리지. 엔진 내에서 연료가 제때 폭발해야 제대로 동작할 수 있는데 낮은 압력에 미리 폭발해버리니까 엔진이 제대로 동작할 수 없는 거야.

물질을 구성하는 분자의 구조를 들여다보니 실제 물질의 물성이 전혀 다르다는 게 한눈에 보이지? 아무튼 주유소에서 연료를 넣을 때는 늘 조심해야 해. 셀프 주유소의 경우라면 더더욱. 특히 디젤차 운전자의 경우는 말이야. 연료를 잘못 넣으면 엔진 자체를 교환할 정도로 손상을 가할 수 있거든.

우리나라가 산유국이 아니다 보니 원유를 수입하고, 정유시설에서 원유를 증류하게 되는데, 결국 우리가 하는 일은 탄화수소를 분자 종류별로 나누는 일이란다. 수입해 들여온 원유를 정유해서 우리나라에서 사용하기도 하지만 분리된 탄화수소화합물을 다시 수출하기도 해. 석유 한 방울 안 나는 나라가 기름을 수출한다니 이상하지? 바로 정유산업이 발달했기 때문이야. 정유 과정이 쉬운 것은 아니야. 원유를 들여와 온도를 올리면 분자의 크기에 따라서 기화되는 온도가 다르기 때문에, 분자가 가벼운 것부터 종류별로 나누어서 각종 물질을 얻는 것이지. 그래서 대부분의 고분자화합물이나 탄화수소화합물인 연료를 석유화학 제품이라고 하는 거야.

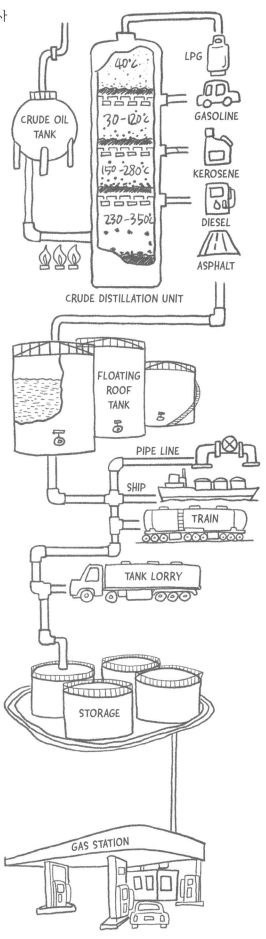

학교에서, 원유를 수입해서 각종 석유화학 제품과 연료를 만든다고 배웠는데, 이제 확실하게 알겠어요. 결국 전부 탄화수소화합물이네요. 세상이 정말 원자로 이루어졌다는 게 실감이 나요. 정말 아빠 말대로 주변 물질을 구성하는 원자가 눈에 보이는 것 같은데요!

Chapter 12

아빠의 발에 무언가 산다

여름만 되면 고질병인 무좀이 여간 신경 쓰이는 게 아니다. 대부분의 사람들에게, 몸에서 나는 냄새 중에 가장 신경 쓰이는 것이 발 냄새이다. 어릴 적에는 퇴근 후 집에 오신 아버지의 발 냄새가 무척 싫었다. 특히 여름만 되면 아버지는 마루에 앉아 무좀약을 발에 바르고 선풍기에 말리셨다. 여름에는 땀이 많이 나니 무좀이 심해진 것이다. 그 곁에서 코를 막고 있는 나를 보고 말없이 웃으시던 모습이 생각난다. 당시 아버지도 가족을 위해 온종일 힘들게 일하시고 얻은 질병인데 철이 없었던 나는 그 발 냄새가 싫다는 이유로 아버지를 놀리고 피해 다녔다. 돌이켜보면 서운해하셨을 아버지의 마음이 지금에야 느껴진다.

그런데 신체의 다른 부위에서도 땀이 나는 건 마찬가지인데, 유독 발 냄새가 다른 곳보다 지독한 이유는 무엇일까. 우리는 냄새의 원인을 주로 땀 때문이라고 생각하지만, 정작 땀 자체에서는 아무런 냄새도 나지 않는다. 땀의 대부분을 차지하는 성분은 물이기 때문에 특별한 냄새가 없다. 냄새의 범인은 악취성 불포화지방산인 헥사노익산hexanoic acid이다. 일상생활에서 발은 긴 시간 동안 신발과 양말 속이라는 밀폐공간에 갇혀 있게 된다. 땀이 날 경우 통풍과 건조가 어렵기 때문에 박테리아 등 각종 미생물이 활발하게 활동할 수 있는 좋은 조건이 갖춰진다. 이러한 박테리아가 땀을 먹이 삼아 분해하고 악취성 지방산을 만들어내는데, 이것이 바로 발 냄새의 원인이 되는 것이다. 하지만 무좀은 박테리아가 아니다. 무좀은 곰팡이의 일종이다. 우리 몸은 이런 무좀균 뿐만 아니라 엄청난 양의 미생물과 함께 산다. 심지어 그 숫자는 100조에 가깝고, 무게의 합은 뇌의 무게와 비슷하다.

으~ 아빠, 무좀이 또 재발했네요. 약을 자주 바르시는데 치료가 안 되나요? 무좀도 어차피 균인데 왜 잘 안 죽죠? 차라리 약을 바르지 말고 UV 빛Ultraviolet Light●을 쏘이면 죽지 않나요? 전에 박테리아는 특정 자외선에 취약하다고 하셨잖아요.

이 세상의 모든 생명체는 세포로 구성되어 있어. 박테리아와 같은 세균도 결국 세포를 죽여야 없어지겠지? 암세포를 죽여야 암이 없어지는 것처럼 말이야. 전에 박테리아란 세균을 특정 자외선 파장으로 죽일 수 있다고 말했지만, 사실 무좀균은 박테리아가 아니야. 무좀은 바로 곰팡이의 일종인 피부사상균 같은 진균Fungus에 의해 생기는 질병이야.

곰팡이요? 창고 벽이나 빵에 생기는 그런 곰팡이 말이에요? 그러면 바이러스인가요?

으이구~ 박테리아와 바이러스, 그리고 곰팡이와 같은 진균, 이 세 가지는 완전히 다른 미생물이란다. 오늘은 이런 미생물의 차이점에 대해 공부해볼까? 그러려면 세포에 관해 먼저 알아야 해. 세포는 크게 동물세포와 식물세포로 나눌 수 있는데, 그럼 무좀균인 곰팡이를 구성하는 세포는 식물세포일까, 동물세포일까?

갑자기 이런 질문을 하실 때는 뭔가 함정이 있을 것 같아요. 으~ 고민되네요.

동물세포와 식물세포는 모양과 구성이 다른데, 동물세포는 세포를 감싸는 세포막cell membrane이 있고, 식물세포는 세포막과

● 파장이 가시광선보다 짧고 X선보다 긴, 파장 3900~10Å 정도 범위의 전자기파를 말한다. 자외선이라고도 한다.

더불어 이것을 감싸는 단단한 세포벽cell wall이 있지. 세포벽의 유무는 세포 종류를 구분하는 가장 큰 요소야. 세포에 관해서는 다음에 자세히 설명해줄게. 먼저 세포벽에 관해 공부해보자.

식물세포는 세포벽이 있기 때문에 나무나 풀처럼 식물의 조직이 단단하게 느껴지는 거야. 식물에 뼈가 있는 경우는 없지? 동물은 대부분 뼈가 있지만 뼈가 없는 식물은 중력에 버티기 위해 세포 자체를 단단하게 만드는 거지. 식물세포는 이렇게 세포 외벽이 두 겹으로 되어 있어. 결국 외부에서 그 벽을 뚫기가 힘들겠지?

엄밀하게 말하면 곰팡이는 동물도 식물도 아니야. 효모, 버섯 등과 마찬가지로 진균에 속하지. 용케 함정에 안 걸렸구나, 하하. 하지만 세포벽을 기준으로 한다면 식물세포에 더 가깝기는 해.

 식물의 세포벽과 곰팡이 세포벽은 다른 성분으로 만들어진 건가요?

일반적인 식물세포의 세포벽은 셀룰로스가 주성분인데, 곰팡이와 같은 균계 세포의 세포벽은 식물과는 다르게 키틴●chitin이 주성분이야. 정확히 말하면 키틴-단백질의 복합체로 구성되어 있어. 그리고 곰팡이 세포 안에 엽록소 같은 기관이 없다는 것도 식물세포와 구분되는 점이지. 엽록소가 없기 때문에 식물처럼 광합성을 하거나 스스로 양분을 만들지 못하고 외부에서 영양분을 얻어야 해. 그래서 다른 생명체에 붙어서 양분을 흡수하며 기생하는 거야.

● 갑각소라고도 한다. 절지 동물의 단단한 표피, 연체동물의 껍질, 균류의 세포벽 따위를 이루는 중요한 구성성분. 화학식은 $(C_8H_{13}O_5N)_n$이다.

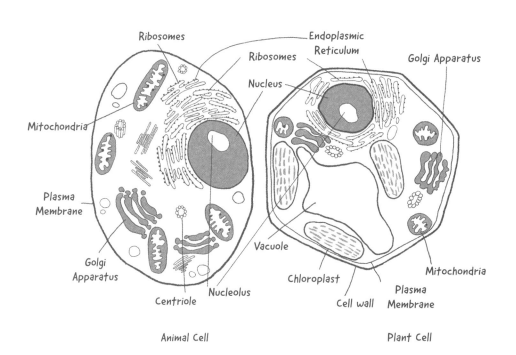

이러한 균류에는 곰팡이, 효모, 버섯 등이 있는데, 버섯을 양식하는 장면을 봤지? 죽은 나무에 종균●種菌을 심잖아. 그리고 천으로 덮어두지. 이런 균들은 습하고 햇빛이 잘 들지 않고 따뜻한 곳을 좋아해.

그러면 키틴은 뭘까? 키틴은 'N-아세틸글루코사민N-Acetyl Glucosamine'이라는 긴 사슬 형태로 결합한 중합체 다당류 분자란다. 이제 고분자나 중합체, 다당류 같은 용어는 따로 설명하지 않아도 알지? 그리고 균뿐만 아니라 네가 잘 알고 있는 곤충이나 거미, 혹은 새우와 같은 갑각류 등 절지동물●●의 단단한 피부 껍질도 이러한 키틴이 단백질과 엉켜 이루어져 있어. 셀룰로스로 이뤄진 식물세포의 세포벽과 균류의 세포벽은 성분이 다르지만 매우 비슷한 화학 구조를 가졌지. 그래서 단단하다는 공통점이 있어.

그러다 보니 어떤 물질이 세포벽을 녹이고 들어가기가 쉽지 않아. 그래서 약물치료가 어려운 거지. 그리고 세균은 대체로 pH가 중성인 환경에서 잘 자라지만 곰팡이류는 pH 4~5 정도의 약산성 환경에서 잘 자란단다. 특히 발은 통풍이 잘 되지 않아 땀이 많이 나는데, 진균 같은 미생물이 활발하게 활동할 수 있는 좋은 조건을 갖추게 되지. 수많은 박테리아가 땀을 먹이 삼아 분해해 악취성 지방산을 만들어내는데, 여기서 살짝 시큼한 발 냄새가 나. 곰팡이류인 무좀균이 바로 이 약산성인 지방산을 먹이로 번식하는 것이야. 그러니 약을 바르더라도, 계속 신발을 신고 다녀야 하는 아빠 같은 사람들은 무좀이 쉽게 낫지 않는 것이란다.

우와~ 그러니까 박테리아의 배설물이 다시 무좀균의 먹이가 되는 거예요? 먹이라고 하니 갑자기 질문이 하나 떠올라요. 우리가 밥을 먹으면 결국 모든 에너지를 세포가 생성하는 거죠? 그렇다면 결국 세포에 먹이를 줘야 하는데 세포의 먹이는 대체 뭐죠? 그리고 에너지라는 건 어떻게 생기는 거예요?

몸의 모든 활동은 에너지가 있어야 하지. 우리 몸은 ATP라는 물질을 가수분해加水分解, hydrolysis해서 에너지를 얻지.

와, 어렵네요. 전에도 ATP 이야기를 하신 것 같은데… 다 잊었어요. 나중에 고학년이 되면 다시 말씀해주신다고 했었어요.

하하, 그럴 줄 알았다. 앞으로 생물에 대해 공부를 하면 알게 되겠지

● 곡립, 톱밥 등에 심어 배양, 증식하는 균류. 작물의 종자와 같은 역할을 한다.

●● 절지동물문에 속하는 동물의 총칭. 곤충과 거미, 갑각류 등을 포함한다. 외골격으로 둘러싸여 있고 체절화된 몸에, 관절로 되어 있는 부속지들을 가지고 있다.

ADENOSINE TRIPHOSPHATE

PHOSPHATE

ADENOSINE

만, 지금 먼저 간단하게 알려줄게. 이번 기회에 확실히 알아두렴. ATP는 우리말로 '아데노신3인산'이라고 부른단다. 아데노신adenosine이라는 분자에 인산기phosphate group($-OPO(O^-)_2$)가 3개 붙어 있는 분자란다. 쉽게 말하면 ATP는 생물체 내에서 에너지를 만드는 연료라고 생각하면 된단다. 즉, ATP 분자가 분해되면서 에너지를 방출하고, 이것으로 생명체가 활동하는 거야.

ATP 분자가 분해되는데 에너지가 나온다는 건가요? 이해가 잘….

아데노신은 '아데닌Adenine'이라는 질소를 함유한 유기화합물에 탄소원자가 5개로 이뤄진 '오탄당pentose' 탄수화물분자가 붙어 있는 화합물이야. 아데닌은 생명체에게는 아주 중요하지. ATP와도 관련이 있지만, 단백질 합성과 DNA● 및 RNA●●의 구성요소이기도 해. 우리가 탄수화물을 섭취하는 것이 얼마나 중요한지 이제부터 알려줄게. 아데닌에 오탄당인 탄수화물이 붙어야 '아데노신'이 만들어진다고 했지?

이런 아데노신에 인산기가 1개 달려 있으면 '모노'를 붙여서 아데노신1인산adenosine monophosphate, AMP이라 하고, 2개가 달리면 '다이'를 붙여서 아데노신2인산adenosine diphosphate, ADP이라 하는 거야. ATP는 인산기가 3개니까

● 데옥시리보핵산의 약칭. 주로 세포의 핵 안에서 생물의 유전 정보를 저장하는 물질이다.

●● 리보핵산의 약칭. 단백질을 합성하는 과정에 작용하며 일부 바이러스는 DNA 대신 RNA를 유전물질로 갖기도 한다.

'트라이'가 붙어서 아데노신3인산adenosine triphosphate, ATP이 되는 것이지. 아데노신3인산분자가 생체의 연료 역할이라고 했었지? 자, 이제 연료가 어떻게 에너지가 되는지 보자고!

ATP에서 가장 끝에 붙어 있는 3개의 인산기가 물분자 하나와 만나서 인산결합을 끊고 하나씩 떨어져 나갈 수 있는데, 물이 붙어 분해된다는 의미로 더할 가加에 물 수水라는 한자를 사용해서 가수분해라고 한단다. 하나가 떨어질 때마다 약 7.3kcal/mol 정도의 에너지가 방출되지. 그런데 생체 내에선 마그네슘이온 농도 등의 영향을 받기 때문에 거의 2배인 11~13kcal/mol의 자유에너지가 발생해. 마치 장작불에 기름을 붓는 것처럼 연료가 더 잘 타서 에너지가 더 생기는 거야. 이 말은 몸 안에 물과 마그네슘이 부족하면 그만큼 에너지 방출이 약해질 수도 있다는 말이기도 해. 가끔 피곤하면 눈 밑이 떨리는 것도 이런 물과 마그네슘 부족으로 생체의 힘이 떨어지기 때문이야. 모든 생물체, 즉 모든 세포가 이 에너지를 이용해 활동한단다. 이런 이유로 ATP를 '에너지원'이라고 말하는 것이지.

아~ 그래서 물도 잘 마시고 밥도 잘 먹고, 여러 가지 음식을 골고루 잘 먹어야 한다고 아빠가 항상 말씀하시는 거군요. 이제 그 이유를 확실히 알겠어요.

그렇지. 지난번에 생명체에 물이 부족하면 혈액 내 pH 항상성이 무너지면서 사망에 이를 수 있다는 이야기도 했었지? 물을 먹지 않으면 세포가 죽는 이유가 바로 이것이야. ATP가 분해가 안 되니 에너지를 얻지 못하는 것이지. 결국 에너지가 없으면 세포가 활동을 멈추는 거야. 자동차의 기름이 떨어지면 차가 멈추는 것처럼 말이야.

이렇게 ATP에서 인산이 하나 떨어져 나가고 에너지가 방출되면 ATP는 ADP가 된단다. 그런데 이 ADP도 가수분해되면 인산기가 떨어져 나가면서 에너지를 방출하지. ADP가 AMP가 될 때도 비슷한 양의 에너지가 방출되는 거야.

$$ATP + H_2O \rightarrow ADP + H_3PO_4 + 11\sim13 \text{ kcal/mol}$$
$$ADP + H_2O \rightarrow AMP + H_3PO_4 + 11\sim13 \text{ kcal/mol}$$

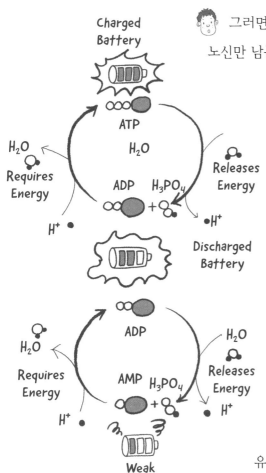

Charged Battery
ATP
H_2O
Requires Energy
H_2O
ADP
H_3PO_4
Releases Energy
H^+
H^+
Discharged Battery

ADP
H_2O
Requires Energy
H_2O
AMP
H_3PO_4
Releases Energy
H^+
H^+
Weak Battery

그러면 AMP, 그러니까 아데노신1인산은 가수분해되면 그냥 아데노신만 남는 건가요?

모든 생물은 호흡을 통해 산소를 공급받고 음식으로 먹은 유기물을 분해하면서, 그때 나오는 에너지를 이용해 AMP를 ADP로, 그리고 ADP를 ATP로 만들고 저장한단다. 생체에 적절하게 에너지를 공급하려면 대량의 에너지를 저장하기 쉽고, 필요할 때 쉽게 에너지를 꺼내 사용할 수 있어야 하는데, ATP는 이러한 조건을 모두 갖춘 적절한 물질인 거야. 그런데 운동처럼 격한 활동으로 많은 에너지가 소모되면 아무래도 이런 과정이 많아지게 되겠지. ATP가 가수분해되고 다시 ATP로 전환되는 과정을 반복하게 되는데, 이 반응에서 세포질에는 인산(H_3PO_4)이 발생하고 결국 H^+인 양성자가 그때마다 남게 돼. 바로 이것이 혈액의 산성화를 유발하는 것이란다.

H^+가 많아지면 왜 산성이 되는지는 전에 알려줬었지? 아무튼 이렇게 혈액이 산성화되어 모세혈관이 많은 발 쪽에 모이게 되고, 이 때문에 진균이 잘 발생하는 거야. 그러니까 활동이 많아지면 그만큼 진균에 쉽게 노출되지. 바르는 무좀약이 아닌 먹는 무좀약은 바로 이런 산성화된 몸의 체질을 근본적으로 조정하는 거지. 곰팡이가 자라지 못하는 환경을 만드는 것이야.

곰팡이에 관해서는 이제 알겠어요. 그런데 세균인 박테리아와 바이러스는 또 다른 것이라고 했죠?

● 중동호흡기증후군의 약어. 중동호흡기증후군은 코로나바이러스에 의해 발생하는 바이러스성. 급성 호흡기 감염병이다. 2015년 대한민국에 유입되면서 큰 사회적 파장을 불러일으켰다.

몇 년 전에 일어났던 메르스●Middle East Respiratory Syndrome, MERS 사태를 기억하니? 바이러스도 박테리아와 더불어 인간에게 질병을 일으키는 미생물이지. 하지만 바이러스가 생명체가 아니라는 의견도 있어. 바이러스와 박테리아를 혼동하는 경우가 많은데, 둘은 완전히 다르단다. 우선 크기부터 엄청나게 달라. 물론 우리 눈에는 둘 다 엄청나게 작지만 말이야. 전에 박테리아의 크기가 평균 1~2㎛라고 했었지? 그런데 바이러스는 크기가 약 20~30㎚란다. 박테리아 크기의 100분의 1 정도지. 그래서 일반 광학현미경으로 박테리아는 보이는데, 바이러스는 잘 보이지 않아. 성능이 더 좋은 현미경으로 봐야 하는데 그것도 쉽지 않지. 너무 작아서 위치를 찾기도 힘들기 때문이야. 그래서 메르스 사태 때도 그랬던 것처럼, 바이러스를 직접 관찰하는 게 아니라 몸의 반응으로 관찰을 하게 되지. 인플루엔자나 바이러스가 유행했을 때에 병원에 가면 혈액이나 타액을 검사하는데, 바이러스라는 항원이 침투하면 이에 대응하는 항체가 생기거든. 이러한 항원과 항체 반응을 바탕으로 혈액이나 시약을 통해 바이러스 유무를 판단하려는 것이지. 자! 여기서 퀴즈를 하나 더 낼게. 바이러스는 동물세포일까, 식물세포일까?

곰팡이는 둘 다 아니지만 그래도 식물세포에 가까운 세포라고 하셨죠. 음, 바이러스는 박테리아와 같이 질병을 유발하고 움직이니 분명 동물세포예요.

하하, 바이러스가 박테리아와 같이 질병을 유발하는 건 맞아. 그런데 바이러스는 세포조차도 아니야. 하지만 박테리아는 바이러스와 달리 세포란다. 박테리아는 몸이 하나의 세포로 이루어져 있고, 살아 있는 생명체야. 그리고 하나의 세포로 세포벽과 세포막, DNA 중합 효소, 리보솜 등을 가지고 독립적으로 생명 활동을 해나갈 수 있어. 하지만 바이러스는 유전물질인 DNA 또는 RNA와 효소 몇 개를 캡시드capsid라는 단백질 벽으로 둘러싼 간단한 구조를 가진 '입자'에 가깝단다. 여기서 입자라고 표현한 이유는 생명체가 아니라고 볼 수 있기 때문이지. 생명체는 자체적으로 생명 활동을 해야 하는데 바이러스는 그렇지 못하거든.

헐~ 바이러스가 생명체가 아니라고요? 생각도 못 했어요. 동물도 식물도 아닌 그냥 입자라니….

바이러스가 동식물의 세포를 감염시킬 때, 다른 생물의 세포에 접촉하면 세포벽을 뚫고 들어가서 자신의 외부 단백질 껍데기인 캡시드 단백질을 버리고 내부의 DNA나 RNA만 터뜨리는 방법으로 동식물의 숙주 세포 안에 침투하게 돼. 사실 바이러스가 자체적으로 할 수 있는 일은 여기까지야. 이후에 숙주의 효소나 세포를 사용해서 급속히 번식하게 되지. 동식물 세포가 DNA 복제를 통해 또 하나의 캡시드 단백질을 만드는 거야. 그러니까 세포가 바이러스를

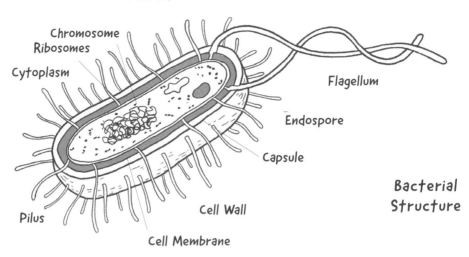

Plasmid
Chromosome
Ribosomes
Cytoplasm
Flagellum
Endospore
Capsule
Cell Wall
Pilus
Cell Membrane

Bacterial
Structure

만드는 거지.

　이렇게 증식된 유전 물질로 생산된 껍데기 단백질이 유전 물질과 결합해 완전한 바이러스가 되면 자신이 성장한 숙주세포의 세포벽을 깨고 밖으로 튀어나온단다. 이런 방법으로 정상 세포를 파괴하는 것이지. 들어갈 때는 하나가 들어가고 나올 때는 수많은 바이러스가 나오는 거야. 예전에 〈스피시즈species〉●라는 영화에서 외계 생명체가 돌아다니면서 번식하던 장면을 기억하니? 접촉한 사람의 몸에서 다른 외계 생명체를 성장시키다가 결국 숙주의 배를 가르고 나오지. 마찬가지로 바이러스는 살아 있는 세포에 들어 있어야만 증식할 수 있기 때문에 정상적인 생명체라고 보기 어렵지. 정상적인 생명체라면 외부로부터 영양물질을 흡수하거나 스스로 합성하고 대사를 통해 자신의 생장과 번식에 필요한 물질과 에너지를 만들어야 하는데, 바이러스는 그렇지 않단다. 그래서 우리가 바이러스가 '침투'했다거나 '감염'이 되었다는 표현을 사용하는 거야.

　바이러스는 박테리아나 곰팡이와는 또 다른 무시무시한 존재네요.

　맞아. 정상적인 생명체도 아닌데 다른 생명체의 멀쩡한 세포에 침투해서 세포를 죽이고 번식하는 무시무시한 존재지. 이런 이유로 바이러스가 생화학 무기로 사용될 수도 있어. 생명체라면 생존을 위해 특정 환경을 잘 조성해줘야 겠지만, 생명체가 아닌 바이러스는 손쉽게 장기간 보관하면서 무기의 원료로 사용할 수도 있지.

●　외계인의 DNA와 인간의 DNA를 합성해서 만든 '실'이라는 여성형 외계생명체가 연구실에서 탈출해 번식을 위해 돌아다니면서 발생하는. 인류와 실의 싸움을 다룬 1995년의 SF 호러 영화.

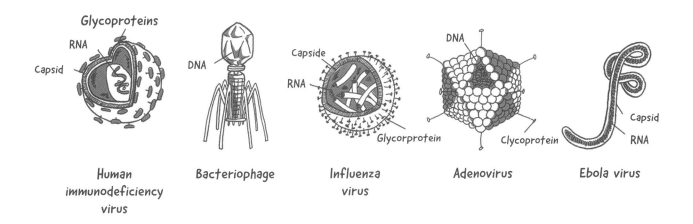

Human immunodeficiency virus / Bacteriophage / Influenza virus / Adenovirus / Ebola virus

특정 파장을 가진 자외선을 이용해서 박테리아를 제거할 수 있다고 전에 얘기했지? 박테리아는 살아 있는 세포이기 때문에 효소나 세포벽 등 박테리아가 갖는 다양한 생명 장치를 없애면 죽일 수가 있어. 이렇게 박테리아를 죽이기 위해 먹는 약이 바로 항생제antibiotics란다.

그러면 항생제가 사람의 세포에 피해를 주진 않나요?

사람의 세포는 박테리아의 세포와 다른 구조로 되어 있기 때문에 항생제는 인간의 세포를 손상하지 않으면서 박테리아 세포만을 없앨 수 있어. 박테리아 세포벽의 주요 구성성분은 펩티도글리칸peptidoglycan과 지질lipid이야. 그런데 펩티도글리칸을 포함하고 있는 것은 오직 세균의 세포벽뿐이야. 항생제는 펩티도글리칸의 결합 형성을 막아서 세포벽이 만들어지는 것을 방해하는 거야. 세포벽이 제대로 만들어지지 않으면 세포의 모양을 유지할 수 없게 되고, 세포가 터져서 박테리아가 죽는 것이지.

엄마가 항생제가 안 좋다고 하시던데요. 박테리아를 죽이는 건데 왜 안 좋다고 하시죠?

꼭 항생제를 쓰지 않더라도 우리 몸 안의 세포들이 박테리아를 공격해서 죽이기도 해. 하지만 면역계가 약해지면 이런 방어체계도 무너져서 제 기능을 발휘 못 하기 때문에 외부 약물의 도움을 받는 거야. 이런 공격과 방어는 마치 전투와 같아. 특정 항생제에 내성resistance이 생겼다는 말 들어봤지? 이 말은 특정 박테리아가 항생제에 대응해서 진화했다는 뜻이야. 항생제를 너무 많이 사용하다 보면, 박테리아도 거기 맞춰 방어하는 물질로 유전자를 바꾸며 대응하는 것이지. 물론 계속 연구를 해서 항생제도 발전하기는 해. 요즘은 4세대 항생제까지 나왔지. 이 항생제에까지 내성이 생긴 것이 최근 얘기하는 '슈퍼박테리아'라고 하는 것이야. 계속 무턱대고 항생제를 쓰다 보면 박테리아도 거기 맞춰 진화하기 쉽게 되겠지? 게다가 항생제는 우리 몸에 있는 좋은 박테리아까지 죽이게 돼. 유산균 같은 경우가 대표적이지. 그러니 항생제의 복용은 언제나 과하지 않도록 해야 해.

유산균도 박테리아라서 그렇군요. 그래도 박테리아가 바이러스보다는 차라리 착해 보여요. 그러면 항생제를 먹으면 바이러스도 죽일 수 있나요?

사실 죽인다는 뜻은 살아 있는 생명체에나 해당하는 말이니 바이러스에는 맞지 않지. 죽이는 게 아니라 제거를 해야 하는데, 안타깝게도 바이러스를 제거하는 약은 존재하지 않아. 바이러스는 너무 작아서, 우리 몸 안에 퍼진 바이러스를 찾아낼 방법도 없어.

어라, 이상하네요. 지난번 메르스 때도 그렇고, 신종플루● 때도 병원에서 약 처방을 하지 않았나요?

그건 치료약이 아니야. 사실 엄밀하게 말하면 치료약은 존재하지 않거든. 하지만 우리는 멋진 방어체계를 몸에 지니고 있어. 바로 '면역체계'야. 우리 몸이 바이러스에 감염이 되어 DNA가 이상 작용으로 복제를 시작하면, 우리 몸을 감시하던 면역체계가 이것을 발견하고 바이러스에 감염된 세포만을 죽인단다. 우리 몸의 면역체계를 담당하는 세포에는 T세포●●와 B세포●●●라는 것이 있어. T세포의 도움을 받아 어떤 바이러스 항원인지를 알아내고, B세포가 외부로부터 침입하는 항원에 대항하여 항체를 만들어낸다. 이 항체는 세포를 스스로 죽게끔 만들기도 하고, 항원을 둘러싸서 다른 정상 세포로 들어가지 못하게도 하지. 그러고도 감염된 세포가 있다면, 바이러스가 침투한 우리 몸의 세포를 백혈구나 T세포가 공격하면서 죽이는 것으로 임무를 마친단다. 이러한 면역체계와 관련한 항체를 미리 만든 것을 백신vaccine이라고 하는 거야. 신종플루 때 환자들에게 처방한 것도 바로 이 백신이야. 엄밀히 말하면 치료약이 아니라 항체인 셈이지.

● 2009년에 인플루엔자 바이러스 A형 H1N1 아종의 변종에 의해 발생한 신종 인플루엔자. 기존의 인플루엔자 바이러스에 의한 감염증이 사람 간의 소규모 감염만 일으킨 것에 비해, 이 신종플루는 멕시코, 미국, 유럽, 아시아 지역에 이르는 폭발적인 유행이 일었다.

●● 면역 세포의 한 종류. 가슴선에서 성숙하기 때문에 T세포라는 이름이 붙었다. 보조 T세포와 세포독성 T세포로 나뉘어 적응 면역을 주관한다.

●●● 림프구 중 항체를 생산하는 세포이다. 사람을 포함한 포유류의 경우 골수(bone marrow)에서 유래되므로 골수의 첫 글자를 따서 B세포라고 부른다.

아…, 면역이 그래서 중요한 거구나. 그러면 바이러스의 백신을 만들면 되겠네요. 박테리아처럼 생명체 같지도 않으니 더 쉽지 않나요?

그것도 쉬운 일이 아니야. 바이러스에는 단백질 껍질과 유전자 정보밖에 없다 보니 항체에 대한 내성, 즉 변종도 많이 생긴단다. 세균은 그나마 어느 정도 예측이 가능하니 백신이나 새로운 항생제를 만들 수가 있는데, 바이러스는 계속 돌연변이가 생기기 때문에 어떻게 변이할지 거의 예측할 수 없어. 박테리아도 생명력이 강하고, 항생제 내성을 가진 슈퍼박테리아로 변이하지만 바이러스는 그 이상이지. 애초부터 변종이 될 수밖에 없는 존재라서 약을 만들어도 그때뿐이고 완전히 퇴치하는 것은 사실상 거의 불가능하단다.

변종이 나올 때마다 제약회사에서 백신을 새로 만들면 되는 거 아닌가요? 그러면 돈을 많이 벌 것 같은데….

그게 쉽지 않아. 백신을 만드는 데는 막대한 돈이 필요한데 제약회사의 입장에서 볼 때, 바이러스는 굉장한 골칫거리야. 어렵게 약을 만들어도 만들어놓은 약을 팔아서 투자한 자금을 회수할 만큼의 수익을 창출하기도 전에 새로운 변종이 출현해버리니까 말이야. 제약회사도 이 점을 잘 알기 때문에 투자와 연구개발을 진행하기가 어려워. 아무리 사람의 생명이 달린 문제라고 해도, 제약회사도 자금 없이 연구개발을 무한정 진행할 수 있는 건 아니기 때문에 쉬운 일은 아니지.

와~ 그러네요. 계속 변이가 되는 바이러스를 없앤다는 건 생각보다 쉬운 일이 아니네요. 단순히 노력한다고 될 문제만은 아닌 것 같아요.

아무튼 박테리아, 바이러스, 곰팡이 등의 감염 예방에 가장 중요한 것은 위생이란다. 외출하고 돌아오면 손과 발을 씻고 양치질을 꼭 해서 청결함을 유지해야 해. 손 세정제 같은 것으로 자주 살균도 해야 해. 물론 손 세정제가 그리 좋지만은 않지만 말이야.

손 세정제가 좋지 않다고요? 살균 효과가 좋아서 제가 매일 사용하는데요?

Chapter 13

손 세정제, 살균 99.9%라는 말에 속지 마라!

요즘 지구 환경에 대한 위기가 거론될 때마다 떠오르는 책이 있다. 평화롭고 아름답기만 한 시골 마을이 어느 날 갑자기 원인 모를 질병과 죽음 때문에 고통받는다는 이야기로 시작되는, 레이첼 카슨Rachel Louise Carson의 『침묵의 봄The Silent Spring』(에코리브르, 2011)이라는 책이다. 저자는 이 책에서 알베르트 슈바이처Albert Schweitzer 박사에게 책을 바친다는 말과 함께 그의 말을 인용한다. "인간은 미래를 예견하고 그 미래를 제어할 수 있는 능력을 상실했다. 지구를 파괴함으로써 그 자신도 멸망할 것이다." 나는 이 글귀를 읽을 때마다 최근 자연이 보내는 침묵의 역습이 느껴진다. 우리가 자연에 가한 폭력이 고스란히 부메랑이 되어 돌아오고 있기 때문이다.

일부 플라스틱 제품을 살펴보면, 화살표로 이루어진 삼각형 모양의 재활용 마크 안에 제품의 물질 정보가 적혀 있는 것을 볼 수 있다. 예를 들어 PS는 폴리스타이렌polystyrene이라는 고분자 물질이다. 이 물질은 열에 쉽게 휘거나 녹는 열가소성● 성질을 가졌으며 아무런 맛과 냄새가 없다. 이런 장점으로 우리가 주변에서 쉽게 볼 수 있는 각종 일회용 생활용품, 식품 용기, 포장재 등에 사용한다. 특히 가볍고 부드러워서 포장에 많이 사용되는 '스티로폼'은 이 물질을 뻥튀기하듯 발포해서 만든 제품이다. 한때 우리나라의 컵라면 용기 대부

● 열을 가했을 때 녹고, 온도를 충분히 낮추면 고체 상태로 되돌아가는 성질이다. 열가소성 플라스틱은 열경화성 플라스틱과 달리, 열을 가해 녹이고 다시 성형하는 과정을 거칠 수 있으므로 재활용이 가능하다.

분이 이 물질로 만들어졌던 시기가 있었다. 나는 직장 초년 시절에 야근을 하며 컵라면을 자주 먹었다. 시간에 쫓겨 빨리 익히기 위해 전자레인지까지 이용해 익혀 먹었던 무지한 시절이 있었다. 어느 날 동료들과 밤참을 먹고 있는데 뉴스에서 컵라면 용기에 관한 기사가 방송되었다.

"컵라면을 포함해 25종의 폴리스타이렌 일회용 식기 중 거의 모든 제품에서 환경호르몬인 스타이렌 다이머와 트리머가 1g당 평균 9,509ng이 검출되었습니다."

보도 이후 한동안 컵라면이 팔리지 않을 정도로 사람들의 불안은 심각했다. 사실 당시에는 나도 환경호르몬의 존재에 대해 무감각할 나이였지만, 지금 생각해보면 그 무지가 참으로 안타까운 시절이었다.

수많은 스타이렌styrene분자가 사슬처럼 연결된 것이 폴리스타이렌이다. '폴리'라는 접두어는 '많은' 혹은 '복합'이라는 뜻이다. 같은 모양의 분자가 많은 숫자로 반복적인 형태로 사슬 결합이 되어 있는 것이 바로 고분자이다. 대부분의 플라스틱 소재가 이런 고분자에 해당한다. 뉴스에서 환경호르몬으로 지적된 스타이렌 다이머는 스타이렌분자 2개의 결합체이고, 스타이렌 트리머는 3개가 결합한 분자를 말한다.

요즘 우리는 각종 매체를 통해, 환경에 의해서 인간의 신체가 변화한다는 소식을 쉽게 접할 수 있다. 성적으로 과거보다 훨씬 빨리 성숙하는 아이들, 생식기에서 나타나는 고통스러운 질병, 아토피와 알 수 없는 각종 질환으로 고통에 시달리는 사람들. 심지어 이런 것들이 사망으로 이어지기까지 한다. 이 모든 것들이 환경호르몬과 관련이 있을 수 있다. 환경호르몬이 인체에 미치는 위험은 아직 명확하게 판명되지는 않았다. 그 위해성이 의미 없는 수준이라고 하는 기업과 위해성이 심각하다고 하는 소비자 단체와 연구들이 각축을 벌이고 있다. 하지만 그간 평가된 위해성은 과소평가됐을 가능성이 높다. 최근 이상 증세에 시달리는 사람들이 증가하고, 그 증세도 점차 심각해지는 것을 보면 말이다.

우리가 박테리아의 살균殺菌을 위해 사용하는 각종 세정제와 손을 닦는 물티슈는 분명 박테리아로 인한 감염에 예방할 수 있는 도움이 된다. 하지만 레이첼 카슨이 말한 것처럼 플라스틱과 각종 세정제가 박테리아나 바이러스와 같은 생명체가 아닌 또 다른 모습으로 자연과 인간을 위협하는 물질이 되어 돌아오고 있는 것은 아닐까. 우리는 어쩌면 그것을 볼 수 있는 눈을 잃어버려 인지하지 못 하는 것은 아닐까.

이 녀석! 집에 들어오면 손을 꼭 씻으라고 했잖니?

에이, 아빠~ 몇 시간 전에 손 세정제로 씻었거든요. 99.9% 살균한댔으니까 괜찮아요.

99.9%? 그럼 우리, 오늘은 그 퍼센트라는 것에 대해 알아보자. 퍼센트라는 단위는 직접적인 양을 표시하는 것이 아니라 비율을 이야기하기 때문에 자칫 중요한 본질을 잊게 될 수 있거든. 99.9%라고 하니까 세균을 거의 죽이는 것 같지? 그래서 비누로 씻어내는 것보다 더 깨끗할 거라고 생각하기 쉬워. 물론 한 번 세정하고 말 거라면 세정제가 비누보다 효과가 있겠지. 그런데 99.9%라는 게 완전히 100%라는 의미는 아니잖아. 그렇다면 0.1%는 살균이 안 된다는 거야.

에이~ 0.1% 정도는 없는 거나 마찬가지예요.

네 말이 맞을 수도 있어. 만약 네 손에 세균이 단 100마리만 있다면 99.9 마리가 죽었으니 네 말대로 세균이 남아 있지 않겠지. 세균도 생명체인데 0.1 마리만 살아 있다는 건 말이 안 되잖아. 하지만 평상시 우리 손에는 세균이 약 1,000만 마리 정도 있어. 듣기 불편하겠지만 엄연한 사실이지. 이 숫자는 대한민국 인구의 5분의 1 정도 되는 큰 숫자야. 이제 퍼센티지로 볼까. 1,000만 마리의 0.1%는 1만 마리지? 99.9% 살균을 하더라도 1만 마리가 살아남는 거야. 이런 세균들은 약 20분이 지나면 세포분열을 해서 2배로 증식해. 네가 아무것도 하지 않고 가만히 있어도 말이야. 시간별로 계산을 해보면 손 세정제를 사용한 후 20분이 지나면 2배인 2만 마리, 40분이 지나면 4만 마리가 되지. 이렇게 증식을 하다 보면, 약 200분 정도 지났을 때 세균의 수는 1,024만 마리가 된단다. 세정제로 손을 씻고 3시간 정도만 지나면 손을 씻기 전과 다를 바 없는 숫자의 세균이 다시 득시글거리게 되는 것이지. 그러니 이런 세정제 한 번으로 안심할 게 아니라, 비누로 자주 씻어주는 것이 좋단다.

헐~ 그러면 대체 세정제는 왜 있는 거지요? 그리고 제품 중에 항균抗菌도 있고, 멸균滅菌이란 말도 있는데 살균하고 다른 의미인가요?

그것들은 모두 균germ을 대상으로 처리했다는 용어야. 하지만 처리 방법이 다른 거지. 세균을 대상으로 하는 몇 가지의 대표적인 처치법이 있어. 바로 항균, 멸균, 살균, 제균除菌, 정균靜菌 등이지. 아마 이 말들을 적어도 한 번씩은 들어봤을 거야.

항균과 멸균 그리고 살균은 자주 들었죠. 이거 다 같은 의미 아니에요? 제균과 정균은 또 다른 건가요?

'항균'이란 말은 자주 들어봤을 거야. 네가 밤에 잠을 자는 침대도 항균 매트 제품이잖아. 항균은 세균에 저항한다는 의미란다. 세균을 죽이는 방식이 아니라 세균의 침투에 저항하는 능력을 말하지. 네가 전쟁 게임을 하다 보면 저항군이나 대항군이란 말을 들어 봤을 거야. 세균이 들어오지 못하게 세균이 싫어하는 환경으로 만든 것이지.

멸균의 대표적인 사례로는 네가 가끔 마시는 멸균우유가 있어. 그 우유는 멸균 상태이기 때문에 유통기한이 꽤 길지. 멸균이라는 말은 세균을 완벽하게 모두 죽인다는 의미야. 다만 좋은 균이든 나쁜 균이든 다 없애버리는 것이지. 만약 세균, 즉 박테리아가 우리 몸에 들어오면, 우리 몸은 질병에 걸리게 되는데 이때 병원에서 의사 선생님들이 처방해주는 항생제가 대표적인 멸균제란다. 인류 최초의 항생제인 페니실린●penicillin은 박테리아 세포벽의 생성을 방해하고 세포를 터뜨려서 박테리아의 증식을 막는 것이지. 정확하게 인간의 세포를 손상시키지 않으면서 박테리아 세포만을 찾아 없애는 것이 항생제의 역할이란다. 어떻게 그럴 수 있냐고? 전에도 얘기했지만, 인간의 세포에는 세포벽이 없어. 동물세포이기 때문에 세포막은 있지만 세포벽이 없지. 박테리아의 특징적인 물질로 만들어진 세포벽만 손상시키는 것이지.

● 알렉산더 플레밍이 발견한 세계 최초의 항생제. 푸른곰팡이에서 추출한다.

아, 맞아요. 기억나요. 박테리아의 세포벽이 펩티도글리칸이라고 했었지요? 세포벽을 못 만들게 하는 역할을 하는 약이 항생제라고요.

맞아. 그런데 문제는 세균 중에는 우리 몸에 필요한 좋은 세균도 있다는 것이지. 예를 들어 유산균처럼 우리 몸에 이로운 균이 많아. 대장균도 O157:H7●을 제외하고는 비병원성 균이지. 어느 정도는 장내에서 필수적으로 활동해야 해. 그런데 항생제는 이런 좋은 균조차 죽이는 것이지. 우리가 아플 때 항생제를 많이 먹게 되면 가끔 설사를 하는 경우가 있는데, 바로 이런 좋은 균까지 없애는 바람에 소화 기능이 저하되기 때문이야.

항생제를 아예 안 먹을 수는 없지만, 남용하는 것은 좋지 않아. 슈퍼박테리아에 관해서는 이야기해줬지? 항생제를 자주 복용하다 보니 내성이 생겨서 항생제 효과가 전혀 듣지 않는 박테리아가 탄생하게 된다고 했잖아.

내성이 안 생기려면 항생제를 먹지 말아야 하는데, 그렇다고 약을 아예 안 먹을 수도 없고. 어쩌죠?

일단 병원 의사 선생님이 처방해준 약 중에 항생제가 있다면 전부 먹어야 해. 간혹 약을 먹는 중간에 몸이 나아졌다고 해서, 항생제를 남용하지 않아야 한다는 생각 때문에 항생제를 마저 먹지 않고 남기는 경우가 있어. 하지만 의사 선생님은 환자 체내의 박테리아를 전부 죽일 수 있는 양을 딱 맞게 처방해준 것이란다. 만약 몸에 조금이라도 박테리아가 남으면, 그 녀석이 기억하고 있다가 내성이 생길 수 있는 박테리아로 변이할 가능성이 높아. 살아남은 균이 항생제에 대응해서 진화를 하는 거지. 그러니 어차피 약을 먹는다면 처방된 양을 다 먹어서 균을 완전히 없애야 해.

꼭 모든 박테리아를 다 죽일 수밖에 없는 건가요?

특정 박테리아만 골라서 죽일 수는 없냐는 거지? 바로 그것이 '살균'이야. 사실 약을 먹는 것으로 살균을 하기는 어렵지. 보통은 약을 뿌리거나 발라서 체외에 존재하는 세균을 죽이는 정도지. 우리가 여름철 모기 때문에 뿌리는 약이나 바퀴벌레를 제거하기 위해서 뿌리는 약을 살균제라고 해. 특정 세균은 특정 장소에 있을 가능성이 높기 때문에 의도적으로 그 부분을 처리한다고 해서 살균이란 말을 사용하지만, 사실 같은 장소에 여러 세균이 있을 때, 특정 세균만 죽이기는 쉽지가 않아.

'제균'은 세균을 죽이는 것이 아니라 표면에 못 붙게 제거하는 것이지. 멀리 쫓아버린다고 생각하면 쉽겠지? 그리고 마지막으로 '정균'은 균이 자라지 못하게 하는 것이란다. 직접 죽이는 것은 아니고 더 번식이 안 되게끔 성장을 방해하는 것이지. 파라벤paraben이라는 방부제가 있는데, 이것이 일종의 정균제지. 방부제란 말은 많이 들어봤을 거야. 박테리아가 번식하지 못하게 해서 음식물이나 제품이 상하는 것을 막는 것이지. 예를 들어 음식물에 방부제를 많이 넣으면, 유통기간이 길어진단다. 쉽게 상하지 않는 것이지.

음식물이나 제품이 오랫동안 상하지 않는다면 좋은 것이잖아요. 그런데 왜 방부제가 나쁘다고 하는 것이죠? 파라벤인가 하는 그 물질이 우리 몸에 안 좋은 것인가요?

그 질문에 대답하기 전에, 방부제의 원리를 한번 알아볼까? 음식 같은 물질이 부패한다는 것은 바로 박테리아와 같은 미생물이 물질을 분해하고 있다는 뜻이야. 그런데 방부제의 원리를 알기 전에 세포에 대해 먼저 알아야 해. 왜냐면 박테리아는 단 하나의 세포로 이루어진 생물이거든.

전에 박테리아는 약 20분마다 2배로 증가한다고 했었지? 이렇게 빠른 속도로 박테리아가 증가하니, 음식에 세균이 있다면 어떻게 될지 상상해보렴. 끔찍하지? 그래서 박테리아가 번식을 못 하게 하려고 방부제라는 것을 만든 것이지. 그러면 세균, 즉 박테리아는 어떻게 번식을 할까? 박테리아는 사람이나 여타 동물들처럼 짝을 짓고 자식을 낳아서 번식하는 게 아니야. 만약 사람이 박테리아처럼 증식했다면 지구는 이미 온통 사람으로 뒤덮여버렸을 거야.

전에 세포에 대해 이야기를 해준다고 했었지? 작은 세포에 관해 안다는 것은 무척 중요해. 바로 세포 종류에 따라 생명체가 구분되는 것이기 때문이야. 박테리아와 같이 하나의 세포로 이루어진 생물, 그러니까 단세포생물은 대부분 원핵생물procaryote이야. 그리고 사람이나 식물과 같은 생명체는 진핵생물eukaryotes에 포함되지. 대부분이 여러 개의 세포를 가진 생물이야. 진핵생물 중에도 단세포생물이 일부 존재하지만, 대부분의 단세포생물은 원핵생물이란다.

둘의 가장 큰 차이점은 무엇인가요? 학교에서 배운 것 같은데 까먹었어요.

세포를 구성하는 여러 가지 기관도 차이가 있지만, 제일 중요한 두 가지만 기억하렴. 원핵세포procaryotic cell에는 세포벽이 있어. 하지만 진핵세포eukaryotic cell에는 세포벽이 식물세포에만 있지. 대신 진핵세포 중 세포벽이 없는 동물세포는 세포를 감싸는 세포막만 있지. 물론 원핵세포는 세포막도 가지고 있어. 그 세포막을 세포벽이 감싸고 있는 구조야.

세포막만을 가진 진핵세포는 대개 약간 둥그스름한 모양을 하고 있어. 그리고 세포막 안에 세포핵 이외에도 다양한 세포소기관인 미토콘드리아● mitochondria나 엽록체●●chlorophyll와 액포●●●vacuole, 그리고 골지체 같은 것들이 있지. 이 소기관들이 세포의 환경을 유지하고 생물의 생존에 필수적인 물질을 생성하거나 보관하는 역할을 하는 거야. 또 염색체나 유전자와 같은 유전물질도 보관하고 있어. 내부에 이런 소기관들이 많이 들어 있어서 세포의 모양이 뚱뚱한 거지. 이렇게 세포막이 딱딱하지 않아서 마치 물풍선에 액체를 넣은 것처럼 둥글 수밖에 없고 크기는 대략 $10\sim100\mu m$ 정도란다. 반면에 세포벽을 가진 원핵세포는 세포소기관도 없고 핵막nuclear membrane도 없어. 간단한 유전자인 DNA를 가지고 있는 것뿐이지. 그러니 상대적으로 크기가 작은데, 박테리아의 크기는 평균 $1\mu m$ 이하란다.

이 원핵세포의 세포벽이 박테리아의 모양을 결정한다고 볼 수 있어. 세포벽은 딱딱한 틀과 같은 거야. 그래서 세포벽의 모양에 따라 막대기형, 타원형, 원형 등 모양이 결정되는 것이지. 가끔 여러 매체를 통해 박테리아의 모양을 볼 수 있는데, 둥그렇게 생긴 진핵 동물세포와 달리 기다랗기도 하고 타원이나 특정 모양을 가진 것들을 볼 수 있어. 바로 그 이유가 세포벽 때문이지.

● 진핵생물의 세포 안에 있는 중요한 세포소기관으로, 겉모양이 낟알을 닮고 내부 구조가 마치 끈을 말아놓은 것 같다고 하여 붙여진 이름이다. 세포 내 호흡에 의해 유기물의 화학에너지를 ATP로 바꾸는 중요한 역할을 한다.

●● 진핵생물에서 광합성을 하는 세포소기관. 엽록소가 있어서 관찰했을 때 뚜렷한 녹색이 나타난다.

●●●일부 진핵세포가 가지고 있는 막으로 쌓인 거대한 세포소기관이다. 다양한 기관에서 영양소의 포획, 팽압의 유지, 내부 수소이온 농도의 유지, 작은 분자의 저장 등 다양한 역할을 한다. 특히 대부분의 식물세포에서 관측할 수 있다. 동물세포에는 액포가 작거나 없다.

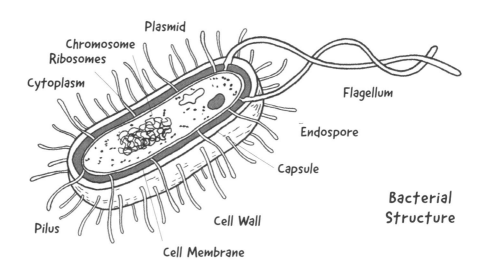

Plasmid
Chromosome
Ribosomes
Cytoplasm
Flagellum
Endospore
Capsule
Pilus
Cell Wall
Cell Membrane

Bacterial Structure

만약 세포벽이 없다면 대부분의 박테리아는 동일하게 물풍선처럼 둥그런 모양을 하고 있었을 거야.

원핵세포의 세포벽은 '벽'이라는 이름에서 느껴지는 것처럼, 세포막보다 훨씬 단단한 구조로 되어 있어. 집을 천막으로 치는 것과 벽돌로 벽을 만드는 것으로 비유하면 비슷할 거야. 세포막은 유동성을 가지고 모양이 자유자재로 변형할 수 있지만, 박테리아의 세포벽은 그럴 수 없지. 이 세포벽은 펩티도글리칸층으로 이루어져 있는데, N-아세틸글루코사민(NAG)과 N-아세틸뮤라믹에시드(NAM)라는 두 물질이 서로 단단한 펩타이드peptide 결합, 즉 사슬 모양으로 화학적 결합이 이루어져 있지. 아주 단단히 결합하여 있다고 보면 된단다.

또 하나 기억해야 할 것이 DNA의 구조란다. DNA의 모양을 본 적이 있지? 마치 사다리 모양을 꽈배기처럼 꼬아서 만든 것처럼 보이는 이중나선구조로 되어 있었지? 이 모양은 바로 진핵세포 DNA의 모습이야. 원핵세포의 DNA는 그냥 하나의 원형이지. 마치 엄마가 허릿살을 빼려고 운동할 때 쓰는 훌라후프의 모습과 비슷해. 상당히 간단하게 생겼기 때문에 그만큼 변이가 쉬운 것이야. 그래서 진핵세포의 유전자 변이보다 훨씬 잘 일어나게 되지.

박테리아는 이분법二分法, binary fission이라는 방식으로 번식을 해. 증식할 때 몸이 둘로 나뉜다고 해서 붙은 이름이지. 이 모습은 인터넷에서도 쉽게 찾을

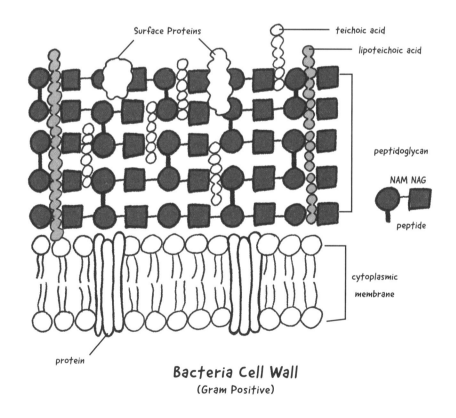

Bacteria Cell Wall
(Gram Positive)

수 있단다. 동영상을 보면 박테리아의 표면 껍질 가운데 부분이 나누어지면서 2개의 박테리아가 생긴단다. 간단하지? 그리고 이 새로운 박테리아 2개가 다시 이분법 분열을 하면 4개가 되는 것이지. 일정 시간마다 2배씩 증가하기 때문에 짧은 시간에 엄청난 숫자로 증식을 하는 것이지.

자! 이제 다시 방부제 이야기로 돌아가볼까? 방부제 역할을 하는 물질이 이 박테리아 표면의 물질을 너무 좋아하는 거야. 아주 철썩 달라붙게 되지. 마치 접착제처럼 말이야. 그러면 박테리아의 표면 신진대사가 일어나지 않고, 증식을 할 수 없는 거란다. 너무 좋아해서 상대가 증식 활동을 못 하게 막는 거야.

실제로 특정 박테리아 표면 껍질은 리포폴리사카라이드LPS, lipopolysaccharide 라는 물질로 덮여 있어. 이게 바로 파라벤이 엄청나게 좋아하는 물질이란다. 이 물질은 일종의 다당류인데 파라벤도 너처럼 당을 무척 좋아하지. 사람도 서로 적당히 좋아해야 하는데 너무 좋아해서 철썩 들러붙어버리면 상대가 답답해하지. 만약 어떤 친구가 네가 좋다고 온종일 곁에 딱 붙어 있으면 넌 어떤 기분이 들겠어? 네가 하고 싶은 대로 못 하니까 정말 답답할 것 같지 않아?

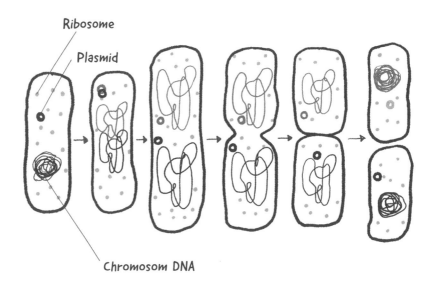

어떤 느낌인지 알아요. 엄청 귀찮죠. 그러면 파라벤은 박테리아 증식을 막는 좋은 물질인데, 왜 다들 파라벤이 나쁘다고 그러죠?

파라벤이 사람의 몸에는 좋지 않다고 하면서 여기저기서 많이 소란스럽지? 대부분의 사람들이 파라벤이 들어간 화장품, 샴푸, 치약 등을 기피하기도 하고, 규제물질로 정하자고 하기도 하지. 논란의 핵심은 파라벤의 분자구조가 우리 몸의 여성호르몬과 비슷하게 생겼기 때문이야. 그래서 언론과 각종 단체에서 위험성을 보도했고 파라벤을 비롯한 각종 보존제를 독극물처럼 취급하게 됐지. 하지만 실제 파라벤의 부정적 효과는 그리 심하지는 않단다.

여성호르몬이면 남자인 저랑은 아예 상관이 없겠네요?

그렇게 착각하기 쉽지만 남자든 여자든, 사람의 몸에는 여성호르몬이 존재해. 인체 내분비계에는 필수적인 호르몬이야. 물론 남자의 몸에 있는 여성호르몬의 양은 여자의 몸에 있는 양보다는 적어. 아무튼 각종 파라벤류의 분자 모양을 보면 여성호르몬인 에스트로겐estrogen과 비슷하게 생겼어. 그래서 만약 파라벤이 우리 몸에 들어오면 우리 몸은 이 물질을 에스트로겐으로 착각을 하고 둘을 구별하지 못해. 결국 '파라벤'이 여성호르몬 일을 하게 되는 거야. 그런데 진짜 여성호르몬이 아니다 보니 일을 제대로 못 하는 거지.

저도 들은 적이 있어요. 몸에 심각한 질병을 만든다고 하고 엄마도 마트에서 파라벤 프리 제품을 찾으시더라고요.

하지만 각종 공산품에 함유된 파라벤의 양은 우리가 크게 걱정할 정도가 아니야. 언론에서는 조사대상이었던 대부분의 성인 소변에서 메틸파라벤과 프로필파라벤이 검출됐다고 했지만 원래 파라벤이 체내에 흡수되면 '파라하이드록시벤조산'이라는 물질로 바뀌고 빠르게 소변으로 배출된단다. 우리가 알고 있는 심각한 증상은 문제가 되는 파라벤이나 다른 보존제나 정균제 물질의 경우 엄청난 양이 체내로 투입돼야 벌어지는 일이지. 여기에는 유해성과 위해성을 구별해야 해.

유해성과 위해성이요? 같은 말 아닌가요?

유해성은 물질이 가진 독성으로 인한 해로운 정도를 말하지. 위해성은 그 물질에 노출된 인간이나 동물과 같은 생명체에 해를 가하는 정도를 의미해. 두 말이 비슷해 보이지만 의미가 달라. 이런 예를 들어보자. 소금이나 설탕이 해로운 물질일까?

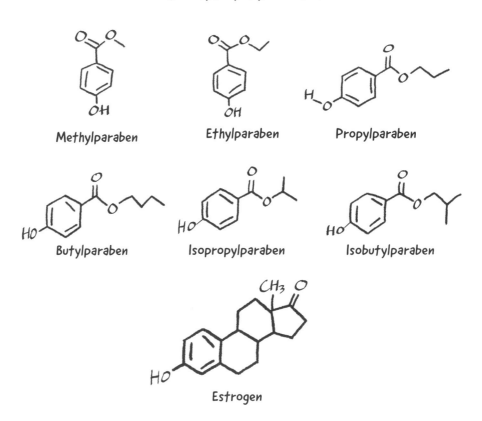

The Paraben Family
(para-hydroxy alkylbenzoates)

Methylparaben

Ethylparaben

Propylparaben

Butylparaben

Isopropylparaben

Isobutylparaben

Estrogen

아빠가 이런 질문을 하면 한 번 더 생각해보게 돼요. 분명 해로운 건 아닌데, 왠지 해로울 것 같은…. 제 생각에는 유익한 물질인데, 많이 사용하면 해로울 것 같아요. 설탕의 경우에 단맛이 나는 물질이지만 많이 먹으면 성인병이 걸리잖아요.

좋았어! 이미 네가 답을 알고 있구나. 설탕이나 소금은 유해성이 거의 없지. 하지만 많이 섭취하면 위해성이 커지게 되는 물질이야. 이렇게 유해성과 위해성은 사람이 물질에 얼마나 노출되느냐에 따라 다른 거란다.

아~ 알겠어요. 그런데 파라벤은 유해성이 있다면서요. 아닌가요?

맞아. 파라벤의 독성toxicity은 이미 확인이 됐지. 이미 동물 실험으로 확인한 연구 결과가 있어. 하지만 이 결과를 우리가 사용하는 제품에 그대로 적용하는 건 바람직하지 않아. 그 제품의 성분 함량과 사용량을 모두 고려해야 하지. 조금 전에도 얘기했지만, 파라벤은 그 자체로 지방에 축적되거나 잔류하기 힘든 물질이야. 물론 100% 배출된다고 말할 수도 없지만, 그 잔량이 우리 몸에 위해를 줄 정도로 제품에 들어 있지도 않거든. 만약 그 정도로 함유됐다면 식품의약품안전처에서 가만히 있지 않겠지. 이런 물질의 노출량과 위해성 평가를 하고 규제를 하는 정부 기관이거든. 사람들이 파라벤을 무턱대고 두려워하는 건 파라벤의 독성이 환경호르몬으로 작용하면서 남성 정자 수를 감소시킬 수 있다거나, 심지어 각종 암 발생과 관련되어 있다는 사실만을 생각하기 때문이야. 설사 동물실험에서 그런 결과가 나온다 해도 실제 사용량이나 습관으로 볼 때 인체에 이런 질병을 발생시키기는 쉽지 않아. 그래서 선진국이나 우리나라도 파라벤을 완전히 금지하는 게 아니라 적정선 내에서 함유량을 규제하고 있는 것이지. 오히려 이런 정균제를 아예 사용하지 않으면 박테리아가 발생하면서 인체에 더 해로울 수 있다는 거야.

정리해보면 파라벤은 분명 유해한 성분이지만, 현재 파라벤이 들어간 채로 유통되는 제품들이 인체에 위해를 끼칠 정도는 아니라는 거죠?

그렇지. 그리고 이렇게 파라벤처럼 논란이 되는 물질을 바로 '환경호르몬'이라고 하는 거야. 환경호르몬이란 건 생물체에서 정상적으로 생성되고 분비되는 물질이 아니라 인류의 산업활동을 통해서 생성되고 방출된 화학물질이 생물체에 흡수가 되면서 마치 호르몬처럼 작용하는 것을 말해. 이런 가짜 호르몬이 몸에 너무 많이 축적되면 몸이 고장이 나는 것이란다. 내분비계를 교란하게 되면 우리 몸이 어떻게 되겠니? 원래 들어와야 할 호르몬이 안 들어오고 엉뚱한 물질이 들어와서, 원래대로라면 해야 할 일을 하지 못하고 엉뚱한 짓을 하는 거야.

들어본 적이 있어요. 지난번에 고분자 얘기를 해주실 때 말씀하셨죠. 무슨 젖병이나 물병에서 환경호르몬이 나와서 심각하다고 하셨잖아요.

그렇지! 그때 비스페놀A라고 하는 화학물질에 관해 얘기했었지? 이 물질의 원료를 알려줄까? 엄마가 매니큐어를 지우는 데 쓰는 아세톤이라는 물질과 소독약의 원료인 페놀을 반응시켜서 만드는 물질이야.

아~ 아세톤은 알아요. 냄새가 고약하던데요. 페놀은 모르지만, 소독약이라니….

이렇게 만들어진 비스페놀A를 이용해서 플라스틱을 만드는 거지. 바로 '폴리카보네이트'와 '에폭시 수지'를 만드는 데 사용한단다. 재활용 마크에서 폴리카보네이트는 'PC'라고 표기해. 대부분 투명하고 딱딱해서 잘 깨지지 않는 물질이지. 에폭시 수지는 통조림 만들 때 사용한다고도 했지? 지난번에 재활용 수거와 관련해서 각종 고분자물질에 관해 설명하면서 이야기했지? 이 비스페놀A가 환경호르몬이라 불린 것도 여성호르몬인 에스트로겐과 비슷하게 생겼기 때문이야. 하지만 이 비스페놀A의 위해성에 대해서도 파라벤처럼 상당한 논란이 있단다.

비스페놀A가 여성호르몬인 에스트로겐과 같은 역할을 하기 때문에 주로 사람의 성 기능과 관련된 곳이나 비만, 태아의 태아의 발육, 갑상샘, 천식, 심장 등에 질병을 일으키거나, 심지어 발암의 위험도 있다는 주장도 있어. 설치류와 같은 동물 실험에서 그런 의혹이 어느 정도는 사실로 밝혀지기도 했지. 하지만 현재 소비자가 식품 등을 통해 섭취하는 비스페놀A의 양은 안전한 수준이라는 주장도 있어. 사람을 대상으로 한 임상시험에서는 아직 위해성이 확인되지 않았다는 것이지.

이러한 주장은 관련 과학자, FDA 등 정부규제 기관 그리고 미디어 및 관련 환경단체에서 철저하게 검증하고 검토한 결과 나온 것이란다. '현재 사용이 허가된 반찬통이나 캔과 같은 식품 용기에서 녹아 나오는 비스페놀A의 양은 걱정할 이유가 없다'라는 거야. 그렇다 하더라도 우리나라의 식품의약품안전처는 2012년부터 비스페놀A가 포함된 재료로 만든 유아용 젖병 생산을 금지하고 있어. 많은 선진국도 마찬가지란다.

이러한 조치가 무엇을 의미하는지 알겠니? 바로 비스페놀A는 환경호르몬이 확실하다는 것이지. 단지 각종 용기나 포장재로부터 우리가 입으로 섭취하는 양이 아직은 안전한 수준이라는 것인데, 바로 여기에 함정이 있는 것이지. 아까 했던 유해성과 위해성 이야기와 이어지는 것인데, 우리가 알게 모르게 노출을 증가시키는 행동을 하고 있다는 거야. 사실 비스페놀A가 많은 곳이 또 하나 있어. 그것도 우리가 엄청나게 많이 사용하는 것이지.

네? 물병 같은 용기 외에도 비스페놀A를 섭취하게 되는 경로가 있다고요?

혹시 감열지感熱紙라는 것에 관해서 들어본 적이 있니? 우리가 상점에서 돈을 내고 받는 영수증이 있지? 대부분 영수증은 바로 이 감열지로 만들어. 그

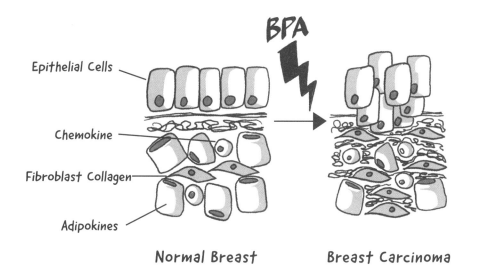

Epithelial Cells

Chemokine

Fibroblast Collagen

Adipokines

BPA

Normal Breast   Breast Carcinoma

리고 은행에 있는 '순번 대기표'같은 종이도 마찬가지란다. 이 종이는 이름 그대로, 열을 받으면 반응을 감지해서 검은색으로 변하지. 영수증을 뜨거운 곳에 놓아보면 검게 변하는 것을 쉽게 볼 수 있고, 손톱으로 빠르게 긁어보면 마찰열 정도에도 긁힌 자국이 검게 변하는 것을 알 수 있어. 이 영수증에 사용되는 종이를 '열을 감지한다'라고 해서 감열지라고 하는데, 이 감열지에 코팅된 물질에 비스페놀A가 함유되어 있어. 게다가 그 양이 생각보다 엄청나게 많아.

2010년에 미국의 환경연구단체인 EWGEnvironmental Working Group에서 실시한 연구 결과에 의하면, 영수증에 포함된 비스페놀A가 젖병이나 캔에서 나오는 양의 최소 250배에서 최대 1,000배나 된다고 해. 거기다 입으로 섭취하지 않고 영수증을 만지고 있기만 해도 피부를 통해 흡수된다고 해. 물론 피부를 통해 흡입되는 것은 비교적 적은 양이지만, 사람들이 영수증이나 순번대기표를 입에 물고 있는 경우를 종종 보는데, 그건 생각만 해도 끔찍한 일이야. 제품 하나하나에 담긴 성분의 양이 우리 몸에 위해를 가할 정도가 아니라고 해도, 여러 가지 경로로 섭취하는 양을 모두 모으면 얘기가 다를 수 있겠지?

영수증에 그런 위험이 있다니 놀랍네요. 그 밖에도 주의해야 할 환경호르몬이 더 있나요?

다른 대표적인 환경호르몬에는 프탈레이트라는 것도 있어. 만약 부모의 체내에 축적되면 그 아이의 몸에까지 전달될 정도로 위험한 물질이지. 프탈레이트 자체가 독성을 가지고 있어서 위험하다기보다, 환경호르몬이기 때문에 주의해야 하지. 혹시 플라스틱 중에 PVC라는 것을 기억하니?.

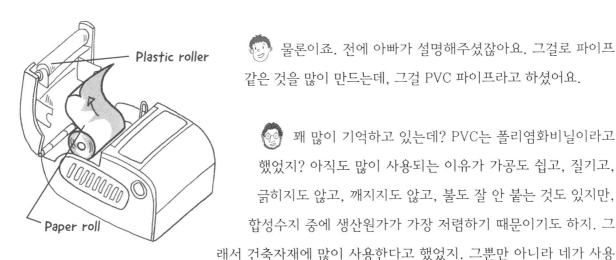

Plastic roller

Paper roll

물론이죠. 전에 아빠가 설명해주셨잖아요. 그걸로 파이프 같은 것을 많이 만드는데, 그걸 PVC 파이프라고 하셨어요.

꽤 많이 기억하고 있는데? PVC는 폴리염화비닐이라고 했었지? 아직도 많이 사용되는 이유가 가공도 쉽고, 질기고, 긁히지도 않고, 깨지지도 않고, 불도 잘 안 붙는 것도 있지만, 합성수지 중에 생산원가가 가장 저렴하기 때문이기도 하지. 그래서 건축자재에 많이 사용한다고 했었지. 그뿐만 아니라 네가 사용하는 장난감이나 각종 용기, 포장재나 필름 등에도 사용해. 그런데 플라스틱이 딱딱하니까 용도에 맞춰서 이 PVC에 어떤 물질을 첨가하게 돼. 일반 온도에서 적당하게 유연성을 가지게 하는 물질이야. 그것을 '연화제'라고 하지. 그 연화제로 주로 사용하는 물질이 바로 프탈레이트야.

 딱딱한 플라스틱을 연하게 해서 어디에 사용하는 거죠?

들으면 놀랄걸? 대략 1930년대부터 지금까지 지속적으로 플라스틱 소재에 광범위하게 사용을 했기 때문에 우리 세대에서는 늘 노출이 되고 접촉이 되는 물질이야. 네가 아는 제품 중에 가장 많이 사용하는 것이 식품을 포장하는 투명하고 얇은 '랩'이란다. 일부 랩은 PVC로 만든다. 게다가 연화제가 대략 40~50% 정도가 함유되어 있지. 그리고 향수 등 화장품의 용매로도 약 50%까지 사용한다는 보고가 있어. 엄마들이 냉동식품을 보관할 때 랩으로 포장해서 보관하고, 그것을 해동시킬 때에 전자레인지를 사용하지? 전자레인지는 마이크로파에 의해 물분자를 진동시켜서 열을 발생시키는 원리야. 그런데 그 열이 랩을 이루는 물질을 녹일 수 있고, 다시 음식에 전해져서 우리의 몸으로 들어온다는 것이지.

게다가 프탈레이트는 쉽게 분해되지도 않아. 그래서 토양이나 물에 남아 있기도 하고, 섭취하면 우리 몸의 지방 속에 쌓이지. 그러니 아빠같이 뚱뚱한 사람은 저장할 곳도 꽤 많겠지? 그리고 심지어 체내 지방에 축적된 이 물질이 자손에까지 전달이 된다는 보고도 있어. 그러니까 아빠와 엄마가 너를 낳기 전에 이 프탈레이트 물질에 자주 접촉해서 몸에 쌓였다면, 너는 태어날 때부터 어느 정도 프탈레이트를 몸에 축적한 채로 태어났을 거라는 거야. 네가 아무리 조심을 해도 피할 수 없는 것이지.

👤 헐~ 이거 듣던 중 엄청난 얘기네요. 그런 환경호르몬이 프탈레이트인가 말고도 또 있는 거죠?

👨 당연하지! 컵라면 용기를 포함해 우리가 스티로폼이라고 부르는 제품은 폴리스타이렌을 발포해서 만든 것이고 이것으로 만든 일회용 식기 중 거의 모든 제품에서 환경호르몬인 스타이렌 다이머와 스타이렌 트리머가 검출이 되고 있지. 이 두 가지 물질도 환경호르몬이란다. 폴리스타이렌은 전에도 이야기했던 고분자polymer란다. 수많은 스타이렌분자가 사슬처럼 얽힌 것이지. 스타이렌 다이머는 2개의 스타이렌 분자이고 스타이렌 트리머는 3개의 스타이렌 분자가 결합한 것이라고 했었는데 기억하지?

👤 그런데 아빠가 뭘 잘못 알고 계신 거 아닌가요? 컵라면 용기는 종이예요. 제가 재활용 분리수거 때 아빠 따라서 같이 분류했었는데, 그때 컵라면 용기는 종이류에 모았는데요.

👨 지금은 종이류로 많이 바뀌었지만, 한때 대부분의 컵라면 용기는 스티로폼이었어. 아직도 일부 제품은 스티로폼을 사용하지. 그런데 이런 생각은 안 해봤니? 종이에 뜨거운 물을 붓고 한동안 사용하는데, 어떻게 젖지도 않고 멀쩡할까? 사실 일회용 종이컵도 그렇고 종이 용기 제품의 경우에는 방수를 위해 용기 안쪽에 코팅이 되어 있어. 네가 손으로 만져보면 마치 플라스틱처럼 맨들맨들한 감촉이 느껴지는 코팅이 되어 있는 것을 알 수 있을 거야. 이러한 코팅 재질 역시 폴리에틸렌(PE)이라는 합성수지를 사용하고 있단다. 폴리에틸렌은 네가 자주 먹는 비닐 과자봉지의 재료야. 아직까지 폴리에틸렌의 유해성은 보고되지 않았고 그나마 안전한 물질이긴 하지만, 뜨거운 물을 붓고 사용하는 것인 만큼, 될 수 있으면 그런 물질이 녹아내리기 전에 빨리 먹는 것이 좋지. 심지어 빨리 먹으라는 말은 제품 포장에도 안내되어 있어. 코팅 재질이 결코 몸에 좋지 않다는 것을 식품회사도 알고는 있는 것이지. 아무런 문제가 없으면 왜

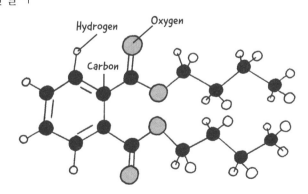

그런 문구를 써놓겠니? 기업은 이미 경고를 했으니 나머지는 소비자가 알아서 하라는 거야.

아, 그렇군요. 진짜로 컵라면 용기에 그런 말이 적혀 있네요. 그러면 왜 이런 물질을 사용하는 거죠?

전에도 이야기했지만 대체해서 쓸 만한 물질이 없기 때문이야. 지금 사용하는 플라스틱의 물리적인 성질이 워낙에 뛰어나거든. 무해하다고 해서 유리나 도자기로 용기를 만들어서 팔고 매번 회수해서 다시 쓸 수는 없잖아. 누가 그런 것을 만들려고 하겠어. 그리고 오히려 재활용이나 재사용이 환경을 파괴할 수도 있지. 지난번에도 말했지만, 재활용은 눈에 보이지 않는 또 다른 비용과 오염을 발생시킬 수도 있거든. 인간은 편의를 선택하면서 희생해야 할 대가를 치르는 거야. 이제는 미래를 보는 눈을 가져야 해. 우리가 지금 당장 편리하다고 아무렇지 않게 사용하는 물질이 우리 미래에 어떤 형태로 돌아올지 알수가 없어. 꼭 필요한 곳에 적당하게 사용하고 가능한 한 사용을 줄이는 지혜가 필요할 때지.

과거의 일이 미래에 영향을 미친 대표적인 사례로 DDT란 것이 있어. 지금은 찾아보기 힘들지만 아빠가 어릴 적에 흔하게 접촉했던 물질이지. 하지만 이제는 사용되지 않아. 그런데도 아직 우리 생활환경에서 쉽게 DDT에 노출된다는구나. 아무리 DDT를 더는 사용하지 않는다고 해도, 과거에 사용한 것들이 토양에 남아서 좀처럼 사라지지 않거든.

Chapter 14

환경호르몬을
쫓아다니던 아이들

나의 어린 시절 기억 한복판에는 대표적인 환경호르몬 중 하나가 떡하니 자리하고 있다. 여름철이면 모기나 해로운 곤충으로부터 시민을 보호하기 위해 소독차가 동네를 휘젓곤 했다. 동네 친구들과 정신없이 놀다 보면 어둑해질 즈음 저 멀리 윗동네로부터 그르렁거리는 기계음이 기다란 골목길을 통해 울려 퍼졌다. 우리는 누가 먼저랄 것도 없이 '소독차다!'라는 외침과 함께 소리가 나는 곳으로 달려갔다. 나지막한 지붕들 위로 하얀 연기가 피어오르고 우리는 연기가 피어오르는 모습을 보고 소독차가 지나갈 방향을 짐작하고 지름길로 달려갔다. 소독차의 속도는 아이들이 뜀박질로 쫓아가기 어렵지 않을 정도였다. 소독차에 실린 커다란 기계에서는 하얀 연기가 뿜어져 나왔고 주변은 안개처럼

161

아이들과 마을을 덮었다. 이미 연기 뒤로 옆 동네 아이들이 뒤따르고 있었다. 그 하얀 연기의 향이 왜 그리 좋았는지 알 수는 없지만, 묘한 향과 미지근한 온도의 흰 연기를 온몸으로 받아내며 소독차가 동네에서 사라질 때까지 그 뒤를 따라 달려가던 기억이 있다. 지금은 그 연기의 정체가 어떤 것인지 알고 있지만, 내 기억 속의 DDT는 환경호르몬이라고 믿고 싶지 않을 정도로, 추억 속에서 그리운 연기와 향으로 남아 있다.

DDT는 화학물질의 영어 약자인데, 이름을 외우기에는 조금 길어. 다이클로로 다이페닐 트라이클로로에탄dichloro-diphenyl-trichloroethane이라고 해서 흔히 약자로 DDT라고 하지. 화학식 역시 $(ClC_6H_4)2CH(CCl_3)$로 이름만큼이나 길단다. 하지만 굳이 외울 필요는 없어. 그런데 화학식에 염소(Cl)가 있지? 염소가 들어 있는 건 대부분 사람 몸에 좋지 않아. 이 물질은 유기 염소 계열의 살충제이자 농약이지. 사실 환경호르몬의 대부분은 농약류나 소독, 살충제 등이고, 그밖에 앞서 얘기한 연화제나 혹은 플라스틱 소재 또는 환경오염물질이 많아.

DDT를 처음 합성한 것은 독일의 화학자였어. 1874년의 일이었지. 그런데 한참이 지나고, 1939년 스위스의 화학자 밀러Paul Hermann Müller에 의해서 엄청난 살충 효과가 있다는 것이 확인되었지. 1955년 WHO는 전 세계적인 말라리아 추방계획으로 DDT를 적극적으로 사용해서 질병으로 인한 사망률을 대폭 줄였었어. DDT는 주로 고온 다습한 지역에 활동하는 말라리아모기를 박멸하는 데 널리 사용되었고, 이후 이 지역의 말라리아 발생 빈도는 현저하게 감소했지. 이 결과로 수천만 명이 목숨을 건졌고, 이런 공로로 밀러는 1948년 노벨 생리의학상까지 수상했단다. 하지만 밀러는 이 환상적인 살충제가 생명체 내에서 위험한 상태로 축적될 수 있다는 사실을 알지 못했어. DDT라는 화학물질은 상당히 안정적인 구조여서 생명체의 체내에서 분해되거나 다른 물질로 대사되지 않고 위험한 상태가 될 때까지 축적된다는 것이 이후에 알려졌고, 이에 관련된 수많은 논쟁이 지금도 벌어지고 있단다.

DDT의 위험성이 확인되자 미국에서는 1972

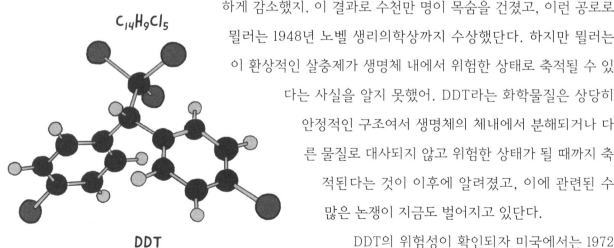

$C_{14}H_9Cl_5$

DDT

년에 환경보호국(EPA)에서 DDT 사용을 금지했고, 우리나라에서도 사용이 금지된 지 수십 년이 흘렀어. 사실 아빠도 그 말라리아를 박멸하기 위한 DDT를 사용하던 시절에 말도 안 되는 체험을 했단다. 지금 생각하면 우스운 이야기지만, 여름철에 DDT를 사용하여 모기와 해충을 박멸하기 위한 소독차가 내뿜는 연기를 쫓아다니던 추억이 있어. 그때는 온 동네를 뒤덮는 연기의 내음이 왜 그리 좋았는지 모르겠지만 말이야. 하지만 환경호르몬의 논란이 나온 다음에는 소독차나 농약에 DDT 성분을 사용하지 않는 것으로 알고 있어.

정말이요? 아~ 웃겨요. 아빠가 그런 소독차를 따라서 뛰어다니는 상상을 하니….

아빠도 철없는 어린아이였던 시절이 있었어. 그때는 그게 마냥 좋았지, 설마 그렇게 위험한 것인 줄 알았겠니? 그런데 DDT 사용이 금지된 이후에, 농약으로 DDT가 사용된 음식물을 섭취하지 않은 어린이들에게서도 DDT가 검출됐다는 보도가 있었단다. 식품의약품안전처가 전국의 도시·농촌 지역의 사람들을 대상으로 조사한 결과, 성인 표본의 23%에게서 DDT가 검출되었어. 세월이 흘러도 몸에 그대로 잔류할 가능성이 높다는 거지. 그런데 더 심각한 사실은 같이 조사한 초등학생 80명 중 16.2%에게서도 DDT가 검출되었다는 것이야. 직접 섭취하거나 접촉한 경험조차 없었는데도 부모를 통해 전달된 거지.

그리고 농약을 뿌렸던 토양이 또 다른 원인이야. 방금 말했다시피 DDT는 상당히 안정적인 구조의 화학물질이어서 좀처럼 분해가 되지 않아. 흙에 있는 DDT의 양이 반으로 줄기 위해선 최소한 10년에서 15년이 걸린다고 해. 이렇게 남아 있는 DDT가 호흡기나 소화기를 통해 체내로 유입되는 거야. 게다가 이러한 환경호르몬은 지용성이란 특성이 있어. 프탈레이트 얘기할 때도 살짝 언급했었는데 기억나니? 쉽게 말해서 먹으면 지방에 녹아 들어가는데, 배출도 잘 안 되고 분해도 되지 않고 다른 물질과 반응해 대사도 안 되며 몸에 잔류한다는 것이지. 아빠가 어릴 적에 경험한 것처럼 이런 환경호르몬 물질은 직접 피부나 호흡기에 노출이 되어서 흡수되는 경우도 있지만, 대부분은 식품의 형태로 알게 모르게 인체에 흡수돼. 그래서 식품에 함유된 환경호르몬의 관리가 중요한 거야. 그러니 그 식자재를 만드는 토양, 즉 흙의 관리가 중요하다는 것은 두말할 필요도 없겠지?

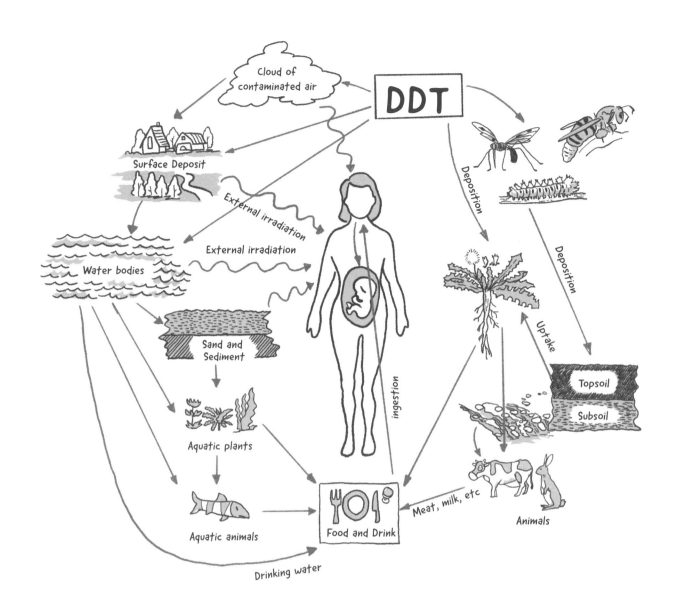

Cloud of contaminated air

DDT

Surface Deposit

External irradiation

External irradiation

Water bodies

Deposition

Deposition

Sand and Sediment

Uptake

Topsoil

Subsoil

Aquatic plants

ingestion

Aquatic animals

Food and Drink

Meat, milk, etc

Animals

Drinking water

그러면 DDT 사용을 전면적으로 금지하는 것이 낫지 않나요?

세상일이 그렇게 간단했으면 무슨 문제가 있겠니? 이런 상황인데도 말라리아 사망자가 많이 발생하는 지구상의 어떤 곳에서는 여전히 DDT를 사용하고 있어. DDT로 인한 토양의 오염이나 환경호르몬의 피해보다 말라리아로 인한 사망자가 더 많기 때문에 어쩔 수 없는 상황이란다. 아직 이 제품을 대체할 만한 효과적인 살충제가 없기 때문이지.

이렇게 몇 가지 환경호르몬에 대해서만 이야기했는데도 벌써 꽤 많다고 느껴지지? 이 외에도 이런 환경호르몬 물질의 종류는 엄청나게 많지만, 나라마다 별도로 관리되고 있단다. 세계자연기금●(WWF)에서는 화학물질 67종을, 일본 후생성에서는 142종을 관리하고 있고, 미국은 주마다 다른 기준을 적

● 전 세계적으로 활동하는 비영리 환경보전기관. 1961년, '세계야생동물기금'으로 출발하여, 점차 활동을 확대해가면서 1986년에 '세계자연기금'으로 이름을 바꾸었다. 2014년에 한국본부가 설립되었다.

용하고 있어. 가령 일리노이주 환경청은 74종을 관리하고 있고, 우리나라는 WWF의 기준을 따르고 있지. 일본은 관리 물질이 엄청나게 많은데, 상대적으로 우리나라는 관리하는 종류가 적어. 거의 2배에 가까운 숫자는 일본이 이런 위험 물질들을 얼마만큼 까다롭게 관리하고 있는지를 말해주는 것이지.

어라? 제가 보기엔 오히려 생각보다 적은 것 같은데요. 화학물질은 엄청나게 많은 것 같은데, 그렇다면 규제물질에 들어가 있지 않은 것 중에 좋지 않은 것들도 많지 않나요?

조금 전에도 이야기했잖아. DDT처럼 나쁘다는 것을 알지만 완전히 사용을 금지하기는 어려운 거야. 방부제도 마찬가지야. 가장 대표적인 사례로 가습기 사건이 있지. 수년 전 가습기 살균제에 포함된 유해성분이 가습기를 이용한 사람들을 숨지게까지 했던 사건이 있었단다. 아마 아들도 이 사건을 기억할 거야. 그런데 이 유해성분이 샴푸와 같은 세제나 물티슈, 그리고 분무 형태의 냄새제거제에도 들어 있어. 이게 피부에 닿았을 때 어떤 결과를 가져오는지 아직 연구가 부족하고 따라서 안전 기준도 마련돼 있지 않아. 게다가 이 제품들이 공산품으로 분류돼 있어서 규제하기도 쉽지 않지. 그나마 선진국에서도 적은 양은 허용하고 있고 사용 후에 피부에서 잘 제거하라고 권고하고 있지. 유해성분은 있지만, 그 사용량에 따라 위해성은 다르니 맞는 말이긴 해. 그렇지만 물티슈와 분무 형태의 냄새제거제는 세제처럼 사용 후 제거하는 것이 아니라서 특히 사용에 주의가 필요해.

진짜요? 물티슈는 저도 정말 많이 사용하는데요.

보도에 따르면 국회의원 중 한 분이 국가기술표준원에 의뢰해서 시판 중인 물티슈 30개 제품을 조사한 결과 23개 제품에서 가습기 살균제 사고의 원인으로 지목된 독성물질 4종이 포함되어 있었다고 해. 물론 이 독성물질은 유독물질로 지정돼 살균제에는 사용이 이미 금지되었지. 하지만 가습기처럼 코로 들이마시는 게 아니라 피부에 닿을 경우의 유해성에 대해서는 아직 입증된 사실이 없다는 이유로 물티슈에는 여전히 사용되고 있지.

그게 어떤 거지요? 슬슬 걱정되는데요. 저는 정말 많이 사용한단 말이에요.

혹시 이런 생각 안 해봤니? 물티슈를 한참 놔둬도 항상 깨끗하고 젖은 상태를 오래 유지하는데, 깨끗한 물이라도 개봉하고 사용하다 보면 손에 있던 박테리아가 옮겨져 번식하거나 곰팡이가 생길 수도 있고 그렇지 않으면 금세 말라버리지 않겠어? 그런데 한동안 멀쩡한 걸 보면 물티슈 안에 순수한 물 이외에 여러 가지 물질이 있다는 것이고, 그중에 박테리아나 진균류가 생기지 않도록 하는 물질도 포함된 거야.

혹시 그럼 이 물질이?

일부 제품에 가습기 살균에 사용한 살균제 물질도 있었고 우리가 알고 있던 파라벤과 같은 방부제도 있다는 거지.

물티슈를 봤는데 하나는 성분이 전혀 적혀 있지 않고요. 다른 하나는 성분은 적혀 있지만, 그중에 파라벤은 없는데요?

제품 성분표를 보면 파라벤이라는 이름 대신에 '파라옥시안식향산메틸' 등의 이름으로 써놓기도 해. 대부분은 화장품 보존제로 사용되지. 파라벤도 그냥 파라벤이라고 적혀 있는 것이 아니라 다른 이름이 있어. 파라벤은 알코올과 파라-하이드록시 벤조산의 에스터 화합물인데 알코올의 종류에 따라, 뷰탄올을 사용하여 제조한 경우에는 부틸파라벤, 프로판올 사용한 경우에는 프로필파라벤, 에탄올을 사용한 경우는 에틸파라벤, 메탄올을 사용한 경우에는 메틸파라벤이라고 하는 거야. 부탄, 에탄, 프로판은 탄소화합물이야. 전에 알려줬었지?

와~ 여기에도 익숙한 용어가 사용되네요. 메탄, 에탄, 프로판… 그런데 왜 화장품에도 이런 방부제를 넣는 것인가요?

화장품에는 각종 보습과 활성 성분이 함유되어 있고, 이것들은 공기나 각종 불순물에 노출되었을 때 미생물, 즉 박테리아나 곰팡이류에 의해 오염되기 쉽단다. 이렇게 변질되면 화장품으로서의 기능이 떨어지고 피부나 눈·점막 등에 손상을 가할 수 있기 때문이야. 화장품의 오염을 방지하고 소비자가 일정 기간 안전하게 사용할 수 있게 하려고 방부제를 사용하는 것이지. 그러면 왜 하필 파라벤이냐는 의문이 들겠지? '파라벤 말고 다른 물질은 없을까?'라는 질문도 있을 거야. 기업들이 파라벤을 사용하는 이유는 큰 방부 효과에 비해서 저렴한 가격으로 생산할 수 있기 때문이야.

아~ 그래서 아빠가 마트에 가면 성분을 꼼꼼히 보면서 늘 '파라벤-프리'를 찾는 거군요? 파라벤만 없으면 좋은 거네요.

꼭 그렇지는 않아. 아빠가 성분표를 보는 건 그래도 내가 사용하는 물건인데 어떤 것들이 있는지 확인하는 것뿐이야. 어차피 파라벤을 대체하는 방부제로 다른 이름의 방부제나 페녹시에탄올 등을 사용하고 있거든. 방부제에서 벗어나긴 쉽지 않아. 천연 제품이라고 하는 제품들도 완벽하게 이런 화학물질의 도움 없이 만들기 힘들어. 그리고 안전하다는 방부제 성분들 역시 안전성에 관해 논란이 많거든. 사실 이런 방부제 성분들은 물티슈나 화장품뿐만 아니라 피부에 바르는 의약품을 비롯해 치약 등의 위생용품, 심지어 식품인 샐러드 드레싱·마요네즈·주스 등의 식품에도 광범위하게 첨가돼 있어. 그래서 성분표를 열심히 들여다보는 거지.

어차피 대부분의 공산품에 들어 있다면 차라리 성분표에 적혀 있는 게 나을지도 모르겠어. 그러면 어느 정도 함유됐는지 알 수나 있잖아. 성분이 제대로 표기되지 않은 경우도 종종 볼 수 있거든. 파라벤도 종류별로 규제하는 수준이 달라. 예를 들어 선진국인 덴마크 정부는 프로필·부틸파라벤을 3세 이하 어린이용 제품에 사용하지 못 하게 하고 있을 정도니까.

그러면 우리나라는 어떤가요?

우리나라는 식품의 경우 2009년 이후 메틸파라벤과 에틸파라벤만이 정해진 식품에 한해 사용이 허용되고 있지. 화장품의 경우 2006년 화장품 원료 지정에 관한 규정이 개정돼 유럽공동체와 같이 파라벤류 간 배합 한도를 최대 0.4~0.8%까지만 허용하고 있단다. 그러나 2010년 유럽 소비자안전성과학위원회(SCCS)에서는 프로필파라벤과 부틸파라벤의 배합비율을 0.19% 이하로 낮출 것을 제안했어. 그런데 중요한 것은 이것은 화장품이나 제품 1개에 해당하는 양이라는 점이야. 엄마를 보면 화장품을 한꺼번에 몇 개씩이나 사용하잖아. 여러 가지 화장품을 사용하면 당연히 이런 성분들에 노출되는 총량도 늘어나겠지?

다시 물티슈 이야기로 돌아가보자. 물티슈 구조는 간단하단다. 부직포에 물이 5~10% 정도 함유된 제품이란다. 그리고 포장지를 보면 과자처럼 진공포장이 아니지. 그런데도 유통기한을 찾아볼 수 없어. 그냥 제조 연월만 적혀 있지. 통상적으로 업계에서 말하는 유통기한은 1~3년이야. 그런데 상식적으로 종이 타월에 물을 적셔서 유통하면 세균이 쉽게 번식할 수밖에 없어. 그런데 유통기한이 3년이나 된다는 것은 알지도 못하는 방부제와 첨가제가 잔뜩 들어 있다고 생각할 수 밖에 없어. 그런데 심지어 성분이 제대로 적혀 있지 않은 경우가 많아.

제조사들은 시중에 판매되는 전 제품이 유기화합물, 중금속 함유량, 형광증백제, 세균 등의 항목에서 기준치를 넘지 않았다고 밝혔지만, 대략 50% 정도 제품에서 파라벤류, 메틸이소치아졸리논(MIT), 페녹시에탄올 등의 유기화학물질이 검출되었어. 기준치 이하라고는 하지만 이 중 MIT라는 물질은 지난 2011년 가습기 소독제 사건●의 주요 원인으로 지목된 물질이지. 호흡을 통해 가습기 살균제에 함유된 유해물질을 흡입한 결과, 폐가 뻣뻣하게 굳어서 1,300명이 넘게 사망했고 지금도 많은 분이 고통을 겪고 계시지.

피부가 유난히 민감하거나 아토피 피부염 등을 앓고 있다면 두말할 필요도 없고, 그게 아니더라도 피부를 위해서든, 환경적 측면을 고려해서든 물티슈 대신 물로 씻는 게 가장 좋단다.

무방부제 물티슈를 만드는 건 불가능한가요? 이런 걸 팔면 돈을 많이 벌 것 같은데요.

간혹 물티슈 포장지에 무방부제, 무첨가 등의 문구가 적혀 있지만, 현실적으로 무방부제 물티슈를 만드는 건 불가능해. 물티슈는 기본적으로 원료가 되는 부직포에 정제수와 방부제 역할을 하는 보존료, 피부 보습을 돕는 보습제 등이 섞인 액체를 첨가해 만들기 때문이야. '무방부제'라고 홍보하는 물티슈는 아직 방부제로 등록되지 않은 다른 성분의 보존제 원료들을 사용하고 있을 뿐이야. 현재 '무방부제'를 내세우는 물티슈에 주로 사용되는 원료는 헥산

● 가습기의 분무액에 포함된 가습기 살균제로 인하여 폐에서 섬유화 증세가 일어나면서 수많은 사상자를 낳은 화학 사고. 당초 원인을 알 수 없는 폐질환으로 알려졌으나, 역학 조사 결과 가습기 살균제에 의한 것으로 밝혀졌다.

디올Hexandiol, 옥탄디올Octandiol, 글리세린카프릴레이트Glyceryl Caprylate, 드라코닉산P-anisic Acid 등인데, 국제화장품원료사전(ICID)에 아직 방부제로 등록돼 있지 않지만 강한 방부력을 지닌 원료로 최근에 방부제로 등록이 추진되고 있는 화학물질이지.

그동안 방부제의 대명사였던 파라벤류와 페녹시에탄올은 물론 메틸이소치아졸리논 등도 국내 화장품 및 물티슈에서 거의 쓰이지 않는 추세란다. 유럽과 미국은 물티슈를 공산품이 아닌 화장품 또는 '헬스케어Health Care 제품으로 분류하여 식품의약품관리연방기관(FDA) 등에서 관리하고, 일본은 영유아용 물티슈의 경우 약사법으로 관리하고 있다는데, 우리나라는 물티슈를 그저 공산품으로 분류하고 '품질경영 및 공산품안전관리법'에 따라 마트에서 판매하고 있어. 심지어 어떤 제품에는 성분표시도 기재가 안 되어 있지.

여기 또 하나 재미있는 사실은 모든 물티슈가 같은 공장 몇 군데에서만 만들어진다는 것이지. 시중에 판매되는 제품은 수십 개나 되지만, 제조 공장은 손에 꼽을 정도밖에 안 된단다. 왜냐하면 물티슈는 대부분 주문자위탁생산●Original Equipment Manufacturer, OEM이나 제조업자개발생산●●Original Development Manufacturing, ODM으로 만들어지기 때문이지. 결국 브랜드만 다르고 내용물은 전부 비슷한 거야. 브랜드만이 아니라 어느 '제조사'에서 만들었는지 '공장'은 어디인지를 꼼꼼하게 살펴야 하는 게 바로 이런 이유 때문이지. 아빠가 물건을 사면서 보는 게 이런 정보들을 보는 거야.

아~ 우리가 하나하나 다 따져가며 봐야 하는군요! 좀 쉬운 방법은 없나요? 유기농 물티슈라고 있다던데 이런 건 어때요? 유기농은 좋은 거잖아요.

시중에 판매되는 '유기농 물티슈'는 기존의 다른 물티슈에 넣던 것처럼 여러 화학물질을 넣으면서 유기농 약액을 약간 넣은 걸 가지고 과장해서 홍보하는 경우가 많아. 정확하게 표현하면 '유기농 물질이 함유된 물티슈'라고 해야 하지. 우리가 이런 제품을 찾기보다는 제품 출시를 위한 최소한의 안전기준인 KC마크●●●를 확인하고, 그 외에 업체에서 자발적으로 '피부 자극 테스트'나 '무자극 테스트' 등의 마크를 획득했는지 살펴볼 필요가 있어. 사실 받지 않아도 그만인 이런 테스트를 '일부러' 받았다는 건 그만큼 안전성에 자신 있다는 의미로 받아들여야겠지. 그리고 OEM 방식으로 생산하더라도 기업 자체 연

● '주문자상표부착생산'이라고도 한다. 생산 설비를 갖추고 있는 제조업체가, 주문자가 요구하는 상표명으로 상품을 위탁 제조하여 주문자의 브랜드로 판매하는 방식을 취한다.

●● 주문자가 제조업체에 제품의 생산을 위탁하면 제조업체는 이 제품을 개발·생산하여 주문자에게 납품하고, 주문업체는 이 제품을 유통·판매하는 형태를 말한다. OEM과 비교했을 때, ODM은 제조업체가 주도적으로 설계 및 개발에 참여한다는 차이가 있다.

●●● 안전·보건·환경·품질 등 분야별 인증마크를 국가적으로 단일화한 인증마크로. 특정 제품을 유통·판매하고자 할 때, 국민의 생명과 재산권 보호를 위해 반드시 표시되어야 한다.

구소를 통해 처방 연구 및 품질 관리를 한다면 그나마 믿을 만하다고 볼 수 있지. 그리고 누차 이야기하지만, 될 수 있는 한 물티슈나 손 세정제 같은 세정 제품에 의지하기보다는 물과 비누로 자주 씻는 것이 좋단다.

Chapter 15

우리 주변이 방사선으로 가득 차 있다고?

우리는 매일 뜨고 지는 태양을 무감각하게 맞이한다. 혹시 태양이 없는 지구를 상상해본 적이 있을까? 태양의 역할은 그저 낮과 밤의 경계를 알리는 것에서 그치지 않는다. 태양이 없어지면 단순히 밤과 같은 어둠이 이어지는 것이 아니라 모든 것이 사라질 정도로 태양은 중요하다. 우리가 살 수 있는 에너지의 원천은 태양 방사선이기 때문이다. 우리는 태양에 대해 얼마나 알고 있을까?

태양계의 전체 질량 중에 99.9%를 태양이 차지하고 있다. 나머지는 행성들의 질량인데, 목성과 토성이 나머지 질량의 90%이고 그 나머지 행성들이 전체 태양계 질량의 0.014% 정도를 차지한다. 태양의 반지름은 지구의 반지름인 6,371km에 109배이니 부피는 세제곱인 약 129만 5,000배이다. 그렇지만 태양은 수소와 헬륨이 98%를 차지하는 가스로 채워져 있기 때문에, 질량으로 따지면 34만 배 정도밖에 차이가 나지 않는다. 태양의 중심부 온도는 1,500만 ℃이고, 중심부에서는 핵융합이 계속 일어나고 있다. 결국 태양은 그 중심에 안정적인 에너지원으로 핵융합 엔진을 가지고 있는 셈이다.

태양의 중심부는 온도와 압력이 엄청나게 높지만, 2개의 수소가 핵결합을 해서 헬륨 핵이 되기 위한 최적의 조건은 아니다. 양성자 2개를 하나의 핵으로 묶으려는 힘이 작용하는 거리는 상상할 수 없을 정도로 엄청나게 가까워야 한다. 왜냐하면 각각의 양성자가 양전하(+)를 띠고 있어서 전기적으로 서로 밀어내는 반발력이 존재하기 때문이다. 이 반발력보다 두 양성자를 합치려는 힘이 더 커질 정도로 거리가 가까워져야 두 핵이 결합하게 된다. 전기적 반발력 때문에 핵융합이 결코 쉽게 일어나지는 않는다. 하지만 압력이 계속해서 가해지기 때문에 양성자는 충돌의 기회를 많이 얻게 되고, 결국 터널효과●Tunnel effect라는 것을 통해, 넘기 어려운 전기적 반발력의 장벽을 넘어선 두 양성자가 결합하게 된다. 이때 핵결합의 전후에 발생하는 질량의 결손을 질량—에너지 등가mass-energy equivalence의 법칙●●에 따라 감마선에 해당하는 전자기파와 중성미자neutrino라는 형태의 큰 에너지로 내보내는 것이다. 감마선이 방사선이고 그 에너지로 지구의 모든 생명체가 살아가고 있다.

핵분열은 핵폭탄이나 원자력 발전 등의 에너지원으로 이용된다. 하지만 인류는 아직 핵융합을 에너지원으로 사용할 수 있는 방법을 찾지 못했다. 만약 인류가 핵융합을 동력원으로 사용할 경우 태양처럼 막대한 에너지를 얻을 수 있고, 다양한 부가적 이득을 얻을 수 있을 것으로 보고 있지만, 실제 그만큼의 온도와 압력을 만든다는 것은 불가능에 가깝다. 태양은 초당 약 3.9×10^{28}J에 달하는 에너지를 만드는데, 이 에너지의 크기는 핵폭탄 약 1,000조 개에 해당하는 에너지이다. 실제로 수소폭탄은 핵융합 폭탄이다. 이 융합을 위해 우라늄이나 플루토늄을 이용한 핵분열로 얻은 에너지를 사용한다. 그러니까 수소폭탄은 핵분열과 핵융합을 순서대로 하는 것이다. 인류는 핵분열에 관해 충분한 능력을 갖추고 있다. 그러면서 점점 원자력에 대한 관심이 커지고 있다. 수년 전 일본의 원자력 발전소 붕괴로 인해 예전보다 더욱 관심이 늘었고 덩달아 오해와 괴담까지 가중되고 있다. 최근 한반도 탈원전에 대한 의견이 분분하다. 바로 방사선 때문이다. 인간이 만든 방사선으로 위험할 수 있다는 것이다. 방사선 실체에 대한 명확한 이해가 필요한 시점이다.

● '고전 역학에서 입자는 자신이 갖는 에너지보다 준위가 높은 에너지 장벽을 넘을 수 없다. 이를 포텐셜 장벽이라고 한다. 그럼에도 방사성 물질에서 알파 입자가 핵력보다 낮은 에너지 상태에서 원자핵을 벗어나는 일이 확률적으로 일어나는데, 이를 터널효과라 한다.

●● 모든 질량은 그에 상당하는 에너지를 가지고 그 역 또한 성립한다. 즉, 모든 에너지는 그에 상당하는 질량을 가진다는 개념으로, 1905년에 아인슈타인이 발표하였다.

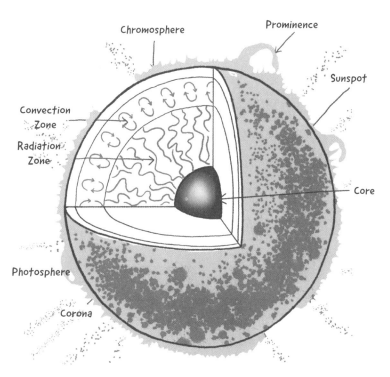

아빠! 일본산 맥주를 드시면 안 된대요. 예전 후쿠시마 원전 사고 때문에 방사능이 유출되면서 물이 오염되었다고 SNS에서 말이 많아요.

아! 그렇구나? 그런데 방사능이 뭔지 알아? 그리고 방사능은 왜 위험할까? 그럼 오늘은 방사능에 대해 알아볼까? 이미 예전에 방사능에 관해 조금 언급한 적이 있어. 전에 '빛의 정체'에 대한 공부를 한 적이 있었지? 그래, 아들은 그때 알려준 전자기파에 대해 어디까지 기억하고 있지?

음, 그러니까 전자기파는 파장의 크기에 따라 전파, 마이크로파, 적외선, 그리고 우리 눈으로 볼 수 있는 가시광선, 그리고 자외선으로 나뉘지요. 그리고 파장이 작을수록 진동수가 커져서 에너지가 세요. 전자기파이니까 빛의 속도로 파동이 진행하고 파장과 진동수는 서로 반비례하지요. 방정식은 까먹었어요.

100점이야! 잘 기억하고 있구나. 방정식은 지금 기억하지 않아도 돼. 자, 그럼 이제 자외선보다 더 큰 에너지인 전자기파에 관해 알아볼까? 이것까지 알면 120점이야.

지난번에 알려주신 전자기파 말고 또 있었나요? 물론 그럴 거라고는 생각했지만….

사실 이미 이야기했었어. 바로 방사선이야. 우리 지구는 태양으로부터 에너지를 공급받는다고 했었지? 태양에서 발생하는 에너지의 근원이 바로 태양의 중심에서 일어나는 수소 핵융합이라고 했잖아. 핵융합으로 헬륨 핵이 만들어지면서 발생한 질량의 결손이 에너지로 전환된 것이라고 말이야. 그러니까 태양에는 거대한 핵융합 엔진이 있는 셈이라고 설명했지. 태양의 중심부는 초당 약 3.9×10^{28}J에 달하는 에너지를 만들어. 이렇게 들으니 이 에너지의 크기가 감이 안 오지? 1초에 핵폭탄 약 1,000조 개가 폭발하는 정도의 에너지란다.

태양이 엄청날 거라고 예상은 했지만 대단하군요. 핵융합 이야기는 기억이 가물가물해요.

복습해볼까? 수소양성자가 결합하며 발생한 질량 결손 때문에 발생한 에너지는 처음에 감마선이라는 전자기파와 중성미자의 형태로 나온단다. 이 전자기파가 수천 년에서 수십만 년 사이 동안 중심부에서 태양 표면까지 이동을 하게 된다고 했지? 태양 중심에서 핵융합으로 만들어진 빛은 수소와 헬륨이 이온화되어 있는 고밀도의 플라스마 상태의 태양 내부를 뚫고 올라오는 거야. 처음 생성된 빛은 얼마 진행하지 못하고 수소핵, 헬륨핵과 부딪혀 흡수되었다가 다시 여러 가지 에너지로 방출되고, 방향도 바뀌면서 여러 가지 전자기파가 만들어지는 것이지. 우리는 이 여러 가지 전자기파를 스펙트럼으로 받게 되는 거지. 이 과정에서 처음 나왔던 감마선이란 것이 바로 방사선이란다.

아~ 맞다. 그러면 방사선이 자외선보다 더 큰 에너지라고 말씀하셨으니까 진동수는 크고 파장이 훨씬 짧은 거네요?

그렇지! 태양은 중심 온도가 약 1,500만 ℃이고 표면은 약 6,000℃에 달하기 때문에 막대한 양의 열과 빛을 내놓는단다. 그러나 지구는 태양으로부터 약 1억 5,000만 km 떨어져 있어서, 지구 대기 밖에서 태양광선에 수직으로 1cm²의 면적이 1분 동안에 받는 태양 에너지는 약 2cal 정도야. 이걸 태양상수太陽常數, solar constant라고 해. 하지만 지구 전체 면적으로 계산하면 엄청난 에너지가 되는데, 이 에너지를 태양복사에너지Solar radiation Energy라고 하지. 자, 태양과 지구 사이는 진공상태로, 아무것도 없는데 어떻게 에너지가 그 먼 거리를 넘어 전달된다고 했지?

열복사熱輻射, thermal radiation요!

맞아, 바로 에너지가 전자기파의 형태로 전달되는 것이지. 열을 발생시키는 물질이 전자기파를 발생하고 떨어져 있는 물질이 이 전자기파를 흡수해서 에너지가 전해지는 것이지.

그렇다면 지구에 도달한 전자기파는 어떤 것들이 있을까? 바로 아까 네

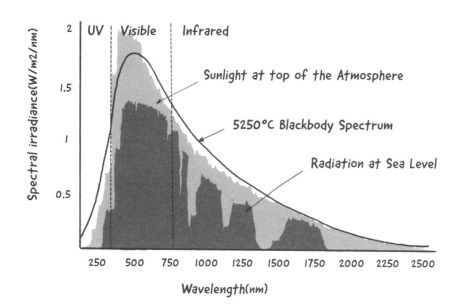

Solar Radiation Spectrum

Spectral irradiance(W/m2/nm)

UV | Visible | Infrared

Sunlight at top of the Atmosphere

5250°C Blackbody Spectrum

Radiation at Sea Level

Wavelength(nm)

가 대답한 전파에서부터 자외선까지의 전자기파도 있고, 자외선보다 파장이 짧은 X선도 있단다. 이것을 태양으로부터 복사되는 전자기파라고 해서 태양복사solar radiation라고 한다고 했지. 이 전자기파의 분포를 살펴볼까?

태양복사에는 파장이 수 Å●인 X선부터 수백 m에 달하는 전파까지 골고루 포함되어 있단다. 하지만 양은 달라. 태양복사 에너지의 99.9%는 $0.23 \sim 7 \mu m$(230nm~$7 \mu m$)의 파장 범위에 포함되어 있어. 이 중의 약 49%가 적외선, 약 43%가 가시광선 그리고 약 7%가 자외선이란다. 나머지 0.1%가 X선 같은 방사선과 마이크로파, 전파가 포함된 전자기파야.

 에너지가 큰 방사선 같은 전자기파는 왜 이렇게 적은 거죠?

태양이 핵융합을 하며 방사선 에너지를 방출하지만 태양복사에서 방사선이 적게 나오는 이유는 대부분 방사선은 태양 안에서 다른 전자기파를 만드는 데 이바지하고 태양 표면으로 나오는 양이 적기 때문이지. 결국 태양복사 스펙트럼은 가시광선 전자기파인 $0.47 \mu m$(470nm, 가시광선의 파랑 영역) 파장에서 최대 에너지를 가지고 있는 연속적인 스펙트럼을 나타내지.

자, 태양 방사선은 태양 표면으로 거의 나오지 않는다고 했는데, 그렇다면 왜 지구에서는 방사선이 검출이 될까? 얼마 전에도 TV에서 우리 생활 주변에 방사선이 나온다고 했잖아.

● 옴스트롬. 길이의 단위로서 10^{-10}m 또는 0.1nm를 나타낸다. 원자 하나의 지름과 그 척도가 비슷하여 미시세계를 다룰 때 많이 사용하는 단위이다.

175

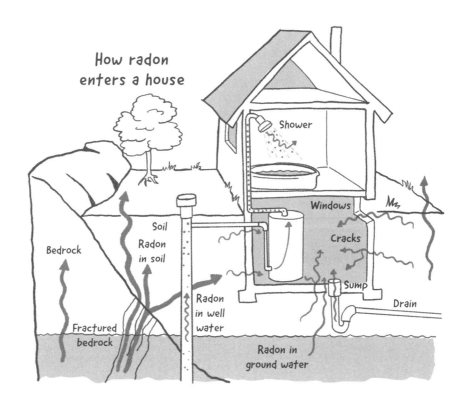

How radon
enters a house

Shower

Windows

Cracks

Soil
Radon
in soil

Bedrock

Radon
in well
water

Sump

Drain

Fractured
bedrock

Radon in
ground water

그렇다면 지구상의 모든 방사선은 인간이 만든 것 아닌가요? 핵폭탄이나 원자력 발전과 같은 것으로요.

꼭 그렇지는 않단다. 사실 원래부터 지구에는 어디에나 방사선이 존재해. 예전에 우리가 충청남도 지역에 있는 온천에 간 적이 있었지? 유난히 충청도 지역에 온천이 많은데, 사실 온천수에서 방사선 수치가 꽤 높게 나온단다. 물론 몸에 해로울 정도는 아니지만, 이런 방사선은 연평균 2.4mSv(밀리시버트) 정도가 방출되는 것으로 알려져 있어. 그뿐만 아니라 우리가 숨을 쉬고, 자동차나 지하철을 타고, 음식을 먹고, 건물에서 자는 등의 기본 활동만으로도 자연스럽게 방사선에 노출되고 있는 셈이지. 하지만 그 양이 아주 적어서 평생을 이런 방사선에 노출이 된다고 해도 거의 피해가 없는 정도이니 큰 걱정은 하지 않아도 되는 거야.

우와, 그럼 지금 제 주변에도 방사선이 있다는 것인가요? 지구에서는 태양처럼 핵융합이 일어나는 것도 아닌데, 대체 방사능이 왜 생기는 거죠? 그리고 방금 아빠가 말씀하신 것처럼 가끔 뉴스에서 방사선 단위를 이야기 하면서 무슨 시버트라고 하는데 그 단위도 궁금해요.

하나씩 이야기해줄게. 이참에 방사선에 대해 확실히 알아보자! 네가 방사선이라고 하면 금방 떠오르는 것이 아마도 핵폭탄이나 원자력 발전소, 그리고 병원의 X-Ray(엑스레이) 정도일 텐데 이런 것들은 모두 사람들에 의해 만들어진 '인공방사선'이야. 그리고 우리 주변에서 자연스레 접하는 것을 '자연방사선'이라고 하지.

이 자연방사선은 공기와 물, 빌딩, 아스팔트, 흙이나 음식 등 우리가 살아가는 모든 곳에 존재하지. 조금 전에 말한 온천수처럼 말이야. 충청도 지역에 화강암이라는 암석이 많이 존재하는데, 화강암에서 방사선이 방출되는 것이지. 그 화강암 지대를 따라 온천이 발달했기 때문에 온천수에서 방사능 수치가 높게 나오는 거야. 그리고 자연방사선 중에는 우주에서 날아온 우주방사선Cosmo Ray도 포함되어 있단다.

태양에서 나오는 방사선이 핵융합에 의해 발생한 에너지라고 했었지? 핵융합은 태양과 같은 엄청난 고온과 고압의 조건에서만 일어나기 때문에 지구에서 핵융합을 한다는 것은 거의 불가능해. 그래서 지구의 대부분의 방사선은 핵융합이 아니라 핵분열 또는 붕괴로 방사선이 방출되는 것이지. 아직 인류는 핵융합을 에너지원으로 사용할 수 있는 방법을 찾지 못했어. 기껏해야 핵분열을 통한 원자력으로 폭탄과 에너지를 얻고 있지. 이것만 해도 엄청난 일인데 만약 핵융합 방법을 찾게 된다면 아마도 지구에 엄청난 일이 벌어질 거야. 그 에너지를 사용할 수 있으니 말이야.

그리고 방금 방사선 단위에 관해 물어보면서 방사선과 방사능이라는 용어를 혼용했지? 하지만 이 두 용어는 엄밀히 구분해야 한단다. '방사능'이라는 말은 '어떤 물질로부터 방출되는 방사선의 세기'를 의미해. 즉, 방사선을 방출할 수 있는 능력을 방사능radioactivity이라고 하는 거야. 방사능이 심각하다는 표현은 '어떤 물질의 방사선 방출량이 엄청나다는 뜻이야. 방사능을 얘기하면서 언급하는 단위 중에 가장 많이 사용하는 것이 바로 '시버트(Sv)'와 '렘(rem)'이지. 하지만 이 단위는 엄밀하게 보면 방사능 단위는 아니야. 방사선에 노출되어 방사선이 인체에 흡수되는 것을 '피폭'이라고 하는데, 그 노출 크기인 피폭량의 단위가 '시버트'와 '렘'인 거야. 여기서 1Sv는 100rem과 방사선량이 같아. 일반적으로 시버트 단위를 더 많이 사용하지.

2011년 3월 11일 일본 동북부 지방을 관통한 대규모 지진과 쓰나미가 있었던 것을 기억하지? 당시 이 지진으로 인해 후쿠시마현에 있던 도쿄전력 원

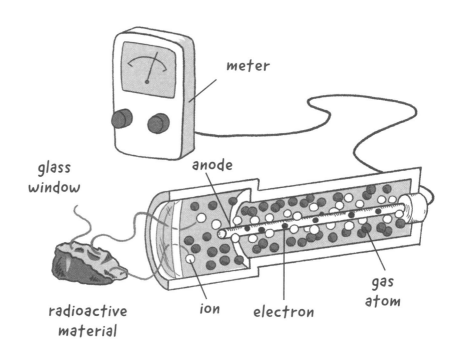

glass
window

meter

anode

ion

electron

gas
atom

radioactive
material

자력 발전소에서 방사능이 누출되는 사고가 있었지. 당시 뉴스에서 원전사고 수습을 위해 투입된 사람들의 방사선 피폭량과 관련해서 시버트 단위를 언급하는 걸 자주 들었을 거야. 그래서 대부분의 사람이 시버트를 방사능의 양이라고 생각하지. 그런데 이것은 사람에게 피폭되는 양이고, 실제 원자력 발전소에서 누출되는 방사능 자체의 양을 재는 단위는 아니라는 것이지.

아! 시버트가 방사선 피폭량을 말하는 것이었군요! 그럼 방사능의 자체적인 단위는 없나요?

당연히 있지. 방사능 관련 단위는 두 가지가 있단다. 하나는 이미 이야기한 피폭량인 '시버트'이고, 또 하나는 방사능의 절대량을 말하는 '베크렐(Bq)'이야. 정리하면, 방사성물질 자체의 방사선량을 나타내는 단위는 베크렐이고 사람에게 피해를 입히는 방사선량의 단위는 시버트라고 하는 것이지. 엄밀하게는 이 방사능의 절대량 단위에 큐리(Ci)라는 단위가 하나 더 있어. 렘과 시버트의 관계처럼, 큐리도 베크렐과 관계있는 단위지만, 표준단위도 아니고 워낙에 큰 단위이기도 해서 잘 사용하진 않아. 1Ci는 370억 Bq이나 될 정도로 큰 양이거든. 그런데 큐리 단위 이름에서 뭐 느껴지는 것 없니?

아! 혹시 마리 퀴리 박사에게서 따온 이름인가요?

맞아. 마리 퀴리와 그 남편인 피에르 퀴리가 방사선을 발견했기 때문에 그 이름을 딴 것이야. 이들이 1898년에 우라늄보다도 더 많은 방사선을 방출하는 라듐(Ra)이란 물질을 발견했지. 1Ci는 라듐 1g이 가지고 있는 방사선량이야. 자! 이제 단위의 크기를 볼까. 사람이 1g의 라듐에서 방출된 방사선에 1m 떨어진 거리에서, 1시간 동안 노출되어 있을 때의 피폭량이 바로 1rem이야. 이렇게 말해도 1rem이 어느 정도 피폭 크기인지 감이 안 오지? 우리가 병원에서 X레이를 찍을 때 피폭되는 양이 보통 10mrem(밀리렘) 정도 된다고 보면 돼. 그렇다면 1Sv가 100rem이라고 했으니 1Sv의 피폭을 받으려면 X레이 1만 번을 찍어야 한다는 셈이 되지. 한 가지 더! 아까 1Ci가 370억 Bq이라고 했지? 이건 370억 개의 원자핵이 1초에 방출하는 방사선량이야. 1Bq은 1초에 1개의 원자핵이 붕괴할 때 일어나는 방사능 활동의 양이거든!

그러면 마지막으로 시버트 단위에 관해 알아볼까? 시버트는 단순히 방사선의 흡수량만을 나타낸 단위가 아니라, 생물에 미치는 영향까지 반영한 복합적인 단위란다. 그래서 단위질량당 에너지를 의미하지. 쉽게 예를 들어 볼게. 1Sv는 우리의 몸 1kg당 1J(줄)의 에너지에 해당해. '줄'이라는 건 에너지의 단위지. 1J은 1N(뉴턴)의 힘으로 물체를 1m 움직이게 만들기 위해 필요한 에너지야. 그리고….

자, 잠깐만요! 아이고, 시버트에 대해 알려고 했을 뿐인데 뭐 이렇게 나오는 단위가 많은 거죠? 그러니까 1Sv가 1kg당 1J이고, 1J이 또… N이라는 게 뉴턴이라고요? 큐리 단위를 퀴리 부인의 이름에서 딴 것처럼, 이건 아이작 뉴턴Isaac Newton의 이름에서 딴 단위인가요?

$$1Sv = 1J/kg = 1m^2 \cdot s^{-2}$$

맞아! 뉴턴이 고전역학에서 세운 큰 업적을 기념하기 위해 그의 이름을 딴 거란다. 1N은 1kg의 물체를 $1m/s^2$만큼 가속시키기 위해 필요한 힘이지. 예전에 전자기력에 대해 가르쳐줄 때도 나왔던 단위인데, 잊어버렸구나? 으이그

～ 단위 설명은 이 정도만 하자. 네 머리가 터질 것 같구나. 이렇게 설명을 들어도 이게 어느 정도의 힘인지 감이 잘 안 오지? 좀 더 쉬운 예를 들어보자. 줄은 열량이라고도 하는데, 열량 하면 또 뭐가 떠오르니?

열량이요? 열량을 나타내는 단위는 칼로리 아닌가요?

그래, 맞아. 열량은 칼로리로 표시하기도 해. 대략 1kcal가 4.184kJ에 해당한다. 패스트푸드점에 가서 햄버거 세트를 하나 먹으면 대략 1,000kcal 정도 되는데, 그러면 줄 단위로는 4,184kJ이 되는 셈이지. 햄버거 한 세트가 이 정도 에너지를 내는데, 방사선 피폭량의 기본 단위인 1Sv는 1kg당 1J이니, 엄청나게 미약한 양으로 느껴지지 않니?

진짜 작은 양인데요? 햄버거 하나 먹는 양의 수천 분의 1밖에 안 되는 에너지가 대체 뭐가 위험한 거죠?

하지만 중요한 것은 국제원자력기구에서 정하고, 세계보건기구가 승인한 연간 피폭량 기준수치가 연간 1mSv밖에 안 된다는 점이야. 몹시 적은 양의 에너지처럼 보이지만 이 적은 에너지가 인체에 미치는 영향력은 엄청나거든. 이 방사선은 침투력이 강해서 우리 세포를 직접 공격하기 때문에, 적은 에너지 같지만 피해는 크단다. 세포 입장에서는 엄청난 에너지지. 말했다시피 인체에 대한 허용량은 연간 1mSv야. 그런데 이건 1년간의 누적 허용량이고 보통 방사능 측정기는 시간 단위로 방사능을 측정하게 되지. 계산을 해보자! 1mSv를 365일로 나누면 일일 허용량이 될 테고, 이걸 다시 24로 나눠야 시간당 허용량이 되겠지? 결과는 약 110nSv(나노시버트)란다. 시간당 110nSv 이상의 방사선에 노출되면 위험하다는 거야.

● SI 단위계에서 10^{-9}을 나타내는 접두어이다.

어이구, 시간 단위로 계산하니 나노●nano도 나오고 완전 작아졌네요. 그런데 항상 이런 측정기를 가지고 다닐 수도 없고, 어떻게 알고 방사능을 조심해야 하죠? 우리 주변에 온통 방사선이 있다면서요?

한국원자력안전기술원에서는 국내 방사선 수치와 풍향의 지도를 국민들에게 공개하고 있단다. 검색사이트에서 '방사선 수치'로 검색을 하기만 해도 볼 수 있는데, 여기서도 밝히고 있지만, 자연현상에 따라 평상시 시간당 대략 50~300nSv 정도 선에서 변동하고 있어.

검색해보니까 정말 지역별 방사선 수치가 바로 나오네요? 그러면 원자력 발전소에서 유출되거나 하지 않아도, 평범하게 사람들이 사는 곳에서도 방사선이 나온다는 건데, 대체 어디서 나오는 것인가요? 위험한 것은 아니지요?

국제방사선방호위원회(ICRP)는 성인의 1년간 방사선 노출 허용치로 1mSv를 제시하고 있지만, 이것은 어디까지나 목표치일 뿐이라는 전문가들의 견해가 많아. 국가별로 차이가 있지만, 일반인은 '자연방사선'으로 인해 연간 평균 2.4mSv의 방사선에 노출된단다. 2배가 넘는 양이지. 우주에서 투과된 우주방사선이나 엑스레이, CT 촬영, 음식물 등 방사선에 노출되는 모든 경로를 합산하면 이 수치는 엄청나게 증가하지. 가령 담배에도 방사성 원소가 있어. 하루 30개비의 담배를 피운다고 가정하면 연간 피폭량은 13mSv에 달하기도 해.

전문가들은 우리가 1년간 노출되는 평균 자연방사선량인 2.4mSv의 100배 이하는 신체적 피해가 없으며, 적어도 1,000배 이상이 되어야 영향이 있다고 해. 대량의 방사선이 암 등의 다양한 질병이나 유전자 변이를 유발한다지만, 소량의 방사선에 대한 일반인의 인식은 천차만별이야. 소량은 아무런 문제가 되지 않는다고 보는 사람도 있고, 아무리 적은 양이라도 심각한 문제가 될 수 있다는 의견도 있지. 이렇게 첨예하게 의견이 갈리는 상황일수록 방사선에 대한 정확한 이해가 필요한 거야. 잘못된 정보가 사실인 양 돌아다니면서 사람들의 불안을 자극하는 것이 바로 괴담이란다. 아! 이런 방사선은 어떻게 나오는지 물어봤지? 혹시 라돈에 대해 들어본 적이 있니?

라돈이요? 어! 아까 인터넷에서 '지역별 방사선 수치'를 검색하니까 비가 오면 공기 중 라돈이 씻겨서 수치가 증가한다는 이야기가 있었어요.

우리가 흔히 접하게 되는 자연방사선은 대부분 라돈에서 나오지. 라돈에서 어떤 방사선이 나오는지 알려면 먼저 방사선의 종류와 그 특징에 대해 간단히 알아야 해. X선과 감마선이란 이야기는 들어봤겠지만, 방사선에는 그 외에도 알파(α)선, 베타(β)선 등 여러 종류가 있단다.

감마선 이야기를 하며 태양의 내부에서 일어나는 수소 핵융합에 관한 이야기를 했었지? 그때 질량의 결손 어쩌고저쩌고하며 감마선이 나온다고 말했었지. 이처럼 원자핵이 어떤 원인에 의해 부딪히거나 충돌해 분열하거나, 원자핵끼리 융합해 다른 모습으로 변하게 될 때, 변화 전과 후에 질량의 차이가 생겨. 1 더하기 1이 2가 안 되는 거야. 조금 모자라는 거지. 이 차이, 그러니까 질량의 결손 부분이 에너지로 전환되면서 방사선이 발생하는 거야. 결국 범인은 원자핵인 셈이란다.

원자가 작은데 그런 엄청난 에너지를 낸다는 게 솔직히 믿어지지 않아요.

그렇다면 그 원자핵을 가진 원자에 대해 먼저 알아야 하겠지? 기초 공부를 한 번 더 해보자. 원자에 관해서는 지금도 연구 중이지만 지금까지 밝혀진 원자의 모습은 이렇단다. 원자의 중앙에는 중성자와 양성자로 구성된 원자핵이 있고 그 주위로 몇 개의 궤도를 가지고 전자가 일정한 규칙에 따라 배치된 구조를 하고 있단다. 양성자는 양전하를 가지고 있고, 전자는 음전하를 가지고 있지. 원자 질량 단위atomic mass unit는 amu를 사용해. 1amu는 7×10^{-27}kg이지. 1amu는 바로 양성자 1개의 질량이야. 상상하기도 어려운 질량이지.

양성자 수에 따라 원소의 물리 화학적 성질이 달라지지? 본래 원자들은 전기적으로 중성이야. 그래서 원자핵 주위에 있는 음전하(−)를 가진 전자의 수와 원자핵 내부의 양성자 수가 같아. 중성자는 전기적으로 중성이고 양성자처럼 1amu의 질량을 가지고 있어. 그리고 전자electron의 질량은 0.00055amu 정도로, 질량이 거의 없다고 봐야 하지.

그럼 이 원자의 크기는 어느 정도일까? 원자 중에 가장 작은 것이 수소 원자인데, 원자핵 안에 양성자 1개와 중성자 1개가 들어 있단다. 그리고 주변을 돌고 있는 전자 1개가 있지. 너무 작으니까 우리가 상상이 가능한 크기로 원자를 확대해보자.

자! 수소원자 핵이 실제 축구공 정도의 크기라고 상상해보자! 미시세계의 스케일을 거시세계로 키워보는 거야. 그리고 전자의 크기는 아직 현대 과학으로 측정할 수 없는 아주 작은 크기이지만, 일단 지금은 아주 작은 먼지 정도의 크기라고 생각하자고. 그럼 이 축구공이 우리 집

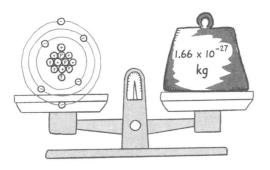

에 위치한다면 전자는 어디쯤 있을까?

음, 왠지 엄청나게 멀 것 같은데요… 우리 집이 일산 마두동이니까 마두역쯤? 아니면 제가 다니는 학교요.

수소원자의 전자는 우리 집에서 대략 15km 떨어진 서울 상암동 월드컵 경기장 부근에 있단다. 그리고 양성자와 전자가 많은 좀 무거운 원자, 그러니까 원자번호가 큰 원자들의 경우에는 원자핵과 전자 사이의 거리가 더 멀지. 무거운 원소의 경우에 지구 중심에 축구공이 있다고 하면 최외각전자는 약 7,000km 정도 떨어진 지구 표면 정도에 위치한단다. 만약 지구만 한 크기의 원자를 지구 밖의 우주에서 본다고 하면 사실 중심에 있는 축구공인 원자핵과 전자는 보이지도 않을 정도야. 입자의 크기에 비해 엄청나게 작고 멀리 떨어져 있는 것이지. 그리고 원자핵과 전자 사이에는 어떠한 물질도 존재하지 않는단다. 그냥 텅 비어 있는 것이지.

헐~ 그럼 그 사이에는 대체 뭐가 있는 거죠? 분명히 원자가 모여서 단단한 물질이 되는 거잖아요!

우리가 눈으로 볼 수 있는 빛이 원자핵과 전자 사이를 통과하지 못해서 비어 있지 않은 것처럼 보이는 거야. 둘 사이에는 전자기력電磁氣力, electromagnetic force이란 힘이 존재할 뿐이란다. 이런 텅 빈 원자가 모여서 결합하고 분자를 이루고 결정을 가지고 물질을 이루는 것이니, 따지고 보면 물질이라는 것도 대부분은 텅 비어 있는 것이지. X선으로 우리의 몸을 찍으면 X선이 통과하지 못하는 뼈가 그대로 보이고, 나머지 부분에는 아무것도 보이지 않지? 심지어 방사선은 뼈마저 통과해버리지. 결국 우리 눈이 방사선을 볼 수 있다면, 우주의 모든 것은 텅 비어 있는 것처럼 보일 거야.

에이~ 겉보기에는 그렇다고 해도 실제로 만져보면 물질이 만져지잖아요. 그러니까 비어 있는 건 아니죠.

어떤 물질이 단단하게 느껴지는 것은 그저 원자핵과 전자 사이에 존재하는 전자기력 때문이야. 이 전자기력에 의해 원자가 결합하고, 또 원자끼리 전

183

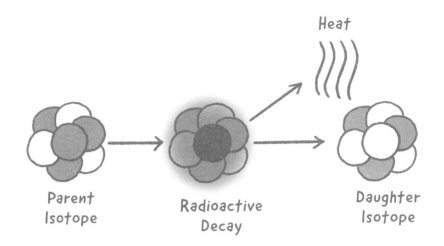

Heat

Parent
Isotope

Radioactive
Decay

Daughter
Isotope

자를 공유하면서 분자를 이루고 물질을 이루지. 물론 이 힘도 전자기력이고, 사실상 모든 물체는 거대한 힘의 덩어리일 뿐이란다. 눈으로 보이는 것은 그저 채 흡수되지 못한 전자기파일 뿐이지.

헐~ 정말 그렇겠네요. 우주도 그렇지만 미시세계도 일상적인 감각으로는 도저히 상상이 안 될 정도네요. 그런데 왜 이 원자 얘기랑 방사선이 무슨 상관이 있는 것인가요?

원자를 유지하는 전자기력은 엄청난 힘을 가지고 있어. 분리도 어렵지만, 결합에도 많은 에너지가 필요하단다. 원자에서 전자를 떼었다 붙였다 하는 것이 우리가 알고 있는 화학반응인데, 보통 화학반응을 하다 보면 많은 에너지가 열이나 빛으로 방출되기도 하잖아. 혹은 화학반응을 일으키기 위해 그만큼의 에너지를 공급해줘야 할 때도 있지. 전자 하나 떼거나 붙이는 것도 이렇게 에너지가 개입하는데, 원자핵은 더 큰 에너지가 개입하고 있지. 핵 내부에는 강력●과 약력●●이라는 힘으로 핵을 유지하고 있어. 원자핵 안의 입자가 분열 혹은 붕괴하거나 결합하는 것은 엄청난 에너지를 방출하게 되는데, 바로 이 에너지가 원자력에너지이고 이때 나오는 것이 방사선이란 전자기파야! 태양에서 핵이 합쳐지며 원자핵의 질량 결손이 일어나고 그 질량이 에너지로 바뀐다고 했지? 그 질량이 너무나 작지만, 여기에 빛의 속도의 제곱이 곱해지며 에너지 크기가 결정되는 거야. 바로 유명한 질량–에너지 등가의 법칙인 $E=mc^2$가 여기에 적용되는 거야.

● '강한 핵력, 강한 상호작용'이라고 부르기도 한다. 자연계의 네 가지 기본 상호작용 중 하나로. 이 중 가장 강력한 힘이다. 쿼크가 확인된 이후 강력의 효과로 원자핵이 결합하는 것이 사실로 밝혀져 핵을 결합시키는 힘을 핵력, 또는 잔류 강한 핵력이라고 한다.

●● 약한 핵력, 약한 상호작용이라고도 한다. 네 가지 힘이 모두 작용할 수 있는 동일 거리 내에서 힘의 크기 서열은 세 번째이지만 힘을 전달하는 범위가 작아 일상생활에서는 감지할 수 없다. β붕괴, 핵외 전자의 전자포획 등과 관련이 있다.

$$E = mc^2$$

오오~ 빛이 초당 30만 km인데, 거기에 제곱이라니… 이제 알겠어요. 핵력이 얼마나 대단한 힘인지, 그리고 그 에너지가 얼마나 큰지. 그런데 알파, 베타… 이건 대체 뭔가요?

이제 준비가 됐군. 방사선을 하나하나 살펴보자. 알파(α)선부터 볼까? 알파선은 알파붕괴라는 과정에서 나오는 에너지란다. 알파붕괴는 방사성물질인 원자의 핵으로부터 2개의 중성자와 2개의 양성자를 가진 입자가 빠져나오면서 원래의 원자가 붕괴되는 과정을 말하지. 양성자 2개와 중성자 2개의 구조는 어디서 들어보지 않았어?

어? 이거 헬륨 핵 아닌가요?

그래! 바로 헬륨원자의 핵과 같은 구성이지. 알파붕괴는 주로 우라늄(U), 토륨(Th), 라듐(Ra) 등과 같이 무거운 원소들에서 일어나는데, 안정적이지 못하기 때문에 몸을 가볍게 만들려고 하지. 이러한 원소들의 핵은 대부분 너무 많은 중성자를 가지고 있고, 알파입자를 방출하면서 새로운 원자로 변화한단다. 변화된 원자는 원래의 원자보다 2개의 중성자와 2개의 양성자가 줄어든 원자가 되는데, 이렇게 튀어나온, 헬륨핵과 같은 입자를 '알파입자'라고 하고 이 알파입자의 흐름을 알파선이라고 해. 원래 원자의 질량이 줄어들며 그 결손이 에너지로 나온 형태란다. 다른 방사선들에 비해 알파선은 무겁고 에너지가 크단다. 조금 후에 알려줄 베타(β)선보다 훨씬 무거운데, 그래서 공기 중에서는 얼마 진행을 못 하지. 그리고 종이 한 장도 투과할 만한 힘이 없단다. 이유는 알파선은 공기를 포함한 다른 물질들과 쉽게 상호작용을 일으키기 때문이야. 짧은 거리를 이동하면서도 직접 또는 간접적으로 공기 중 물질을 이온화시키기 때문에 공기 중에서 몇 cm밖에 이동하지 못해. 다른 물질과 반응해서 에너지를 다 써버리기에 바빠서 멀리 움직일 틈이 없는 것이지.

　　베타붕괴도 알파붕괴와 같이 결국 원자 안에 많은 중성자를 가진 세슘-137, 요오드-131 같은 동위원

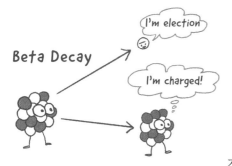

Beta Decay

I'm election

I'm charged!

소에서 일어난단다. 베타붕괴는 방사성물질인 원자의 핵으로부터 중성미자라는 입자와 함께 전자가 방출되는 붕괴 과정을 말하지. 중성미자, 즉 뉴트리노는 질량이 거의 없는 입자이고 붕괴 과정에서 일부 에너지를 가지고 방출돼. 그런데 이런 베타붕괴 과정에서 생긴 전자는 원자의 주변에 있던 전자가 아니라 원자의 핵으로부터 방출된 것이야. 그래서 원자의 궤도 위에 있는 전자와 구별하기 위해서 '베타입자'라고 하지.

 전자, 양성자, 중성자는 알겠는데, 중성미자는 또 뭔가요?

중성미자는 전기적으로 중성에다가 질량도 0에 가깝고 다른 물질과 상호작용을 안 해서 관측하기 어렵단다. 빅뱅 이론에 의하면 우주배경복사와 함께 생겨나 아직 붕괴하지 않고 지금도 우주를 떠돌고 있다고 해. 또 태양 같은 별 중심부의 핵융합을 통해서 감마(γ)선과 함께 생성되기도 하지. 전에도 얘기했었지? 중성미자의 특징은 투과력이 엄청나게 높다는 것이야. 약 1,032m 정도 되는 두께의 철판도 뚫을 수 있을 정도야. 그래서 중성미자를 관측해 우주의 비밀을 풀어내려고 과학자들이 연구하고 있어. 중성미자 이야기는 여기까지만 하자. 다시 베타선으로 가자고.

베타입자는 전자이기 때문에 음전하를 띠지. 그 흐름인 베타선은 베타입자의 에너지에 따라 다르지만 공기 중에서 몇 m까지 움직이기도 해. 속도는 매우 빨라서 빛의 속도에 가까운 것으로 알려져 있어. 속도는 빠르지만 투과력은 그리 강하지 않아. 전하를 가진 입자이기 때문에 물질 속에서 전자기력의 영향을 받기 때문이지. 얇은 금속조각이나 플라스틱으로도 쉽게 막힌다고 하지.

이렇게 물질에 따라 알파붕괴나 베타붕괴 후 원자의 핵은 핵 내부에 남는 에너지가 생기면서 '들뜬상태'가 된단다. 이때 핵은 '바닥상태'로 돌아가기 위해 다시 에너지를 밖으로 보내는데, 이때 나오는 것은 입자가 아닌 광자야. 이것이 바로 전자기파인 방사선, 즉 감마선이란다. 감마선은 X선이나 빛과 같은 전자기파와 같은 성질을 가지고 있지만, 그 에너지는 상상하기 어려울 정도로 크단다. 게다가 투과력이 크지.

 감마선은 어느 정도로 투과력이 큰 거죠?

에너지에 따라 다르지만 감마선은 공기 중에서 수백 m까지도 진행하고 인체 정도는 쉽게 투과할 수 있지. 물질과 상호작용하면서 물질 내에서 자신의 에너지를 서서히 소실하며 상당히 먼 거리까지 투과할 수 있어. 파장이 짧고 진동수가 클수록 투과력이 좋다고 이야기했었지? 전파보다는 가시광선이, 가시광선보다는 X선이, 그리고 X선보

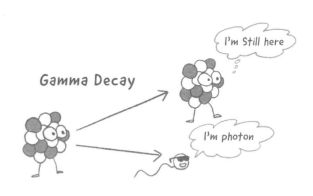

다는 감마선의 파장이 짧아 물질을 투과하는 능력이 훨씬 강하지. 하지만 밀도가 높은 납이나 콘크리트와 같은 물질이 앞에 있으면 투과하지 못하고 반사되어버려.

아, 그래서 원자력 발전소의 모습을 보면 둥근 콘크리트 지붕 같은 것을 씌워놓은 것이군요. 과학자들은 정말 대단한 것 같아요. 결국 과학자들이 이런 방사선을 발견한 것이잖아요. 그러면 다른 방사선들, 그러니까 X선들은 뭔가요?

맞아. 네 말대로 방사선이 투과하지 못하게 하려고 원자력 발전소를 콘크리트로 짓는 것이야. 방사선의 존재가 처음 알려진 것은 1896년 프랑스 물리학자 앙리 베크렐Antoine Henri Becquerel에 의해서였단다. 조금 전에 들어본 이름이지? 바로 이분의 이름을 따서 방사선의 양을 측정하는 단위, 베크렐의 이름을 붙인 것이야. 이렇게 불안정한 원소의 원자핵이 스스로 붕괴하면서 내

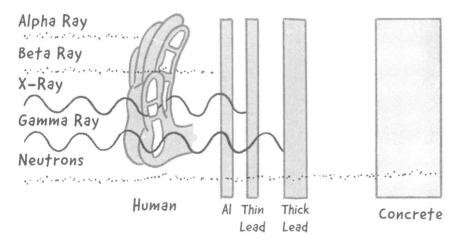

Penetrating Power of Different Types of Radiation

Alpha Ray
Beta Ray
X-Ray
Gamma Ray
Neutrons

Human   Al Thin   Thick   Concrete
            Lead   Lead

187

부에서 방사선을 방출하는 현상을 발견했지. 베크렐은 우라늄에서 어떤 광선이 나온다는 새로운 사실을 발견했고 이 광선은 전기장Electronic field나 자기장Magnetic field에 의해 휘어진다는 사실도 알아냈단다. 이 광선을 베크렐선이라 이름 붙였어. 바로 알파선, 베타선, 감마선을 총칭하는 이름이지. 현재에는 베크렐선이라는 명칭을 거의 사용하지 않고 방사선이라는 이름을 사용한단다.

이 '방사선'이라는 이름을 처음 사용한 사람이 바로 라듐 발견자인 마리 퀴리야. 이분은 토륨 원소에서도 방사선이 나온다는 사실을 확인하고 이런 현상에 대해 처음으로 방사능이라는 말을 사용했지. 연구를 계속해 방사선을 내는 폴로늄 원소와 라듐 원소를 발견하게 된단다. 이후에 베크렐과 마리 퀴리의 연구를 바탕으로 과학자들은 자연계에 우라늄과 라듐을 비롯해 원자번호가 비교적 큰 약 40종에 이르는 방사성 핵종radionuclide이 있다는 사실을 밝혀내게 되지.

X선은 이런 핵의 분열과 관련이 없나요?

X선은 핵이 아니라, 매우 빠르게 움직이는 전자 때문에 발생한단다. 1895년 뢴트겐Wilhelm Conrad Röntgen이 처음으로 발견했지. 매우 빠른 속도로 움직이는 전자가 무거운 원자에 충돌할 때 발생하지. 가열된 음극 전선의 전자가 양 전극판 쪽으로 가속되면서 물질에 충돌하면, 여기서 매우 강한 방사선이 나왔던 거야. 뢴트겐은 이것을 미지의 방사선이라는 의미에서 'X선'이라고 이름 붙였단다. X선은 우리가 잘 알고 있는 것처럼 병원에서 의료용으로 많이 이용되고 있어. 바로 X-ray 말이야. 투과력이 좋아서 밀도가 아주 높은 뼈를 포함한 신체의 모든 부위를 통과하거든. 이런 성질을 이용하면 통과하는 방사선 양을 측정해서 뼈나 체내의 이상을 사진으로 판독할 수 있는 것이지.

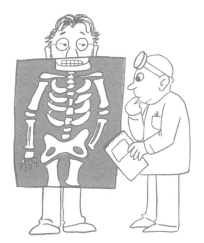

X-ray는 잘 알아요. 그런데 제가 지난번에 자전거를 타다가 넘어져서 머리를 땅에 부딪히는 바람에 병원에 가서 CT 촬영을 했는데, 그것은 어떤 방사선인가요?

X선으로도 찾기 어려운 질병은 다른 방법을 사용한단다. 그 종류는 네가 말한 컴퓨터단층촬영Computer Tomography, CT 외에도 단일광자단층촬영Single Photon Emission Computed Tomography, SPECT, 양전자방출

단층촬영Positron Emission Tomography, PET 등 여러 가지가 있지. 이것들도 X선과 마찬가지로 방사선을 이용해 환자의 몸을 정밀하게 검사하는 장비란다. 하지만 자기공명단층촬영magnetic resonance imaging, MRI은 방사선이 아닌 자석과 자기장을 이용해 몸을 검사하는 장비이니 혼동하면 안 돼.

전에 찍어봐서 알겠지만 CT는 뼈도 통과해. 그래서 머리뼈로 둘러싸인 머리의 내부 모습을 자세히 볼 수 있는 거야. CT 촬영과 PET, SPECT는 약간 차이가 있단다. CT는 X선을 환자의 외부에서 여러 방향으로 쏘고 몸을 투과한 후의 방사선량을 촬영하고 그 정보를 수집해서 3차원 영상으로 만드는 것이야. 그리고 SPECT와 PET는 환자가 방사선을 방출하는 약을 몸속에 주사하고, 몸속에서 밖으로 방출되는 감마선을 모아서 검사하는 것이란다. 방사선의 투과력은 이렇게 다양한 방식으로 우리 주변에서 활용되지. 그리고 더 에너지가 큰 방사선은 세포를 죽일 수 있어서 암 환자에게 치료용으로 사용해.

이제 방사선이 뭔지 확실히 알겠어요.

방사선이 생성되는 원리는 잘 알겠지? 방사선은 방금 이야기한 것처럼 질병이나 환부를 검사하는 데 사용할 뿐만 아니라 치료에도 사용하고, 그 외에도 여러 곳에서 활용된단다. 일단 지금은 자연방사선 이야기를 할 때 나왔던 '라돈' 이야기를 마무리하자.

'라돈'에 관해서는 전에 잠깐 들어봤을 거야. 야광 시계를 이야기하면서 말이야. 지구의 지각에는 천연으로 존재하는 우라늄(U-238, U-235)과 토륨(Th-232) 등이 있어. 이 원소가 위에서 이야기한 알파붕괴 등의 몇 단계의 붕괴 과정을 거쳐서 생성되는 원소가 바로 라돈이란다.

라돈은 우라늄과 토륨의 방사성 붕괴 과정에서 우라늄보다 훨씬 강한 방사성원소인 라듐을 거쳐 생성된 비활성 기체 원소야. 결국 우라늄이나 토륨 등은 지각이 존재하는 곳에는 어디에나 미량이나마 존재하고 있기 때문에, 라돈 역시 어디에나 존재한다고 볼 수 있지. 그리고 대부분은 지각의 암석에 존재하고 있기 때문에, 지표보다는 지하로 갈수록 많은 양이 있단다. 결국 땅속에서 꺼낸 암석으로 만들어진 우리 주변의 건물이나 도로에서도 계속 라돈이 발생하고 있다고 보면 되는 거지.

라돈도 그 자체가 안정한 원소가 아니기 때문에 계속 방

Computed Tomography

189

사성 붕괴를 해. 라돈 상태에서도 몇 단계의 붕괴 과정을 통해 방사선이 방출 되는데 그 양이 생각보다 꽤 많단다. 라돈은 기체 상태인 데다가, 지구상의 어디나 존재하기 때문에, 우리가 숨 쉬고 있는 지금도 우리 몸속으로 들어오고 있지.

헐~ 괜히 겁이 나는데요? 괜찮은 거죠?

많은 양의 라돈이 호흡기를 통해 폐로 들어가면 폐 조직을 망가뜨려 폐암을 일으킬 수 있다고 알려져 있어. 원자력안전기술원이 화강암 지반이 많은 103개 학교를 조사했더니 교실의 평균 라돈 농도가 ㎥당 432.8Bq이 나왔다고 해. 안전 기준치인 148Bq의 3배에 달하는 양이지. 농도가 7,210Bq이었던 충북 어느 학교가 교육 당국에 의해서 아예 폐교된 사례도 있어. 이 정도의 양이 어느 정도인 건지 감이 잘 안 오지? 1,000~2,000Bq 정도가 되면 학생들이 담배를 입에 물고 수업을 듣는 것과 마찬가지일 정도로 해롭다고 해. 그래서 사실 지하실과 같은 밀폐된 공간은 늘 환기를 잘 해줘야 해. 네가 건축에 관심이 많다고 했었지? 건축물을 지을 때 이러한 방사선의 방출을 최소화하는 건축자재와 환기 등을 고려하는 것이 무척 중요하지. 하지만 이런 자연방사선을 너무 걱정할 필요는 없어. 우리나라에서도 아까 인터넷에서 검색한 것처럼 한국원자력안전기술원에서 지속해서 국내 방사선 수치를 관리하고 있기 때문에 어떤 문제가 생기면 즉시 알려주고 대처할 거야.

방사성물질은 반감기●란 게 길다고 하는데도 괜찮다는 건가요?

자연방사성물질의 반감기가 인공방사성물질의 반감기보다 긴 것은 사실이야. 예를 들어 자연계에 있는 라듐은 반감기가 약 1,600년이지만, 원자력 발전소에서 생기는 루비듐-90은 반감기가 3분이지. 그래도 라듐이 크게 위험하지 않은 이유는 자연 상태에서 뭉쳐 있지 않고 미량씩 흩어져서 분산되어 있기 때문이야. 하지만 모아놓으면 위력은 막강하지. 예전에는 이 라듐에 얽힌 웃지 못할 일들이 있었어. 라듐은 어두운 곳에서 빛나는 성질이 있어서, 처음 발견되었을 당시 야광 페인트를 만드는 데 사용했어. 물론 지금은 사용되지 않지. 예전에 시곗바늘과 숫자에 야광 페인트가 발라진 야광 시계가 유행했는데, 여기에 바르는 도료가 바로 라듐이라고 했었지.

190

맞다. 형광에 관해 가르쳐주실 때 라듐걸스의 안타까운 이야기를 해주셨죠. 이제 확실히 알겠어요.

지금은 암을 치료할 때 '코발트-60'이나 세슘이라는 방사성물질을 사용하지만, 과거 1940~1950년대까지 의료용으로 라듐이 사용되었을 정도로 방사능 세기가 크단다. 안타까운 일화가 또 있어. 과거에 라듐에서 나오는 빛이 건강에 좋다는 잘못된 소문이 생겼고 라듐에서 나오는 빛을 쬐는 유행이 있었지. 심지어 라듐이 첨가된 초콜릿, 생수 등이 마치 질병을 치료하는 약품인 양 유행했지. 그렇게 라듐을 즐겨 사용하던 사람들 사이에서 조금씩 피해 사례가 발생하기 시작했어. 그리고 환자들은 퀴리 부부에게 자신들의 사연을 알렸지. 마리 퀴리는 라듐의 유해성을 증명하기 위해 자신의 팔에 라듐을 쏘여 피부궤양 발생 여부를 알아보는 위험한 실험을 하기도 했단다. 그러다 결국에는 피폭되어 방사선 장애로 인한 병으로 사망했지. 그리고 앙리 베크렐은 퀴리 부부로부터 받은 정제된 피치블렌드●pitchblende 광석을 웃옷 앞주머니에 기념품처럼 가지고 다니다가 역시 종양으로 죽었다는 일화도 있단다.

● '우라니나이트라고도 한다. 방사성을 띤 광물로, 우라늄 산화물이 많이 함유된 광석이나, 때때로 납이나 토륨 그리고 다른 희토류 원소들의 산화물을 포함하고 있기도 하다.

이렇게 방사성물질을 모아놓거나 일부러 접촉한다면 굉장히 위험할 수 있지. 그렇지만 자연 상태에서 흩어져 있는 일반적인 자연방사선은 유해할 정도의 양은 아니란다. 간혹 지역에 따라 자연방사선의 양이 많이 측정될 수도 있어. 이전에 온천 이야기를 하면서 충청도 근처 온천에서 방사선이 많이 측정된다고 했지? 그 이유가 바로 이 화강암 지대에 온천이 있기 때문이란다.

그러면 온천이 많은 일본은 방사능이 더 많겠네요? 지난번에 일본에서 온천 여행을 갔었잖아요. 우리도 방사선에 피폭된 것인가요?

암석에는 여러 종류가 있지? 일본은 지리적으로 화산대에 위치하는데, 현무암이 화강암보다 많단다. 현무암과 화강암을 비교하면 화강암이 현무암보다 약 3배 방사선이 더 많단다. 이러한 방사선량 차이는 암석마다 만들어지는 과정에서 방사성물질의 양이 들어가는 정도가 달라서 그런 것이야. 소위 일반 지표면인 학교의 운동장이나 논이나 밭의 경우에는 흙이나 모래가 깔려 있지. 지하에 커다란 화강암이 있더라도 이런 지표면의 물질들

191

에 의해 차단되어 사람들에게까지 방사선이 도달하지 않아. 하지만 온천수는 지하에서 끌어 올리기 때문에 방사선이 측정되는 것이지.

아까 인터넷에서 국내 방사선 수치를 검색할 때, "비가 올 경우 대기 중의 자연방사성핵종들(라돈 등)이 씻겨져 내려 방사선 수치가 일시적으로 증가할 수 있다"라고 적혀 있었지? 라돈이나 방사성 핵종이 기체이기 때문이야. 비가 오면 공기 중에 떠돌아다니던 기체가 흡수되어, 지상의 측정기에 의해 측정되는 것이지.

방사선의 위험성에 관해서만 이야기했지만, 앞에서 이야기한 것처럼 방사선이 의료용이나 다른 여러 분야에서 우리에게 도움을 주고 있단다. 우리가 가장 잘 알고 있는 원자력 발전이 그것이지만, 사실 그 외에도 우리 생활과 관련한 여러 분야에서 방사능이 유익하게 사용되고 있단다. 몇 가지 예를 더 들어줄게.

아들은 어렸을 적부터 거의 하루에 한두 알씩 달걀을 먹어서 해당이 되지 않겠지만, 달걀 알레르기를 가진 어린이들이 생각보다 많단다. 아마도 학교에 같은 반 친구 중 두세 명은 반드시 달걀 알레르기가 있을 거야. 이 친구들은 달걀을 먹으면 알레르기 증상이 나타나서 병원에 가서 치료를 받아야 해. 전에 독감 바이러스의 유행 때문에 백신주사를 맞은 적이 있지? 지난번에 백신에 관해 이야기해줬었는데, 백신도 방사선과 관련이 있어.

 백신도요? 상상이 안 되네요.

백신은 독감 바이러스인 항원에 대항하는 항체를 배양해서 만드는데, 제약회사에서 항체를 배양할 때 사용하는 단백질 배양액 물질이 바로 달걀의 흰자란다. 백신의 제조 과정 중에 알레르기를 일으키는 성분이 백신에 포함되는데, 이 때문에 과거에는 백신을 접종받은 사람이 달걀 알레르기와 비슷한 증상을 보이기도 했지. 그래서 주사를 놓기 전에 알레르기 반응 검사를 하기도 했어.

달걀의 흰자에 알레르기를 일으키는 것은 '오브알부민ovalbumin'이란 단백질 때문인데, 이 오브알부민에 방사선을 쪼이면 구조가 변형되어 몸 안으로 들어간 오브알부민 항원을 알레르기를 일으키는 항체가 반응하지 않고 다른 항체가 병원균으로 생각하고 공격을 해서 죽인단다. 그래서 달걀 알레르기가 있는 사람들도 안심하고 백신주사를 맞을 수 있는 것이지.

그리고 우리가 먹는 각종 식품 중에 멸균처리를 위해 방사선처리를 하는 경우가 많아. 멸균을 위해 고온의 열처리를 하는 경우도 있지만, 가열 과정에서 유익한 영양이 파괴될 수도 있기 때문에 영양성분을 보존하고 균만 제거할 수 있는 방사선을 사용하는 것이지. 다른 살균방법에 비해 살균하는 공정이 간편해서 비용도 적게 들고 환경문제 등에 장점이 있기 때문에 사실 가장 좋은 살균방법이야. 하지만 전 세계적으로 방사선 조사살균은 약 250개 품목의 식품에만 이용되고 있단다. 대부분 영국, 미국, 프랑스 등 선진국에서 활발하게 사용되고 있는데, 우리나라에서는 방사선 조사식품에 대한 반감 때문에 많이 사용되고 있지 않아. 많은 사람이 이 방사선 조사식품을 방사선에 오염된 식품으로 오해하는 것이지. 그래서 좋은 살균방법이라는 걸 알면서도 식품업계는 사용을 꺼리고 있어. 이러면 결국 살균을 위한 비용부담이 상품의 가격을 상승시키고 고스란히 소비자의 몫으로 오게 되는 것이지. 이런 문제를 극복하려면 소비자들도 원자력에너지에 관해 정확히 이해할 필요가 있어.

병원이나 원자력 발전에만 방사선을 활용하는 줄 알았는데, 정말 다양한 곳에서 활용하고 있군요. 방사능을 잘 활용하면 인류에게 많은 도움이 되겠어요. 하지만 후쿠시마 원전 사고로 방사성물질이 유출되면서 피해를 보는 것이 사실이잖아요. 그렇게 위험한 원자력 발전을 꼭 해야 하는 것인가요?

지금도 원자력에너지에 관한 논란이 있지. 물론 원자력을 무기로 사용하는 것과는 다른 이야기지. 원자력을 에너지로 사용하는 것 중에 대표적인 것이 전기를 생산하는 발전인데, 발전 효율은 다른 에너지원인 화력이나 수력보다 월등하지만, 원자력 발전을 유지하기 위한 위험성과 폐기에 들어가는 비용과 지구 환경을 생각하면 부정적인 의견도 많아. 그런 논란이 정책으로 반영되어 상반된 모습을 보이기도 해. 일부 유럽 선진국에서는 원자력 발전을 중단하기로 했지만, 중국은 국가적으로 정책적 지원을 하며 확대하고 있지. 원자력 발전은 단순하지 않은 복잡한 문제야. 이제 방사선과 방사능에 관해 알았으니 원자력 발전의 정체를 알아볼까?

Chapter 16

원자력 발전과 동위원소

세상을 이루는 원소는 118가지이다. 하지만 원자의 개념으로 보면 118가지보다 훨씬 많은 종류가 있다. 원자번호는 양성자 수로 정해진다. 이 양성자 수에 따라 전자의 개수도 결정된다. 그런데 원자핵에는 양성자 외에 중성자라는 입자가 있다. 이 입자의 역할은 뭘까. 전기적으로 전하를 띠지 않는 중성자는, 일반적으로 양성자의 수만큼의 양성자와 함께 모여 원자핵을 이룬다. 양성자가 양의 전하를 띠고 있고 양성자끼리 반발하는 척력을 넘는 힘으로 입자가 결합하며 핵이 커진다. 같은 전하끼리 뭉친다는 게 도무지 이해가 가지 않지만, 사이에 중성자가 들어오면 이야기가 달라진다. 중성자가 마치 접착제 같은 역할을 하기 때문이다. 그런데 중성자의 숫자가 반드시 양성자의 숫자와 정확하게 일치하는 것은 아니다. 결국 같은 원소이지만 중성자 수가 다른 원소가 있다는 것이다.

이 원소들은 서로 화학적 성질은 유사하지만 중성자 수의 차이 때문에 질량이 조금씩 다르다. 마치 쌍둥이 형제와 같다. 우리는 이것을 동위원소라고 부른다. 영어로 아이소토프Isotope라고 하는데, 그리스어로 '같다'라는 의미의 isos와 '장소'라는 의미의 topos의 합성어이다. 한자로는 '같은 장소'라는 의미로 동위同位라고 한다. 과학자들이 원소의 성질이 비슷한데 질량이 조금씩 다른 원소가 주기율표에서 같은 위치에 배치되는 것을 확인했고 영국의 화학자 프레더릭 소디Frederick Soddy가 그 의미에 이름을 붙였다. 자연은 약 58종의 천연 방사성 동위원소를 만들었지만, 인간은 인공적으로 1,000종이 넘는 방사성 동위원소를 만들었다. 방사성 동위원소는 여러 방사선을 방출하며 안정한 동위원소로 변한다. 인류가 동위원소의 존재를 확인하고 자연의 권한을 넘으려 한 것이 기회일까 재앙일까.

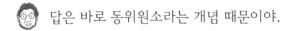 사실 병원이나 제약회사와 식품회사가 사용하는 방사성물질은 비교적 적은 양의 방사선을 방출하는 것들이지. 하지만 원자력 발전소의 경우는 좀 다르단다. 지난번에 일본의 원자력 발전소 사고●로 많은 양과 다양한 종류의 방사성물질이 누출되었지. 대표적인 것 몇 가지만 이야기를 해줄게. 누출된 양으로 따지면 대표적인 게 크세논과 크립톤, 세슘이야. 그리고 바륨과 요오드(아이오딘) 등도 있지.

● 2011년 3월 11일 도호쿠 지방 태평양 해역 지진으로 인하여 후쿠시마 제1 원자력 발전소에서 발생한 방사능 누출 사고를 말한다.

원자력 발전은 우라늄을 가지고 한다고 들었어요. 그런데 왜 우라늄보다 다른 것들이 많은 거지요? 우라늄이 위험한 것 아니에요?

답은 바로 동위원소라는 개념 때문이야.

동위원소…. 이거 전부터 계속 나왔는데… 그렇잖아도 궁금했어요.

자, 이번 기회에 자세히 설명해줄게. 원자라는 것이 원자핵과 전자로 이루어져 있고 원자핵은 양성자와 중성자로 이루어져 있다고 했지. 그리고 주기율표를 자세히 보면 원소기호 옆에 2개의 숫자가 있어. 원자 옆에 적혀 있는 원자번호는 양성자의 수를 나타낸 것이고, 아래에 조그맣게 나타나 있는 숫자들은 원자의 질량으로, 양성자와 중성자의 질량의 합을 나타낸 값이야. 전자는 질량이 거의 없다고 보는 것이지. 지난번에도 말했지만 전자가 0.00055amu이니까 거의 0이라고 해도 무방하다는 거야.

원자량이라고 하는 원자의 질량은 너무 작아서 계산하기가 어려웠지. 그래서 어떤 기준을 만들었어. 그 기준이 되는 것이 바로 탄소-12라는 원자야. 탄소-12는 양성자 6개와 중성자 6개를 가지고 있기 때문에 이 원자의 질량을

12.00000g/㎖로 정하고, 이 기준을 토대로 나머지 원자량을 결정한 것이야. 탄소원자 1㎖, 즉 6.0221415×10²³개가 모이면 그 질량은 12g이 돼. 그러니까 대략 양성자가 1㎖ 모이면 1g이 되는 것이지.

그런데 자연에는 양성자 수는 같지만 중성자 수가 다른 원소들이 있단다. 이 원소들은 원자번호는 같지만 원자량이 달라. 전에도 이야기했지만 이것을 원자의 '동위원소'라고 하는 거야. 주기율표에 적혀 있는 원자량은 자연계에 존재하는 동위원소들의 비율을 계산해서 평균값으로 나타낸 값이야.

이것과 관련한 대표적이고 간단한 사례를 하나 들어볼까? 수소는 원자핵에 양성자 1개와 중성자 1개가 있는 간단한 원자지. 양성자 1㎖이 1g이라고 했으니 우리가 생각할 때 수소원자 핵은 질량이 2g/㎖이 돼야 하는데, 실제 수소의 원자량은 1.000794g/㎖이야. 이상하지 않아?

 그러네요. 뭔가 계산이 이상한데요?

 사실 지구상에 존재하는 수소의 99.985%는 ¹H이라는, 양성자가 1개만 있고 중성자는 없는 수소란다. 흔히 생각하는 양성자 1개에 중성자 1개를 가진 수소인 ²H는 0.015%를 차지해. '중수소'라고 부르지. 심지어 양성자 1개와 중성자 2개를 가진 수소도 있단다. ³H라고 해서 '삼중수소'라고 하지. 원소기호 옆의 숫자는 양성자와 중성자를 합친 숫자야. 이들의 분포비율과 질량을 합하고 평균을 내면 1.000794g/㎖이 되는 것이지. 주기율표에 나오는 원소량은 이런 과정을 거쳐서 계산한 값이야.

 아~ 그래서 수소원자를 수소양성자라고도 부르는 거군요?

 그건 중성자가 없는 수소원자에서 전자 하나까지 버려진 경우야. 정말 수소양성자 1개만 있어서 H⁺라고 표현했잖아. 자! 다시 우라늄 이야기로 돌아가볼까? 우라늄은 양성자가 92개 있는 원자야. 원자량은 238.02891g/㎖이란다. 자연계에서 우라늄(U)의 동위 원소는 원자량 234, 235, 238이 존재한단다. 232부터 240까지도 존재하긴 하지만 나머지는 인공적으로 만들어지는 동위원소들이지. 234는 극미량이니 235와 238만 살펴볼까? 천연 우라늄의 99%는 우라늄-238이고, 0.7%는 우라늄-235거든. 중성자의 개수와 양성자의 개수가 합쳐서 235개이면 우라늄-235가 되는 것이고 둘의 합이 238개이면 우라늄-238이 된단다.

중성자의 숫자가 일정 수량이 되면 그 원자는 안정되지만 그보다 많거나 적으면 불안정한 원소가 되어 스스로 분열하는 붕괴 과정을 거쳐 방사선을 방출하게 되는 거야. 우라늄-238이 그나마 안정적인 편이라 핵분열시키기가 어려워서 천연 우라늄을 농축하여 우라늄-235의 비율을 높이는 과정인 농축 과정이 필요한 것이지. 우라늄-235는 불안정해서 스스로 분열하는 원소에 속하기 때문이야.

우라늄 농축이요? 그거 뉴스에서 들어본 것 같아요. 왜 농축을 하는가 했더니 바로 핵분열을 잘하려고 그러는 거였군요?

쉽게 말하면 그렇단다. 농축 과정까지 자세하게 알 필요는 없지만, 우라늄을 기체로 만들어서 원심분리기로 무거운 것을 분리해내는 것이지. 우라늄-238이 무겁기 때문에 분리가 가능해. 이렇게 우라늄-235가 3~5% 정도 되도록 농축시킨단다. 3~5% 정도만으로도 원자력 발전에 사용할 수 있기 때문이지. 그리고 핵폭발을 일으키는 데 필요한 최소 농도는 30%란다. 만약 99%까지 농축시키면 이것이 바로 원자 폭탄이 되는 거야. 이런 이유에서 평화적 이용을 목적으로 하는 농축 우라늄의 추출은 농축도가 통상 20% 이하로 제한되어 있어. 국제원자력기구에서 핵확산 방지를 목적으로 규정하고 국가 간에 협의한 것이지.

그렇다고 3~5%의 우라늄-235도 혼자서 스스로 핵분열하는 것이 아니야. 중성자를 흡수해서 더 불안정해지면, 우라늄 원자핵은 세슘, 루비듐, 요오드, 이트륨 같은 다른 원자핵과 중성자로 분열하는 거야. 이때 질량 손실로 인해 막대한 열이 발생하는 것이지. 그리고 비록 우라늄-238이 안정한 원소이지만 95%의 우라늄-238도 중성자를 흡수하면 우라늄-239로 변하지. 이 우라늄-239는 다시 불안정한 원소이기 때문에 다시 붕괴해서 넵투늄-239, 또 붕괴해서 플루토늄-239가 된단다. 여기서 마지막 단계인 플루토늄-239가 스스로 분열하는 물질이야.

원자력 발전은 이렇게 핵이 붕괴하면서 발생한 에너지가 막대한 열을 발생하며 물을 수증기로 만든단다. 그리고 그 증기의 힘으로 터빈을 돌려 우리가 사용하는 전기를 만드는 거야. 이때 터빈을 돌리고 난 증기는 냉각수에 의해 온도가 내려가고 다시 물이 되는 것이지. 일본의 후쿠시마 원자력 발전소도 바다에 있고, 우리나라의 대부분 원전도 바닷가에 있는 이유가 바로 이것이야. 원자로를 식히는 냉각수는 초당 수십 t에서 수백 t이 필요해. 이처럼 엄청난 양의 냉각수를 손쉽게 공급하려면 원자력 발전소를 바닷가에 짓는 것이 유리한 것이지.

아~ 정말 대부분의 원자력 발전소가 바다 근처에 있는 것 같아요.

원자력 발전소에 높게 솟아 있는 것은 굴뚝이 아니라 냉각탑이란다. 그래서 탑에서 뿜어대는 하얀 기체는 연기가 아니라 냉각수 수증기야. 바로 이 위치 때문에 원전 사고가 나면 바다로 방사성물질이 유출되는 것이지.

방사선의 종류와 특징을 이야기하면서 다른 물질과 상호작용을 한다는 이야기를 해줬었지? 그 상호작용이라는 것은 방사선이 물질과 부딪히면 물질을 이온화시키는 것을 말하는 거야. 이온화는 계속 들어봤었지? 원자나 분자를 분리해버리는 것이지. 중성인 분자나 원자에서 전자를 빼앗거나 더하면서 물질의 상태를 변화시키기 때문에 해롭다는 것이지. 방사선에 피폭이 되면 세포가 손상되고 조직이 파괴되는 이유가 바로 이온화에 있는 거야.

예를 들어 방사성 요오드는 보통 호흡기를 통해 몸 안으로 들어오지. 요오드는 갑상샘에 저장이 되고 베타선을 방출한단다. 베타선은 반응성이 좋아. 방출되는 거의 모든 양이 세포를 파괴하지. 베타선에 노출된 갑상샘 세포는 죽거나 유전자 변이를 일으켜 암이 되는 거야. 이와 같은 원리로 병원에서 갑상샘암 환자에게 소량의 방사성 요오드를 투입하고 갑상샘암세포를 죽여 치료하

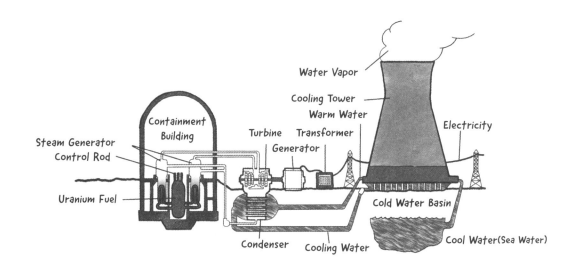

198

는 데도 사용해. 암을 만들기도 하지만 암세포를 죽이는 데에도 사용하지.

한 가지 예를 더 들어볼까? 뉴스 보도에서 세슘이란 말은 많이 들어봤지? 세슘-137의 경우에는 대부분 근육에 저장이 되는데, 이때 방출하는 방사선은 근육 안의 물과 반응해서 화학물질을 만들고, 이 화학물질이 DNA의 구조를 변형시켜 유전병을 발생하게 한단다. 그리고 원전 사고에서 나오는 방사선 가운데 인체에 가장 큰 피해를 주는 것은 감마선이야. 투과력이 아주 뛰어나 신체의 장기에 침투해서 손상시키거나 변형시키지.

이처럼 일본 후쿠시마현 원자력 발전소에서 배출된 세슘(Cs)·스트론튬(Sr)·요오드(I) 등 각종 방사성물질은 주변의 모든 생물에 악영향을 미친단다. 특히 세슘이나 스트론튬의 반감기는 30년 가량 되어서, 쉽게 사라지지도 않아. 결국에는 먹이사슬을 따라서 피라미드의 최상위 계층인 사람에게 오게 되어 있지. 사람이 직접 방사선에 대량으로 피폭되면 유전자 이상, 암 등 심각한 질병에 걸리게 되지. 피부와 조직이 괴사하고 사망에 이르기도 해. 간접적으로는 땅에 흡수된 방사성물질이 식물의 뿌리를 통해 흡수되고 농작물에 잔류하지. 이런 오염된 농작물을 결국 가축이 먹게 되고 가축을 통해서 얻는 축산물에도 방사성물질이 축적되지. 바다를 통해 유출된 방사성물질도 해산물을 오염시키고, 결국 모든 것은 사람에게 돌아오는 거야.

아~ 세슘은 들어봤어요. 발전소 붕괴로 바다가 오염됐고 일본에서 들여오는 어패류에 세슘이 함유됐다는 보도를 본 적 있어요. 이런 세슘 같은 원소는 없어졌으면 좋겠어요.

하하! 물질은 분명 우리에게 해를 줄 수도 있지만, 또 잘 활용하면 도움을 받을 수도 있어. 방사성물질이 피부나 인체 조직을 파괴하는 것을 잘 활용하면 몸 안에 있는 나쁜 조직을 제거할 수도 있거든. 예를 들면 암세포는 이런 방사성물질로 치료를 해. 그리고 세슘은 우리가 늘 사용하는 시간을 결정하는 원소이기도 해.

아~ 그럴 수도 있네요. 그런데 세슘이 시간을 결정한다고요?

세슘과 시간에 관해서는 지금 하려는 에너지 이야기가 끝나고 나서 알려줄게. 아무튼 원자력에너지는 편리하고 쉽게 대량의 에너지를 얻을 수 있으면서도, 화석연료를 사용하지 않아 대기와 환경의 오염을 줄일 수 있는 우수한 에너지원이지만, 현재까지도 그 위험성 때문에 논란이 있어. 아들도 원자력에 대한 정확한 이해를 통해 스스로 생각을 정리하는 것이 중요하단다.

그러면 아빠는 개인적으로 어떤 편이에요? 원자력을 사용하자는 편인가요? 아니면 사용하지 말자는 편인가요?

하하! 이런 데 이편, 저편이 어디 있겠니? 원자력은 화석연료와 달리 온실가스를 거의 배출하지 않아. 그래서 지구 온난화나 환경에 미치는 영향이 적지. 그런데도 많은 에너지를 방출하기 때문에, 효율성이라는 측면에서는 최고를 자랑하지. 하지만 사고가 일어나면 막대한 피해가 발생할 위험성이 있다는 것을 알아야 해. 그리고 방사성폐기물의 문제도 있어. 방사성폐기물에는 작업할 때 입는 방호복이나 각종 공구와 폐필터, 이온교환수지, 노심에서 발생하는 핵분열 생성물들과 초우라늄●원소들을 포함한 폐액 등이 있지. 방사능 레벨에 따라 드럼통에 넣은 후 시멘트에 굳히거나 폐액과 유리가 섞인 고온의 액체를 캐니스터 _canister_ 라고 불리는 스테인리스제 전용 용기에 집어넣은 후 300m보다 깊은 지하에 묻는단다. 전 세계적으로 매년 그 양이 약 1만 2,000t씩 증가하고 있다고 하니 어쩌면 그 효율에 눈이 멀어 후손에게 엄청난 부담을 주는 건 아닌가 하는 생각이 드는구나. 자연은 석탄이나 석유와 같은 화석에너지를 인류에게 유산으로 주었는데 결국 무분별하게 사용하면서 온실가스를 배출하고 원자력을 사용하면서 무기와 방사성폐기물 등으로 자연에게 엉뚱한 보답을 하는 것 같아.

오히려 태양에너지를 이용한 발전에 더 노력하는 것이 좋지 않을까 하는 생각도 들어. 전에 태양에 관해 이야기를 했었지. 태양은 끊임없이 열복사에너지를 지구에 주고 있는데, 사람들은 이 에너지의 대부분을 활용하지 못하고 있거든.

● 우라늄의 92보다 더 큰 원자번호를 가진 원소를 말한다. 플루토늄과 넵투늄을 제외하고는 지구 상에서 자연적으로는 발견되지 않는다. 모든 초우라늄원소는 방사성을 띠며, 반감기가 짧다.

Chapter 17

태양의 무궁한 에너지를 전기로

인류는 지금까지 지구 내부에서 에너지원을 조달했다. 인류가 불을 다룰 줄 알게 되면서 목재를 사용했고 산업혁명 이후 석탄과 석유와 같은 화석연료를 이용했다. 물론 지금은 화석연료가 고갈된 상태는 아니다. 아직도 지구 내부에는 화석연료가 충분하고 자원을 끌어다 사용할 수 있다. 하지만 화석연료는 그 특성상 온실가스를 배출할 수밖에 없다. 화석연료는 유기물이 만든 탄소화합물이다. 산소와 결합하며 탄소화합물의 결합을 끊어내고 방출되는 에너지를 얻고 탄소와 산소의 반응물을 만든다. 그 반응물 중에 이산화탄소는 온실가스의 대표적 물질이다. 지금은 화석연료의 고갈이 문제가 아니라 사용량이 문제가 됐다. 온실가스가 여러 가지 문제를 일으킨다는 사실을 알게 된 후로 온실가스 절감을 위한 노력이 진행 중이다. 결국 온실가스를 발생하지 않는 에너지로 관심이 집중된다. 온실가스를 배출하지 않는 원자력이 등장했지만, 결코 이롭기만 한 자원은 아니다. 그 외에도 바람과 물의 낙차를 이용하는 다양한 대체 자원이 있다고는 하지만, 아직 인류가 생활에 사용하기 위한 에너지를 얻기에는 턱없이 부족하다.

지구와 생명체에게 필요한 모든 에너지 원천은 태양에서 온다. 인류가 지구에 나타나기 전부터 태양은 에너지를 지구에 보내왔다. 태양이 1시간 동안 지구의 지표면에 보내주는 에너지는 전 인류가 1년 동안 일상생활에 사용할 수 있는 에너지양과 맞먹을 정도로 크다. 하지만 인류는 이 에너지를 충분히 활용하지 못하고 있다. 모든 물질이 방출하는 에너지는 열과 빛이라는 형태로 나온다. 태양에너지를 활용하는 방법은 두 가지이다. 태양으로부터 열에너지를 바로 얻는 방법과 태양 빛을 전기로 바로 바꾸는 태양광 발전이다. 두 가지 모두 공통적인 단점이 있다. 태양에너지가 충분하지 않은 날씨나 태양이 사라지는 밤에는 이용할 수가 없다. 그리고 전기는 특성상 바로 사용할 수밖에 없다. 그래서 전기를 저장하고 원할 때 사용할 수 있는 2차 전지와 저장기술이 등장했다. 아직은 태양에너지를 전기로 전환하는 효율이 기대에 못 미치고 생성된 전기를 저장할 수 있는 전지 효율이 낮지만, 머지않은 미래에는 온실가스를 배출하지 않는 에너지원만으로 생활할 수 있을 것이다.

아하, 태양열이요? 우리 학교에도 태양열 발전판이 있어요. 그런데 작동이 되는지는 모르겠어요. 조그마한 식물원 쪽에 설치가 되어 있긴 한데요.

음, 아빠가 그 시설을 보진 못했지만 아마 발전 시설은 아닐 거야. 지금도 지방에 가면 비닐하우스 농사를 짓는 분들도 사용하고 있고, 일반 주택에 태양열 집열판을 설치한 곳도 있어. 하지만 그건 발전 시설이 아니라 태양열을 모아 온수를 만들어서 난방을 하기 위한 시설이란다. 아마 너희 학교에서도 간이 식물원의 온도 조절 때문에 설치했을 거야. 하지만 지금 얘기하려는 건 태양열이 아니고 태양 빛이야. 차세대 에너지 자원으로 주목을 받아, 전 세계 기업이나 연구소에서도 앞다투어 연구하고 있는 것이 바로 태양 빛을 이용하여 전기를 만드는 태양광 발전이지. 요즈음에는 길가의 가로등에서도 볼 수 있다고 하더구나. 태양광 발전은 태양열 발전과는 다른 원리로 작동한단다. 태양열 발전처럼 열을 모아 발전에 이용하는 것은 아니야. 태양광 발전은 태양의 전자기파를 직접 이용해서 전기를 만드는 것이지.

그렇군요. 전에 태양광 발전을 하는 검은색 판을 만져본 적이 있는데, 무척 뜨거워서 그 열을 이용하는 줄 알았어요. 그런데 신기해요. 어떻게 빛을 전기로 바꾸는 것인가요?

사실 태양광 발전의 기본이 되는 태양전지●Solar Cell는 역사가 꽤 오래되었어. 인류가 전기를 사용하기 시작할 때부터 전기를 저장할 수 있는 기술에 대한 필요성이 제기되었고, 태양전지 또한 1960년대부터 세상에 나오기 시작되었지. 전기는 그 특성상 저장해둘 수 없고, 만들어지면 바로 써야 하기 때문이야. 여름이 되면 치솟는 전력소비량 때문에 대규모 정전사태가 일어난다거나, 예비전력량이 얼마 안 남았다고 보도하는 것을 뉴스에서 들어봤을 거야.

● 태양 에너지를 전기 에너지로 변환할 수 있는 장치. 여기서 전지란, 전기를 담아두기 위한 부품이 아니라 물리적 또는 화학적 작용을 통해 전기 에너지를 발생. 공급시키는 장치의 통칭이다.

저도 이상했어요. 전기를 발전소에서 만들고 저장했다가 다음에 모자라면 다시 꺼내어 사용하면 될 것 같은데, 여름철에 발전소를 전부 가동을 한다느니, 최대 사용량이 늘어서 전기를 아껴 써야 한다고 하더라고요. 학교도 여름에 더워서 공부를 못 할 정도예요.

집에 있는 리모컨이나 보조배터리는 건전지와 같은 1차 전지나 2차 전지에 저장된 전기를 사용할 수 있지만, 전 국민이 사용하는 양, 아니 우리 동네 가구가 사용하는 양 정도의 전기조차도 저장하기 쉽지 않아. 그래서 우리가 전기를 사용하는 한, 현재의 발전 시설을 멈출 수가 없어. 그래서 밤에는 낮보다 비교적 전력사용량이 떨어지니 전기가 남는 것이고. 어차피 남는 전기는 저장이 안 되니 버려야 하지.

이해가 안 되는데요? 분명히 건전지도 있고, 요즘은 전기자동차도 나오잖아요. 전기를 분명 저장할 수 있잖아요.

그것은 네가 나중에 전자기학을 공부하면 쉽게 알 수 있을 거야. 만일 지금 우리가 사용하는 전기를 그 자체로 저장할 수 있다면 지구상의 에너지 문제는 완전히 사라질 거야. 번개나 정전기같이 자연적으로 생기는 전기를 저장해두었다가 이용해도 되고, 그 외에도 여러 가지 방법으로 남는 전기를 저장했다가 사용하면 되지 않겠니. 하지만 아직은 지구상에서 전기 그 자체를 저장할 수 있는 기술이 없어. 네가 궁금해하는 것 같으니 간단하게 설명해줄게. 어차피 태양전지 이야기를 해주려고 했으니 말이야.

지금 네가 말한 건전지나 전기자동차 같은 것들은 정확하게 말하면 전기를 저장해서 쓰는 게 아니라 전기를 다시 만들 수 있는 다른 형태의 에너지로 저장하는 것이란다. 실제로 사용할 때 전기에너지로 전환을 하게 되는 것이지.

이 중에 한 번 사용하고 버리는 것을 1차 전지라고 하고, 다시 충전해서 사용하는 것을 2차 전지라고 해. 전기자동차뿐 아니라 휴대폰 배터리, 노트북 등 충전을 해서 사용하는 제품에는 대부분 이런 2차 전지가 들어가지. 다시 말하지만, 이것은 전기를 직접 저장하는 것이 아니야. 전지의 원리는 화학과 깊은 관련이 있어. 화학적 방법으로 일정량의 전기를 사용할 수 있게 한 제품이지.

화학은 전자의 이야기라고 설명한 적이 있지? 전지의 기본 원리는 양쪽 전극에서 산화와 환원 반응으로 전자가 이동하는 원리야. 양쪽 극성의 전위차가 전자를 움직이는 원동력인 셈이야. 2차 전지의 특징은 충·방전이 가능하다는 것인데, 높은 곳에 있는 물이 높이차로 낮은 곳으로 떨어지는 것이 바로 방전 원리란다. 여기에서 물에 해당하는 것이 바로 '전자'야. 그리고 떨어진 물을 다시 높은 곳으로 올려놓는 것이 충전이란다. 그리고 물의 낙차, 즉 전위차가 클수록 전압이 커질 수 있는데, 화학물질 중에 전위차를 크게 할 수 있는 물질이 제한돼 있단다. 그래서 전지의 전압을 무작정 높일 수가 없지.

요즘 전기차도 2차 전지라고 들었는데, 그러면 어떻게 낮은 전압과 전류로 큰 차를 움직일 수 있는 건가요?

요즘 전기차가 대세라는 이야기를 들었구나? 너도 알다시피 에너지가 우리 미래의 중요한 화두지. 인류의 관심은 지구를 불덩이로 만드는 화석에너지 사용에서 벗어날 수 있는 대체 에너지에 집중돼 있지. 이런 화두의 중심에 있는 것 중 하나가 바로 전기자동차란다. 자동차 강국인 유럽도 화석에너지로 동작하는 자동차 생산을 기한을 두고 중단할 예정이야. 중국도 전기자동차에 미래를 걸었지. 한 세기를 풍미해온 자동차라는 탈것에 혁명이 일어난 거야. 이제 자동차에 사용할 충전지가 인류의 숙제가 됐지. 한 번 사용하고 전지를 버릴 수는 없잖아. 전기차라고 엄청난 크기의 전지가 들어가는 것이 아니라 우리가 생활에 사용하는 것과 같은 2차 전지가 들어간단다. 대신 많은 양이 들어가지. 예를 들어 미국 T사의 전기차인 모델 S에는 소형 18650● 충전지가 6,000개나 들어간단다. 화석연료 저장 공간과 엔진이 없는 자동차 바닥에는 엄청난 양의 전지가 그 공간과 차량 가격을 차지하고 있지.

이제는 전지에서 전위차를 늘리고 떨어진 물을 어떻게 하면 한 방울도 흘리지 않고 다시 높은 곳으로 가져다 놓느냐가 관심사가 됐단다. 충·방전을 하염없이 계속할 수도 없는 일이잖아. 2차 전지를 구성하는 요소가 무너지면

● 굵기 18mm에 길이 65mm 라는 뜻으로 이름 지어진 충전지의 규격. 손전등, 스마트폰 보조 배터리, 노트북, 캠코더 등 일상생활의 다양한 제품에 사용되는 2차 전지이다.

204

전지의 생명은 끝이 나거든. 휴대전화와 노트북에 사용하는 2차 전지는 대략 500회 정도면 생명을 다하지. 하지만 자동차는 그 이상을 동작해야 한단다. 차 가격의 절반을 차지할 정도의 전지 비용이 드는데, 이걸 지금의 휴대전화 배터리처럼 빈번하게 교환해야 한다면 누가 이 차를 사겠어.

헐~ 그러면 전기차도 우리 휴대폰 보조배터리에 사용하는 리튬이온 같은 걸 사용한다고요?

현재 2차 전지 대부분은 리튬이온을 사용한단다. 수많은 양극 활성 물질이 있지만 현재까지 리튬의 지위가 굳건한 이유는 간단해. 리튬원자는 매우 낮은 전위에서 산화와 환원이 일어나기 때문에 높은 전위차를 만들기에 유리하지. 그리고 원자번호 3번인 리튬원자는 작고 가벼워 같은 부피 안에 더 많은 에너지를 저장할 수가 있고 가장 긴 수명을 자랑한단다. 이러한 이유로 지금까지 우위를 점령했고 미래의 전기자동차 분야에서도 계속 주목하고 있지. 그리고 음극으로는 주로 흑연을 사용한단다. 흑연을 사용하는 이유도 간단해. 환원 전위가 낮기 때문이지. 그리고 가격이 워낙 저렴하기 때문이야.

전기 이야기인데 안을 들여다보면 완전 화학이네요. 그러면 발전소에서 전기를 만들고 바로 저장하면 되지 않나요?

이렇게 전기를 화학에너지, 위치에너지, 운동에너지나 열에너지 등으로 전환해서 저장했다가 다시 전기를 만드는 것은 가능하지만, 전기 자체를 직접 저장하기 어려운 이유는 바로 우리가 사용하는 전기가 대부분 '교류전기'이기 때문이란다.

교류전기요? 그거 과학 시간에 배웠어요. 그런데 왜 교류전기를 저장할 수 없죠?

현재의 기술로는 교류전기는 저장할 수 없단다. 그나마 전지를 이용해 직접 저장할 수 있는 건 직류전기뿐이야. 교류전기가 뭔지 간단히 말해줄게. 건전지를 보면 양극(+)과 음극(−)이 있는 것을 알 수 있을 거야. 리모컨이나 건전지가 필요한 소형의 전자 제품을 보면 대부분 건전지를 끼우는 곳에도 표시가 되어 있지. 그런데 TV나 휴대폰 충전기 같은 전원을 넣는 곳, 즉 콘센트를 보면 음극, 양극이 표시되어 있는 것을 본 적이 있니?

아니요. 그냥 구멍이 2개나 3개 있지요. 그러고 보니 아무런 표시가 없네요. 그냥 전원 플러그를 방향에 맞게만 끼웠는데요. 뭔가 다르긴 하네요?

직류直流, Direct Current는 '곧게 흐른다'라는 말이야. 전류가 한 방향으로 흘러간다고 해서 직류라고 해. 시간이 지나도 크기와 방향이 일정하지. 영어 약자로 DC라고 해서 제품에 쓰여 있어. 그런데 교류交流, Alternating Current는 전류의 방향이 주기적으로 변한단다. 마찬가지로 제품에 AC로 표시되어 있지.

그래도 잘 모르겠어요. 방향이 변한다는 것이 어떤 것이지요?

전구에 불을 켜기 위해 건전지를 넣는 걸 생각해보자. 건전지의 양쪽 극을 전구의 양극과 음극이 표시된 곳에 맞추어서 넣게 되어 있지? 하지만 가전 제품의 전기 코드를 보면, 전선이 두 가닥이 있는데, 이 경우 따로 음극과 양극이 구분되어 있지 않잖아. 두 선에서 양극과 음극이 번갈아가며 크기가 변하면서 나오는 것이란다. 보통 가정용 전기는 방향과 크기가 변하는 걸 1초에 60번 정도 반복하지.

그러면 전기가 들어왔다 안 들어왔다를 반복하는 거네요. 그러면 직류가 좋은 것 아닌가요? 왜 교류를 사용하지요?

여러 가지 장점이 있지. 교류의 가장 큰 장점은 변압기를 통해 쉽게 전압을 고압으로 바꿀 수 있다는 것이야. 만약 발전소에서 각 가정까지 전기를 보내기 위해 먼 거리를 송전하는 경우에 고압으로 송전을 하면 효율이 높아지지만 가정에서는 고압을 직접 사용할 수는 없지. 그래서 변압기로 전압을 다시 낮춘 후에 가정에서 사용하는 것이지. 변압기를 통해 전압을 높이거나 낮추는 것이 직류에 비해 훨씬 쉽고, 효율적이기 때문이야. 이렇게 할 수 있는 이유는 교류전기는 전자기유도 현상을 이용해 전압을 조절할 수가 있기 때문이란다.

그렇다면 직류는 전송이 안 되나요?

직류도 전송은 가능하지. 하지만 직류는 멀리 보내기 어렵단다. 그래서 전압을 높여야 하는데, 직류 전압을 높이려면 비용이 많이 들지. 전력 손실을 줄이기 위해, 전압을 높이는 대신 저항을 줄이는 방법도 있긴 해. 그렇다고 저항을 줄이기 위해 그 비싼 금이나 은으로 송전선을 만들 수는 없잖니. 사실 대부분의 전자 제품은 내부에 직류전기를 사용해. 그래서 교류로 들어온 전기를 직류로 변환하는 장치를 사용하지. 네가 휴대폰 충전을 위해 늘 어댑터라는 것을 필요로 하는 이유란다.

전기에너지는 무조건 흘러야 한단다. 가만히 있으면 그것이 바로 '정전기'야. 전기가 모여 있던 곳에 손을 대면 따끔거리며 몸으로 전기가 흐르게 되는 것이지. 사용한 후, 전기가 남아도 그 자체로 저장할 수가 없기 때문에 전기 저장 기술의 필요성은 지속해서 제기되어왔어. 그리고 지금은 남는 전기를 저장해야 한다는 목적 이상으로 전기를 발생시키는 근원적인 에너지를 대체하려는 목적도 있단다. 지금은 태양광 발전이 확산하고 있는 추세지. 물론 풍력과 조력 등의 대체에너지 발전도 확산하고 있어.

비록 대체에너지가 지금의 화석에너지나 원자력에너지보다 발전 능력이 부족하고 발전량이 적더라도 전기에너지를 잘 저장할 수 있다면 유용하게 사용할 수 있기 때문이지. 그래서 대체에너지 발전의 개발과 함께 전기 저장 기술에 매달리고 있는 것이야. 아빠가 전에도 이야기했지만, 화석연료를 사용하는 화력 발전이나 위험성 높은 원자력에너지보다 이러한 대체발전이 먼 미래를 보면 더욱 인류에게 유익할 거라고 생각해. 아무래도 자원이 고갈되거나 온실가스도 없고 방사능이 누출되어 인류를 위협할 걱정이 없으니까 말이야.

풍력이나 조력은 배웠어요. 바람 등을 이용해서 발전기 모터를 돌려서 전자기유도를 통해 전기를 생산한다고요. 코일에 자석을 돌려서 자기력으로 전기를 얻는 원리잖아요. 화력이나 원자력도 결국 열에너지를 이용해 물을 데우고 그 증기로 터빈을 돌려서 발전하는 것이고요. 그런데 태양광은 대체 어떻게 그렇게 널찍한 판에서 전기가 나오는 거지요? 태양광 발전도 결국 물을 데우고 터빈을 돌려서 전자기유도를 하는 거 아닌가요?

태양열 발전은 그런 원리였지. 하지만 열에너지가 너무 낮아서 효과적으로 전기를 발전하기 어려웠어. 지금 연구하는 대부분의 태양광 발전은 바로 태양전지Solar cell라는 걸 사용하지. 태양전지는 반도체 기술을 이용해 만든단다.

태양에서 오는 전자기파가 태양전지의 바깥 표면에 있는 특정 물질층과 충돌하면서 물질을 이루는 원자의 전자에 에너지를 보내지. 태양으로부터 에너지를 받은 전자는 힘이 세지게 되고 어느 정도 힘이 쌓이면 원자의 결합에서 떨어져 나간단다. 떨어져 나간 쪽이 전지에서 양극(+)이 되는 것이야. 양극 쪽 물질이 태양의 특정 전자기파에 민감하게 반응하는 물질인 셈이지.

예전에 LED를 설명하면서 반도체에 관해 얘기한 적이 있지? 복습해볼까. 원소 주기율표는 성질이 비슷한 것들끼리 기막히게 잘 정리한 표라고 했었지? 여기서 14족 원소인 저마늄(Ge)과 실리콘(Si)이 사용된단다. 원자가전자가 4개인 14족인 물질과 5개인 15족 원소를 결합하면 맨 바깥 껍질에 8개가 채워지고 과잉전자, 즉 전자 하나가 남게 되는 N형 반도체가 만들어지지. 그리고 다른 편에 14족인 물질과 원자가전자가 14족보다 하나 모자라 3개인 13족 원소를 결합하여, 바깥 껍질에 8개를 채우지 못하고 7개가 채워지면서 하나가 비어서 정공이 생기는 P형 반도체를 만든다고 했었어.

전에도 얘기했지만, 한쪽은 하나가 모자라고 한쪽은 하나가 남게 되면 둘 사이엔 심각하고 재미있는 일들이 일어난단다. 항상 서로 뭔가를 원하기 때문이란다. N형 반도체에서 외곽에 하나 남아 있던 전자가 태양의 에너지를 받게 되면 분자 결합에서 떨어지지. 이렇게 P형과 N형을 붙여놓은 경계면에 전기 마당이 생기는데, 전자가 필요한 P형 쪽에서는 전자를 끌어당기게 되고, 전기가 흐르는 거지.

예를 들면 14족인 원자번호 32번 게르마늄(Ge)과 13족 원소인 원자번호 31번 갈륨(Ga)으로 P형 반도체를 만들고, 15족인 원자번호 33번 비소(As)를 가지고 N형 반도체를 만든단다. 결국 태양전지도 이런 반도체 공정 기술로 만들어지는 것이지.

요즘은 염료감응태양전지Dye-sensitized solar cell; DSSC, 染料感應太陽電池에 대한 연구도 활발하단다. 태양 빛을 받으면 전자를 방출하는 특수한 화학물질 염료를 이용하는 것이지. 여기서 나온 전기를 전극을 이용해 흐르게 하는 방법이란다. 반도체를 사용하는 기존의 태양전지에 비해 염료감응태양전지는 가격이 저렴하단다. 값싸면서도 에너지 효율이 높기 때문에 생산비용을 낮출 수 있지. 게다가 유리 같은 곳에도 설치할 수 있어서 우리가 지금껏 보았던 널찍한 땅에 만드는 것이 아니라, 건물의 유리창이나 벽면이나 자동차 유리에 붙여서 사용할 수도 있지.

이렇게 전통적인 태양전지에서 실리콘의 결정을 바꾼다거나, 다른 물질

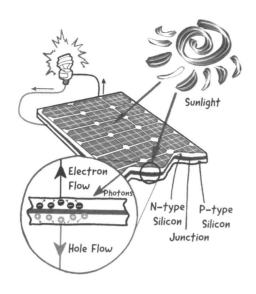

로 대체한다든지, 아니면 반도체를 다층으로 만든다든지, 탄소나노튜브를 이용하는 등의 여러 가지 연구가 활발하게 진행되고 있는 이유는 아직 태양전지의 효율이 만족할 수준이 아니기 때문이야. 전기의 생산 효율을 극대화하기 위해 수많은 과학자와 공학자가 지금도 연구실에 불을 켜고 있는 것이란다.

🧑 아~ 태양전지에 대해서 이제 감이 와요. 그리고 이건 지금까지 이야기 해주신 과학 이야기의 집합체 같아요! 원소, 화학, 산화, 흑연 등등….

🧑 아빠가 이렇게 태양과 관련하여 여러 가지 이야기를 하는 이유는 결국 지구의 대부분의 에너지를 태양으로부터 받기 때문이고 이를 이용해서 지구의 모든 생명체가 살아가고 있기 때문이야. 당연한 것처럼 매일 아침에 뜨고 저녁이면 지는 태양이지만, 그 안에서 수소원자 하나가 벌인 일은 먼 곳에 떨어진 지구의 모든 생명체가 움직이는 동력이 되는 것이지. 이 모든 것의 원리를 알아내는 것이 바로 과학의 힘이야. 그 원리를 알고 활용할 수 있으면 인류가 더욱 나은 삶을 살 수가 있지. 과학이 어렵다고 느끼지만 결국 이렇게 작은 원자하나가 벌이는 일이야. 이 말은, 작은 사실 하나를 제대로 안다면 그걸 토대로 더 큰 세상을 이해할 수 있다는 이야기이기도 하지. 결국 과학은 세상 모든 사물의 근본을 찾는 일인 거야.

앞으로도 네가 살아가는 동안에 많은 의문과 질문을 마주하게 될 거야. 네 앞에서 벌어지는 모든 현상에는 저마다 그 이유가 있단다. 단지 네가 이유를 모를 뿐이지. 자연은 정말 불필요한 것을 만들지 않아. 복잡해 보이지만 분명 특정한 규칙을 가지고 움직이고 있을 뿐이고, 그게 섞여 있으니 복잡해 보이는 것뿐이야. 세상이 움직이는 규칙을 알게 된다면, 아마도 아들은 세상을 바라보는 진정한 눈과 마음을 가지게 될 거야. 아빠는 네가 그렇게 될 때까지 옆에서 늘 네 친구가 되어줄게.

우와, 아빠가 친구라니! 어라, 친구? 그러고 보니 친구랑 이따가 만나서 놀기로 했는데 아빠 이야기 듣는 데 정신이 팔려서 늦었네요. 지금 몇 시죠? 집에 있는 시계가 좀 늦게 가는 거 같은데요.

Chapter 18

시간을 결정하는 원자

시간의 정체는 무엇일까. 손으로 만질 수 없는 시간은 인간이 만든, 직관적이지 못한 개념이다. 하지만 아직도 인간은 그 시간의 실체를 정확히 파악하지 못했다. 그저 세상의 사물을 이해하기 위해 하나의 도구이자 변수로 사용할 뿐이다. 지금도 시간의 실체에 접근하려 끊임없이 노력하고 있다.

가끔 탁상시계의 초침을 물끄러미 보고 있으면, 냉정한 흐름이 느껴진다. 복잡한 세상과 떨어져 제 할 일만 고집하는, 성실하지만 가끔은 이기적이기까지 한 모습이다. 현대인들은 늘 시간에 쫓기며 살아가고 있다. 어쩌면 인간은 편의를 위해 스스로 만들어낸 그 시간의 덫에 걸려 팍팍한 나날을 살아가고 있다는 생각이 든다. 시간을 거슬러 올라가본다. 지금처럼 하루를 8만 6,400개의 초second 단위로 정확히 나누기 전, 인간의 삶에서 시간은 지금과 다른 의미였을 것이다.

어떤 문명에는 '두 번째 잠'이라는 생활 문화가 있었다고 한다. 첫 번째 잠을 초저녁에 자고 얼마 되지 않아 깨어 몇 시간 동안 활동을 하고 다시 두 번째 잠을 청했다는 것이다. 인공의 빛이 인류의 생활에서 어둠을 몰아내고 밤을 빼앗은 것처럼, 시간이라는 개념이 인류에게서 여유와 휴식을 빼앗아버렸는지도 모른다. 과거의 사람들에게 시간은 그저 일상생활과 눈에 보이는 현상을 기준으로 우주의 흐름을 짐작하는 대상일 뿐이었다. 해가 뜨면 움직이고 해가 지면 잠을 자며, 계절에 맞춰 할 일을 찾아서 했을 것이다. 지금처럼 인간이 만든 시간에 쫓겨 사는 게 아니라, 주변 환경의 변화에 맞춰 순응하며 살았을 것이다. 누군가와 만나기로 한 저녁 약속도 '해 질 녘'이나 '해거름', '보름달이 뜨는 날' 같은 식으로 느슨하게 정하기도 했을 것이다. 누구도 정확한 시간을 맞출 수 없으니, 약속 시간에 늦는다는 개념도 없었을 것이다. 서로 만날 수만 있다면, 그것만으로도 만족했을 것 같다. 지금 정확히 오전 9시부터 일터에 앉아 있게 된 것은 인간이 만든 시간 때문이다. 인간이 시간을 만들어 자신을 스스로 고되게 만든 것이다.

아들은 시간에 얽매이지 않는다. 과거는 무조건 '옛날' 아니면 '예전'이다. 몇 년 전이건, 몇 달 전이건, 심지어 오늘 아침도 '예전'이다. 미래도 마찬가지이다. 1시간 뒤든, 내년이든, 아득히 먼 훗날이든 간에 '나중에'나 '이따가'라는 단어로 표현한다. 모든 시간을 현재와 과거, 미래의 세 가지 시제에 집어넣고 봉해버린다. 그렇기 때문일까? 아들은 늘 여유롭고 자유로워 보인다. 친구와의 만남을 약속하는 전화를 엿들었다. 구체적으로 언제 만나자는 게 아니라 '이따가 만나자'라는 약속이었다. 대개는 그러다가 서로 시간이 맞지 않아 다투기도 하는데, 아직은 시간의 중요성과 편리성을 느끼지 못하는 나이인지 모르겠다. 하지만 시간에 구애받지 않는 아들의 삶이 은근 부러워진다.

 아빠! 집에 있는 시계는 시간이 조금씩 다른데, 친구들 휴대폰의 시간은 어떻게 서로 정확하게 같아요? 이게 혹시 지난번에 말씀하신 세슘 때문인가요?

하하! 결국 친구들과 제시간에 만나지 못한 거구나? 보통은 집에 있는 시계보다 휴대폰에 표시된 시간이 정확한 편이지. 이유는 휴대폰은 항상 근처의 기지국과 통신을 하며 정확한 시간을 가져오기 때문이야. 집 근처 건물에는 통신회사에서 설치한 안테나가 달린 기지국이 있잖아. 그리고 각각의 기지국들도 통신회사의 네트워크에 접속해서 정확한 현재 시각을 중앙에 있는 컴퓨터로부터 수시로 전송받아 맞추고 있지. 하지만 집에 있는 시계는 대충 맞춰놓기도 하고, 시계 성능에 따라 느려지기도 해. 하지만 휴대폰 시계도 엄밀하게 보면 완벽히 정확한 건 아니지.

네? 휴대폰도 작은 컴퓨터나 마찬가지인데, 정확한 게 아니라고요?

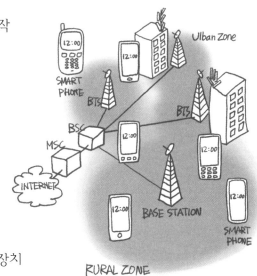

물론 우리가 느끼기에는 거의 같아 보여도 아주 작은 단위로 보면 차이가 있단다. 친구들 휴대폰끼리도 작은 차이가 있고, 통신회사별로도 작은 차이가 있단다. 단지 그 차이가 너무 미미해서 사람들이 보고 생활하는 데에는 전혀 지장이 없을 뿐이지. 그 차이는 초 단위 아래로 몇백, 몇천 분의 1초에 불과한의 차이일 수도 있다는 거야. 그런 오차가 계속 쌓이는 걸 내버려두면 차이가 점점 커져서 사람들도 쉽게 눈치를 채고 불편함을 느끼겠지. 하지만 휴대폰과 같은 컴퓨터 장치는 통신을 하면서 이런 오차를 수시로 보정하는 거야. 그러면 퀴즈 하나 낼 테니 맞혀볼래? 이렇게 사람들의 시계에는 조금씩 오차가 있는데, 그렇다면 정확한 시간을 나타내는 시계는 어디에 있을까?

음…. 방송국? 정확히 9시에 맞춰 뉴스를 하잖아요.

하하! 그렇게 생각할 수도 있겠지만 방송국들도 정확하지는 않아서, 통신회사처럼 일정 간격으로 시간을 수정한단다. 이때, 어딘가에서 정확한 시간을 받아 오지. 그러면 정확한 시계는 어디에 있을까? 여기서 말하는 '어딘가'라는 건 어디일 것 같니?

어렵네요…. 어디든 정해진 한 곳에 있을 것 같긴 한데요.

자, 그러면 오늘은 시간에 관해 공부해볼까? 시간의 기본 단위는 초란다. 예전부터 시간의 기준과 단위는 여러 가지가 있었지만, 현재 사용하는 1초는 지구가 공전하는 태양년●을 31,556,926으로 나누어서 정한 것이야. 물론 지구의 공전과 실제 시간에도 약간 차이가 있어서, 그것을 조정하기 위한 윤초와 윤년이라는 것도 있지만 말이야. 오늘 공부할 주제는 바로 그 1초라는 시간이란다. 시간이 왜 중요할까?

● 봄부터 이듬해 봄까지의 평균으로, 지구상에서 계절이 반복되는 주기이다. 태양이 춘분점을 나온 뒤 황도상을 진행하여 다시 춘분점으로 돌아올 때까지의 시간으로 측정하며, 약 365.24219878일이다.

시간이 달라지면 서로 약속했던 모든 것이 제대로 안 되잖아요. 특히 과학은 더 그렇겠죠.

● 한 국가 또는 넓은 지역에서 공통으로 사용되는 지방시를 말한다. 표준시 사용 시간은 협정 세계시로 차이가 1시간 또는 30분 단위가 되는 경도 지점의 시간을 이용하는 경우가 많다.

맞아. 우리 일상에는 몇 초가 늦었다 해도 큰 지장이 없지만, 올림픽 경기에서 수영이나 육상 선수들은 1,000분의 1초로 순위가 달라지니 무척 중요한 거야. 게다가 과학에서는 더 높은 정밀도가 필요하지. 그래서 절대적인 어떤 시간이 필요한 거야. 아빠가 방금 얘기했던, 어딘가에 있는 그 절대적이고 정확한 시간을 '표준시●'라고 해. 물론 표준시는 지역별, 나라별로 다르지. 지금 지구 반대편인 미국이나 유럽은 시간 차이가 있잖아.

맞아요. 동남아만 해도 우리랑 몇 시간씩 차이가 나요. 지금 동남아로 가면 타임머신을 타는 것처럼 몇 시간을 벌게 되잖아요?

으이그~ 그렇긴 한데, 한국에 돌아오면 다시 몇 시간을 까먹게 되잖아.

그럼 계속 지구가 자전하는 것과 반대 방향으로 가면 되잖아요? 그러면 계속 몇 시간을 버는 거 아닌가요?

● 아시아의 동쪽 끝과 아메리카의 서쪽 끝에 해당하는 180도를 기준으로 삼아 인위적으로 날짜를 구분하는 선이다. 인위적으로 경도 0도로 삼은 그리니치 천문대를 기준으로 동쪽이나 서쪽으로 경도 15도를 갈 때마다 1시간이 추가 혹은 감소된다.

그렇게 지구 1바퀴를 돌다 보면 당장은 시간을 버는 것 같아도, 날짜변경선●을 지나면서 날짜가 하루가 그냥 지나게 되지. 완전히 하루를 넘기는 거지. 결국 1바퀴를 돌아 한국에 오면 네가 보낸 시간은 똑같아지는 거야. 지구는 둥그니까!

아~ 그렇군요. 이렇게 나라마다 시간이 다른데 표준시라는 것이 꼭 필요한 건가요?

이렇게 지역에 따라 시간대가 달라도, 각각 표준시가 있다면 편리한 것이 많아지지. 만약 이런 표준시가 없으면 아들이 일상생활을 하는 데는 큰 지장이 없을지 몰라도, 멀리 떨어진 사람들끼리 정확한 정보를 주고받아야 하는 방송이나 돈을 거래하는 금융이나 증권 그리고 인터넷상거래 등에 큰 지장을 초래하게 될 거야. 단 0.1초만 서로 어긋나더라도 증권거래가 성사되지 않거나 은행의 이자율을 다르게 적용받게 되는 등, 자칫 큰 손실을 초래하게 될 수도 있어.

더 쉽게 얘기해줄까? 학교까지 10분이 걸리니까 네 시계를 보고 딱 맞춰서 학교에 갔는데, 네 시계보다 학교 시계가 1분 빠르면 어떻게 될까? 넌 지각

214

하지 않았다고 생각하지만 1분 지각한 게 되어버리는 거야. 그렇게 되면 많이 억울하지 않겠니? 이렇게, 서로 표준시가 설정되어 있지 않으면 혼란스러운 일이 생각보다 많아.

그러면 통신회사, 은행, 증권, 방송사 등도 모두 같은 시간으로 움직이기 위해 이 표준시란 것을 어딘가 한곳으로부터 받아야겠지? 우리나라는 '한국표준과학연구원(KRISS)'이라는 국가 연구소에 대한민국 표준시계가 있어. 바로 그곳으로부터 하루에도 몇 번씩 정확한 시간을 받게 되는 것이란다. 그러면 표준과학연구원의 표준시계는 얼마나 정확할까? 그곳의 1초는 어떻게 정해지는 것일까?

음… 그러고 보니 그곳의 시계는 엄청나게 정확해야 할 것 같은데, 우리가 알고 있는 평범한 전자시계 같은 건 아닐 것 같아요.

그렇지. 사실 인류는 시간을 정의하기 위해 무던히 노력했어. 고대 문명부터 나라마다 각자의 방식으로 시간을 정했지. 여기에는 시계의 역사가 맞물려 있어. 결국 시간이라는 비직관적인 대상을 직관적으로 알 수 있게 하는 장치가 시계이니까. 지금 1시간이 60분으로 이루어진 이유를 알고 있니? 고대 바빌로니아에서 60진법을 기준으로 시간을 헤아린 흔적이야. 고대 바빌로니아 문명이 번성했던 것이 기원전 2000년이니까, 옛날부터 인류는 시간을 고민해왔던 거지. 그리고 기원전 1500년경 오벨리스크●Obelisk에도 거대한 해시계가 있었어. 15세기 조선에도 해시계가 있고 17세기 유럽에는 진자시계가 있었단다. 20세기에 들어 서면서 수정진동자crystal oscillator●●를 이용한 정밀한 쿼츠시계가 등장하게 되지. 이렇게 동서고금을 막론하고, 인류는 세상을 관통하는 하나의 '시간'을 정의하고 파악하기 위해 노력해왔어. 그 과정에서 인류가 만든 시계는 점점 정밀해졌지만 완벽히 똑같은 시간을 알려주지 못하고 있었지.

시간을 정의하려면 일정한 주기의 운동이 필요해. 어떤 것이 일정한 주기 운동을 하고 있으면 그것을 기준으로 시간이라는 것을 만들 수 있는 거야. 그래서 과거에는 매일 뜨고 지는 태양의 운동을 기준으로 했었지. 그런데 계절별로 해가 뜨고 지는 시각도 다르고 밤에는 시간을 알 수 없다는 문제점도 있었어. 게다가 지구의 자전 속도도 일정한 게 아니라, 점차 느려지기도 해. 달의 중력 때문에 밀물과 썰물로 바닷물이 움직이잖아. 그때 해저 바닥과의 마찰

● 고대 이집트 왕조 때 태양신앙의 상징으로 세워진 기념비. 높고 좁으며 4개의 면을 지닌. 점점 가늘어지는 피라미드 모양의 꼭대기를 지닌 기념 건조물이다.

●● 수정을 특정한 방향으로 절단하여 만든 판 모양의 수정편. 수정진동자에 교류 전압을 가하면 물리적 진동과 전하가 발생한다.

때문에 지구의 자전 에너지가 조금씩 약해지거든. 과거에는 그리 큰 문제가 될 만한 오차는 아니었어. 하지만 나날이 과학기술이 발전하면서 인류 문명은 보다 정확한 시간이 필요해졌지. 그래서 태양보다 더 규칙적이고 정확한 새로운 기준이 필요해진 거야. 주변 환경의 영향을 받지 않고 일정한 주기적 운동을 하는 어떤 것이 필요했던 것이지. 결국 수정진동자까지 나왔고 이것도 오차가 있기 때문에 더 정밀한 주기 운동을 하는 대상을 찾은 거야. 그렇게 찾은 결과, 현재는 바로 원자를 시간의 기준으로 삼고 있어.

아~ 일정한 주기 운동을 하는 대상이 결국 시계의 기준이 되는 거군요. 결국 주기 운동의 정확도가 중요하겠네요.

할머니 집에 큰 자명종 시계가 있지? 밑에 있는 둥근 추가 1번 왔다 갔다 하면 1초지. 그런데 이 추가 움직이는 주기가 일정하지 않으면 1초의 오차가 조금씩 쌓여서 한참 지나면 시간의 오차가 커지겠지? 그래서 가끔 할머니가 자명종 시계 뚜껑을 열고 손으로 시간을 다시 맞추시는 것을 봤잖아. 이렇게 진동의 주기가 줄곧 변하지 않으면서 규칙적으로 움직이는 어떤 것이 존재한다면, 우리가 그것을 기준으로 1초라는 시간을 설정할 수 있겠지?

알아요! 갈릴레오Galileo Galilei가 성당에서 흔들리는 등을 보고 시계를 발명했다고 학교에서 들었어요.

하하, 제법인데? 그런데 반은 맞고 반은 틀렸어. 시계가 처음으로 세상에 나온 것은 약 700년 전이야. 하지만 이 시기의 시계는 우리가 알고 있는 것처럼, 시침과 분침, 초침이 있는 정확한 시계는 아니었지. 그냥 시침만 있어서 대략 시간을 짐작할 수 있는 정도였어. 시간이 흐르고 16세기에 갈릴레오는 피사의 로마네스크 성당에서 지루한 미사 시간을 보내고 있었지. 네가 성당에 가면 지루해하고 딴짓을 하는 것처럼 말이야. 당시 갈릴레오의 나이가 18세였어. 그때 갈릴레오는 천장에 매달려서 흔들리고 있는 샹들리에를 보게 되었어. 바로 진자pendulum의 등시성等時性, isochronism을 발견한 순간이지.

 진자가 뭐예요?

Pendulum Clock

진자란 일반적으로 중력의 영향하에서, 전후로 자유롭게 흔들리도록 한 점에 고정된 상태로 매달려 있는 물체를 말하지. 놀이터에 있는 그네를 생각하면 돼. 만약 네 친구 중에 뚱뚱한 친구와 네가 동시에 같은 높이에서 그네를 타면, 1번 왕복하는 데 걸리는 시간은 어떻게 될까? 그리고 몸무게가 같은 친구보다 네가 더 높은 곳에서 출발한다면, 두 사람의 그네가 1번 왕복하는 데에 걸리는 시간은 각각 어떻게 될까?

무거운 친구가 더 빨리 갈 테니, 왕복 시간은 뚱뚱한 친구가 짧겠지요. 만약 몸무게가 같으면 제가 더 높은 곳에서 출발하니까 속도가 더 붙어서 제가 왕복 시간이 짧을 테고요.

정답부터 말하면 두 경우 모두 왕복 시간은 같단다. 너, 갈릴레오가 흔들리는 등에서 시계를 고안했다는 것만 알았지, 진자에 관한 자세한 내용은 모르는 거였구나? 갈릴레오가 쳐다본 샹들리에는 시간이 갈수록 흔들리는 폭이 점점 줄어들었어. 그러다가 멈추었겠지. 하지만 그 흔들림이 처음에 클 때나, 나중에 작아졌을 때나 1번 왕복하는 데 걸리는 시간은 똑같았지. 대부분의 사람은 흔들거리는 물체의 진폭이 좁을수록 시간이 적게 걸리거나, 아니면 위치에너지가 높아서 진폭이 클수록 왕복 시간이 빠르리라 생각해. 그러나 갈릴레오는 진자가 진동하는 주기가 진폭과는 관계없이 일정하다는 사실을 발견한 것이지. 그리고 진자 끝에 달린 추의 무게와도 관련이 없단다.

대부분 갈릴레오가 이렇게, 성당에서 샹들리에를 보고 진자의 법칙을 발견했다고 알고 있지만 다른 설도 있어. 너도 미사에 참석해봐서 알겠지만, 신부님이 향로에 향을 켜고 앞뒤로 흔들어가며 미사를 진행하시지? 샹들리에 대신 이 향로를 보고 법칙을 발견했다는 주장도 있어. 놀랍게도 향로가 신부님의 손에서 흔들리는 왕복 시간이 크게 흔들리든 작게 흔들리든 상관없이 일정했다는 것이지. 사실 아빠는 샹들리에가 아니라 향로 설이 맞다고 생각해. 기록을 보면 갈릴레오가 진자의 법칙을 확인한 해는 1582년이고, 로마네스크 성당의 샹들리에가 설치된 해는 1587년이거든.

하지만 어느 쪽이든 크게 중요한 건 아니야. 중요한 것은 갈릴레오가 성당에서 진자의 법칙을 발견했다는 것이지. 그 후에 갈릴레오는 추의 무게, 추의 높이와 추의 길이 등의 요소에 변화를 주면서 진자 운동을 관찰했어. 그러다 결국에 추의 무게와 높이는 왕복 주기에 영향을 주지 않고, 오직 추의 길이만이 영향을 준다는 것을 발견한 것이야. 하지만 갈릴레오가 이 법칙을 가지고 시계를 만들 생각을 한 것은 한참 뒤였어. 하지만 그때는 이미 많은 나이로 시력을 완전히 잃어서 진자시계를 완성하지 못했어. 이후에 1656년이 되어서야 네덜란드의 과학자 크리스티안 하위언스 Christiaan Huygens에 의해 진자시계가 만들어진단다.

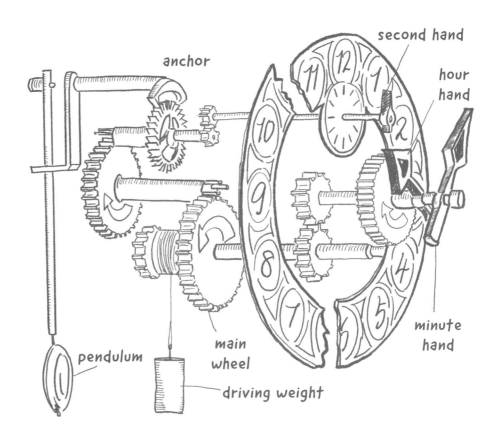

결국 갈릴레오가 발견한 원리를 바탕으로 하위언스가 만든 진자시계는 약 300년 동안 사람들에 의해 사용되었어. 1929년에 수정진동자에 의한 전자시계가 발명되기 전까지는 말이야. 그리고 지금은 원자를 사용하는 거야.

무언가가 규칙적으로 정확히 진동하고 있다는 것은 그것을 이용해 정확히 시간을 계산할 수 있다는 것이기도 해. 그리고 그 진동은 지구상 어디에 가더라도 똑같이 적용되어야 하지. 그런 조건들이 들어맞아서 지금 사용되고 있는 진동자가 바로 세슘(Cs)원자란다. '세슘원자에서 방출된 특정한 파장의 빛이 91억 9,263만 1,770번 진동하는 데 걸리는 시간'을 '1초'로 정의하기로 약속한 것이지.

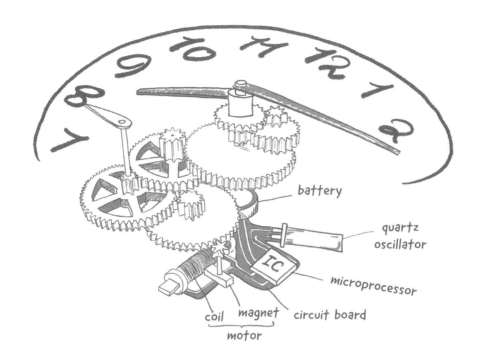

battery

quartz oscillator

microprocessor

circuit board

coil　magnet

motor

대박! 91억 번이라니… 전에 말씀하신 세슘이 바로 여기에 사용된 거군요. 그런데 왜 하필 세슘인가요? 다른 원자는 안 되나요? 세슘은 방사선을 내는 물질이잖아요.

세슘 이외에도 루비듐(Rb)이나 수소-메이저H-maser 시계 등도 있지만 지금 주로 사용되는 것은 세슘이야. 세슘을 이용한 원자시계는 그 전자기파의 진동이 정확해서 3,000만 년에 1초 정도의 오차밖에 나지 않을 정도야. 동위원소에 관해서는 이전에 알려줬었지? 전에 얘기한 중수소deuterium같은 거 말이야. 원자번호도 같고, 원자핵 내의 양성자 수는 같은데 중성자의 수가 다른 원소지. 네가 걱정하는 것에 해당하는 물질은 세슘-137이야. 핵분열 시에 방사선을 내지. 하지만 원자시계에 이용되는 것은 세슘-133이야. 자연계에 존재하면서, 방사선을 내지 않는 안정한 동위원소란다.

　　사실 모든 원자가 고유의 진동 주파수를 가지고 있어서 어떤 원자를 이용해도 원자시계는 만들 수 있어. 특히 바깥 껍질에 전자가 1개인 1족 원소들은 사용할 수가 있지. 그리고 이온을 사용해도 되지. 그런데 굳이 세슘을 쓰는 이유는 진동하는 동안 외부의 영향을 가장 적게 받기 때문이라고는 하는데, 여기에는 복잡한 과학적 원리가 바탕이 된단다.

　　말로는 쉽지만 실제로 이런 전자기파의 진동을 측정하기는 결코 쉽지 않

아. 미세한 원자가 주변의 영향을 받지 않아야 하니 주위를 진공으로 만들어야 하고, 지구나 주변 물질이 만들어내는 자기장, 전자기파 등도 모두 차단해야 하지. 원자가 주변 환경으로부터 오는 어떠한 힘이나 에너지 영향을 받으면 세슘원자가 1초에 정확히 91억 9,263만 1,770번 진동할 수 없기 때문에 정밀한 시간 측정에 큰 오차가 생기는 거야.

우와! 시간이 정확해야 한다는 것은 알겠지만 이렇게까지 정확해야 하나요?

예를 들어볼까? 인공위성항법장치Global Positioning System, GPS는 10억 분의 1초라는 정밀도로 시간을 맞춰야 해. 원자시계에 1나노초의 오차가 발생하면 GPS의 위치 정보는 약 30㎝ 어긋나는 것으로 알려져 있어. 1초를 정확히 측정할수록 오차 범위가 적은 GPS 개발이 가능하다는 것이지. 지구 형태와 중력장의 미세한 변화를 알아낼 때도 원자시계가 이용돼. 원자시계가 정확할수록 지각판 충돌이나 이동으로 인한 지각변화, 빙하이동 등을 정밀하게 측정할 수 있다는 것이야.

조금 더 우리 생활과 연결된 부분을 볼까? 교통관리시스템의 시간 오차는 1,000분의 1초, 그리고 네가 사용하는 휴대전화와 기지국은 10만 분의 1초의 정밀도를 유지해. 일반 사람들이 보기에는 정말 얼마 안 되어 보이는 오차이지만, 우리는 이렇게 시간을 정확히 맞추지 않으면 혼란이 오는 각종 시스템에 둘러싸여 살고 있는 거야.

1972년 1월 1일부터 세계 각국의 표준시는 이 원자시계를 기준으로 하고 있단다. 우리나라에서도 한국표준과학 연구원이 세슘원자의 진동수를 측정하는 원자시계 5대와 수소원자 시계 4대를 운영하고 있지. 9개의 시계 평균값을 구하는 'KRISS-1'이라는 장비를 운용하고 있고 오차는 30억 분의 1초 이하로 유지하고 있지. 지속해서 이 시간을 세계협정시Coordinated Universal Time, UTC와 조정하고 전 세계가 동시에 시간을 관리하는 것이지.

그런데 최근에 미국 국립표준연구소(NIST)는 1초가 늦어지는 데 50억 년이 걸리는 '광학 격자 시계optical lattice clock'를 개발했다고 해. 기존의 오차를 또 100분의 1로 줄인 것이지. 현재 한국표준과학연구원도 미국 연구진이 개발한 광학 격자 시계를 개발하고 있는 것으로 알고 있어. 우리가 무심코 지나 보내는 1초라는 시간도 사실은 엄청나게 어려운 과학의 산물이지.

1초가 이렇게 중요한 거였다니! 시간을 정의하려고 과학자들이 이렇게나 애를 쓰시는 줄 몰랐어요.

시간이 과학에서 무척 중요하기 때문이야. 결국 세상의 모든 것을 알기 위한 노력은 시간이라는 변수가 작용하거든. 빛의 속도가 1초에 30만 km를 이동하는 속도라는 건 흔히 알고 있지만, 사실 뒤집어보면 거리의 단위인 m도 1초에 빛이 이동하는 거리를 기준으로 한 셈이야. 시간은 어쩌면 모든 단위의 기준일 수도 있어.

그런데 시간은 상대적이라는 말을 들었는데 이건 무슨 얘기죠? 시간이 사람마다 다르게 주어진다는 건가요?

17세기 후반 근대 물리학의 선구자인 영국의 과학자 뉴턴Isaac Newton은 시간개념을 바탕으로 물체의 운동을 수학적으로 기술해냈고, 우리가 사는 거시세계를 설명했지. 하지만 아인슈타인의 상대성이론이 등장하면서 뉴턴의 시간개념은 완전히 바뀌었단다. 저번에 너도 재미있게 봤던 영화 〈인터스텔라● Interstellar〉에 아인슈타인의 상대성이론●●을 반영한 장면이 나오지. 빠른 우주선을 타고 머나먼 우주여행을 떠난 아버지의 나이보다 지구에 남겨둔 딸의 나이가 더 많아진 것을 봤잖아. 시간의 흐름은 관측자의 운동 상태에 따라 달라지는데, 빛의 속도에 가깝게 빠르게 등속도로 운동하는 우주선 안에서의 시간은 지구에 있는 관측자가 볼 때 훨씬 느리게 흐른단다. 그리고 중력장이 센 무거운 별일수록 시간은 더욱더 더디게 흐른단다. 엄청난 중력장이 있는 블랙홀에서는 거의 시간이 흐르지 않게 되지. 시간은 이렇게 공간과 함께 연결되어 있는 거야. 우리가 시간을 맞추는 것은 지구 위라는 공간에 한정된 이야기가 되는 거지.

아~ 얘기는 들어봤는데, 솔직히 이해가 잘 안 돼요. 뭐 상대성이론은 우주에서나 적용되는 이야기이지, 우리 생활과는 관계가 없지 않나요?

흔히 그렇게 알고 있지. 그런데 의외로 실생활과 관계가 있어. 예를 들면, 우리가 인공위성에서의 시간과 지구 표면에서의 시간이 실제로 다르게 흐

● '크리스토퍼 놀런이 감독한 SF영화. 점점 황폐해져 가는 지구를 대체할 인류의 터전을 찾기 위해 새롭게 발견된 웜홀을 통해 항성 간 우주여행을 떠나는 사람들의 모험을 그리고 있다.

●● 알베르트 아인슈타인이 제창한 시간과 공간에 대한 물리 이론으로, 특수상대성이론과 일반상대성이론으로 나뉜다. 상대성이론에 따르면, 서로 다른 상대 속도로 움직이는 관측자들은 같은 사건에 대해 서로 다른 시간과 공간에서 일어난 것으로 측정하며, 그 대신 물리 법칙의 내용은 관측자 모두에 대해 서로 동일하다.

른단다. 그래서 시간을 바로잡아주어야 해. 그 원인은 지상과 인공위성, 두 위치의 차이 때문이야. 두 지점에 미치는 지구 중력이 다르거든. 그리고 속도의 영향도 있어. 위성은 4km/s의 빠른 속도로 날기 때문에 지상보다 시간의 흐름이 느리지. 그런데 위치 때문에 중력을 약하게 받으면 반대로 시간의 흐름이 빨라지거든. 두 조건을 계산하면 결과적으로 위성의 시간은 지구보다 하루에 38.6 마이크로초만큼 빨라. 내비게이션은 적어도 GPS 위성 3개와 통신을 하는데, 위성의 시계가 10마이크로초 오차가 생기면 지상의 위치가 3km나 어긋난단다. 그래서 지구 주위를 돌고 있는 GPS 위성의 시간을 상대성이론을 바탕으로 보정을 해주는 것이야.

와~ GPS처럼 실생활과 가까운 부분에서도 상대성이론을 적용해서 시간을 보정해야 한다니…. 갑자기 1초라는 시간이 참 오묘하다는 생각이 들어요. 만약 영화에서 나오는 것처럼, 어떤 사람이 빛의 속도로 우주여행을 하고 엄청난 중력이 있는 별에서 살면 지구에 살 때보다 훨씬 오래 살 수 있는 거네요? 쓸데없는 생각인가요?

아니! 아빠는 그런 엉뚱한 상상을 많이 할수록 좋다고 생각해. 하지만 아쉽구나. 얼핏 네 말대로 하면 굉장히 오래 살 수 있을 것 같지만, 그건 어디까지나 지구에서 바라보았을 때의 경우야. 결국 거기에 간 사람이 느끼는 시간은 늘어나지 않아. 이렇게 시간은 절대적인 것이 아니라 우리의 운동과 물리적 환경에 따라 상대적으로 달라지는 것이란다. 우리가 믿었던 시간의 절대성은 오

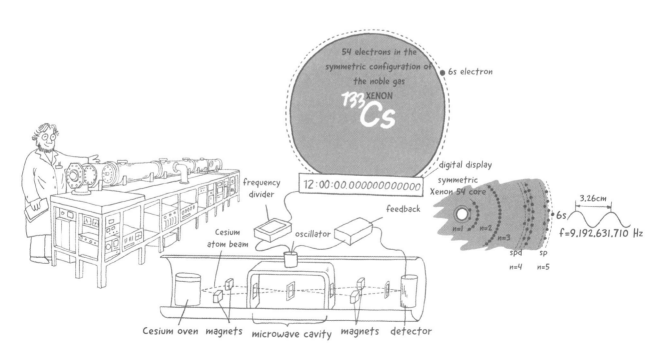

직 인간이 사는 지구라는 거시세계에서만 적용되는 것이지. 그런데 영화처럼 벌어지는 일은 현재 인류의 과학기술로는 쉽지가 않은 일이야. 하지만 그저 상상만으로 끝날 것도 아니야. GPS의 사례에서 보듯이, 중력에 의해 시간이 달라지는 현상을 이미 인류가 경험하고 있잖아!

시간이란 것은 생각할수록 신기한 것 같아요. 눈에 보이지도 않고 만져지지도 않는데 뭔가 시간이라는 흐름 속에 사람들이 들어 있는 것 같은 느낌이 들어요.

맞아, 이렇게 과학에서의 시간은 세상을 이해하는 과정에 중요한 변수란다. 하지만 거시세계에 사는 우리에게 시간은 일정하게 느껴지고, 실제로 일정하지. 시간은 공평한 자원이야. 누구에게나 같은 시간이 주어지지. 그런데 시간을 사용하는 사람에 따라 시간은 달라져. 시간을 어떻게 활용하느냐에 따라 시간이 많을 수도 있고 모자랄 수도 있다는 거야. 네가 어리니까 어른들처럼 초를 다투며 바쁘게 생활할 필요는 없어. 인류가 시간을 만들어놓고선, 결국 인류가 시간의 노예처럼 끌려다니잖아. 시간을 효율적으로 사용하기 위해 계획하고 실행하는 자체가 시간에 묶여 있는 것이지.

아빠는 네게 바라는 게 하나 있단다. 학교에 다니고 친구를 만나 놀고 학원도 가고 독서록에 쓰기 위해 책도 읽으며 열심히 생활하는 것들 모두 좋은데, '시간이 없다'라는 생각을 안 했으면 좋겠어. 그 자체가 뭔가 시간에 얽매인다는 느낌이 들어서야. 지금 네 나이는 한정된 시간 안에 무언가를 해야 할 의무는 없는 나이라고 본다. 그건 어른이 되면 하기 싫어도 해야 해. 지금은 '시간이 어떻게 가는 줄 모르게' 네가 하고 싶은 무언가에 빠져서 시간을 보냈으면 좋겠어. 그렇게 어떤 일에 깊게 빠져보면 질문이 떠오를 거야. 왜 이런 현상이 있는 것인지 그 이유는 무엇인지가 궁금해지거든. 그 모든 것은 결국 과학이 설명할 수 있다는 것을 알게 된단다. 과학은 어떤 사실을 안다는 것이 중요한 것이 아니라, 어떤 사실을 알기 위해 끊임없이 탐구하는 그 자체라는 것을 알게 될 거야. 지금 너한테는 그것을 누릴 권리인 행복한 '시간'이 주어진 거야.

그림 용어

CHAPTER 1. 모노머, 올리고머, 폴리머

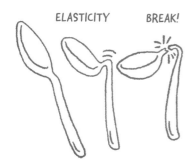

ELASTICITY   BREAK!

15페이지

ELASTICITY   탄성
BREAK   부러짐

17페이지

DIAMOND   다이아몬드
GRAPHITE   흑연
CARBON NANOTUBES   탄소나노튜브
GRAPHENE   그래핀

DIAMOND

GRAPHITE

GRAPHENE

DIAMOND

CARBON NANAOTUBES

GRAPHITE

NOMENCLATURE FOR POLYMERS

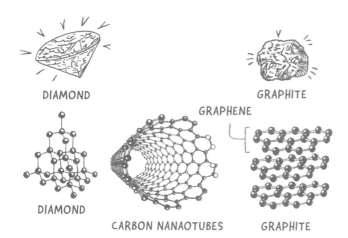

MONOMER   DIMER   TRIMER

TETRAMER   PENTAMER   OLIGOMER

POLYMER   A MONOMER OF THE POLYMER

19페이지

MOMENCLATURE FOR POLYMER
고분자 명명법
MONOMER   단량체, 단위체
DIMER   이합체
TRIMER   삼합체
TETRAMER   사합체
PENTAMER   오합체
OLIGOMER   다량체
POLYMER   고분자

CHAPTER 2. 탄소와 물이 만나면 밥이 될까?

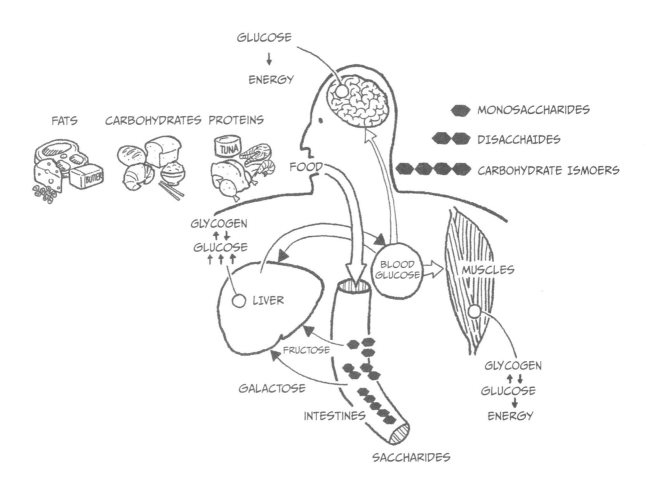

24페이지

FATS 지방	POLYSACCHAIDES 다당류
CARBOHYDRATES 탄수화물	LIVER 간
PROTEINS 단백질	FRUCTOSE 과당
GLUCOSE 포도당	GALACTOSE 갈락토스
ENERGY 에너지	INTESTINES 장
FOOD 음식	SACCHARIDES 당류
MONOSACCHARIDES 단당류	GLYCOGEN 글리코겐
DISACCHAIDES 이당류	MUSCLES 근육
BLOOD GLUCOSE 혈당	

CARBOHYDRATE ISMOERS

$$
\begin{array}{c}
\text{H}-\text{C}\overset{\text{O}}{\big\langle} \\
\text{H}-\text{C}-\text{OH} \\
\text{HO}-\text{C}-\text{H} \\
\text{HO}-\text{C}-\text{H} \\
\text{H}-\text{C}-\text{OH} \\
\text{CH}_2\text{OH}
\end{array}
$$

GALACTOSE

$$
\begin{array}{c}
\text{HC}\overset{\text{O}}{\big\langle} \\
\text{H}-\text{C}-\text{OH} \\
\text{HO}-\text{C}-\text{H} \\
\text{H}-\text{C}-\text{OH} \\
\text{H}-\text{C}-\text{OH} \\
\text{H}_2\text{C} \\
\qquad \text{OH}
\end{array}
$$

GLUCOSE

$$
\begin{array}{c}
\text{CH}_2\text{OH} \\
\text{C}=\text{O} \\
\text{HO}-\text{C}-\text{H} \\
\text{H}-\text{C}-\text{OH} \\
\text{H}-\text{C}-\text{OH} \\
\text{CH}_2\text{OH}
\end{array}
$$

FRUCTOSE

25페이지

CARBOHYDRATE ISOMER   탄수화물 이성질체
GALACTOSE   갈락토스
FRUCTOSE   과당
GLUCOSE   포도당

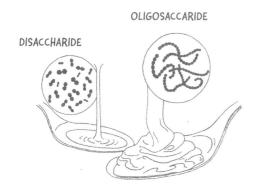

OLIGOSACCARIDE

DISACCHARIDE

27페이지

DISACCHARIDE   설탕
OLIGOSACCHARIDE   올리고당

CHAPTER 3. 지구는 탄소화합물을 만드는 화학실험실

THE ELEMENTS ACCORDING TO RELATIVE ABUNDANCE ON EARTH's SURFACE
A Periodic Chart by Prof:Wm.F.Sheehan, University of SantaClara.CA

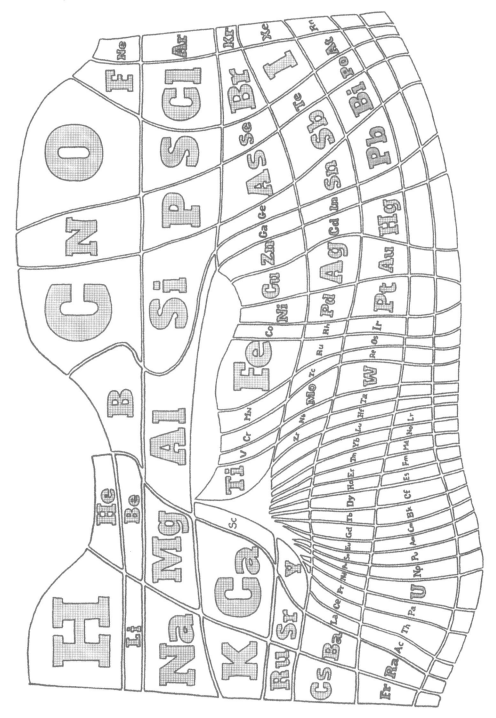

30페이지

THE ELEMENTS ACCORDING TO RELATIVE ABUNDANCE ON EARTH's SURFACE
지구 표면에 존재하는 각 원소들의 상대적인 구성비

CHAPTER 5. 플라스틱? 다 같은 플라스틱이 아니다

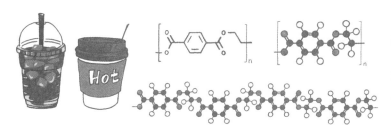

46페이지

POLYETHYLENE TEREPHTHALATE
폴리에틸렌 테레프탈레이트(PET)

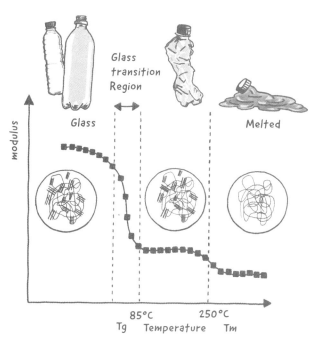

47페이지

MODULUS   변형 탄성계수
GLASS   유리
GLASS TRANSITION REGION   유리전이영역
MELTED   녹아내림
TEMPERATURE   온도
GLASS TRANSITION OF PET   PET의 유리전이온도

Glass transition Region

modulus

Glass

Melted

85℃
Tg   Temperature   Tm

250℃

GLASS TRANSITION OF PET

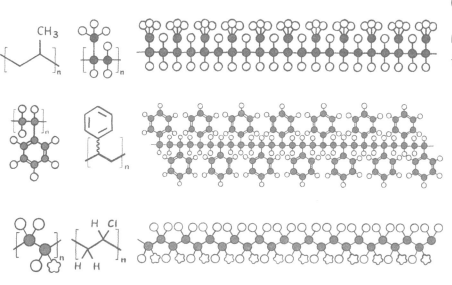

48페이지

POLYPROPYLENE
폴리프로필렌

49페이지

POLYSTYRENE
폴리스타이렌

50페이지

POLYVINYL CHLORIDE
폴리염화비닐(PVC)

Copolymer of polysyrene and butadiene rubber

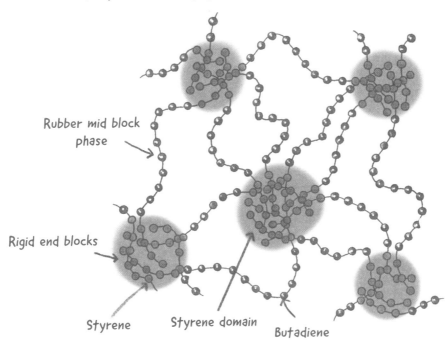

Rubber mid block phase

Rigid end blocks

Styrene

Styrene domain

Butadiene

51페이지

COPOLYMER OF POLYSTYRENE AND POLYBUTADIENE RUBBER   폴리스타이렌과 폴리부타디엔 고무의 공중합체

RUBBER MID BLOCK PHASE   물렁한 중간 블럭

RIGID END BLOCK   딱딱한 끝 블럭

STYRENE   스타이렌

STYRENE DOMAIN   스타이렌 영역

BUTADIENE   부타디엔

POLYCARBONATE

53페이지

POLYCARBONATE
폴리카보네이트

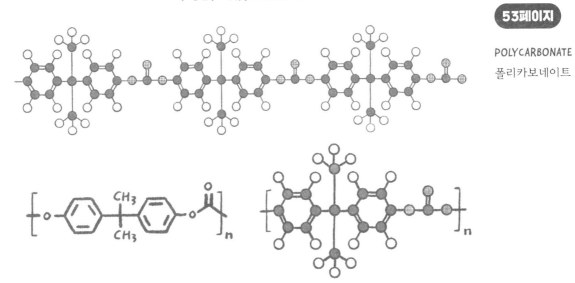

CHAPTER 6. 천연 VS 인공, 천연에도 함정이 있다

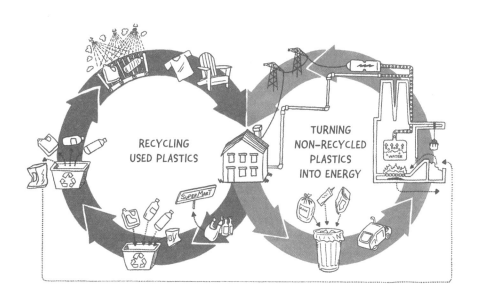

59페이지

RECYCLING USED PLASTICS   사용된 플라스틱 재사용

TURNING NON-CYCLED PLASTICS INTO ENERGY   재사용 불가한 플라스틱은 에너지로 전환

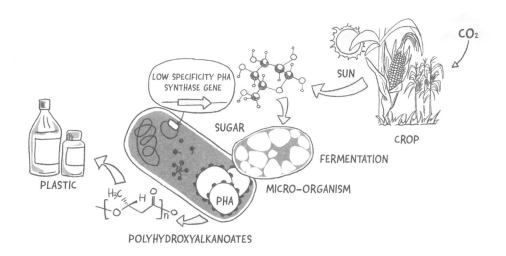

63페이지

PLASTIC   플라스틱

LOW SPECIFICITY PHA SYNTHASE GENE   낮은 특이성 PHA
합성 유전자

SUGAR   당

MICRO-ORGANISM   미생물

POLYHYDROXY-ALKANOATE
폴리하이드록시 카노에이트(생체재료)

FERMENTATION   발효

CROP   수확

SUN   태양

CO_2 이산화탄소

CHAPTER 7. 1초에 150만 개의 다이아몬드를 만드는 양초

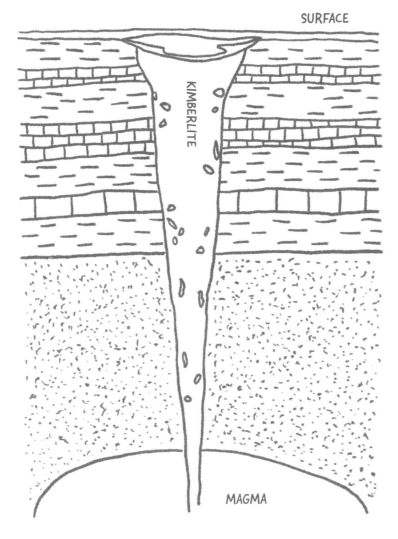

67페이지

SURFACE 지표
KIMBERLITE 킴벌라이트
MAGMA 마그마

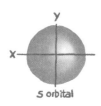
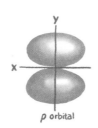
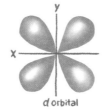

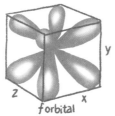

71페이지

s ORBITAL s오비탈
p ORBITAL p오비탈
d ORBITAL d오비탈
f ORBITAL f오비탈

How to make GRAPHENE?
Micromechanical cleavage of Graphite

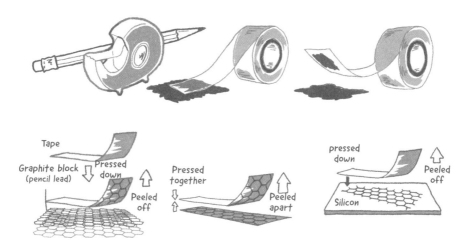

Tape

Graphite block (pencil lead) | Pressed down | Peeled off

Pressed together | Peeled apart

pressed down | Peeled off | Silicon

75페이지

HOW TO MAKE GRAPHENE   어떻게 그래핀을 만드나

MICROMECHANICAL CLEAVAGE OF GRAPHITE
흑연의 미세한 기계적 절개

TAPE   테이프

GRAPHITE BLOCK(PENCIL LEAD)   흑연 덩어리(연필심)

PRESSED DOWN   누름

PEELED OFF   벗겨냄

PRESSED TOGETHER   같이 누름

PEELED APART   벗겨내다

SILICON   실리콘

GRAPHITE

DIAMOND

FULLERENE

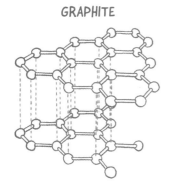
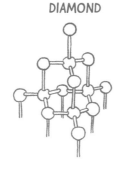
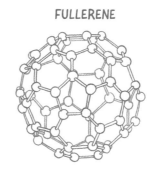

77페이지

GRAPHITE   흑연

DIAMOND   다이아몬드

FULLERENE   풀러렌

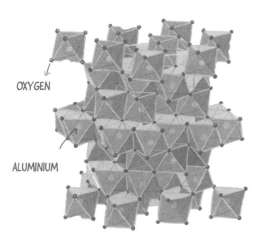

OXYGEN

ALUMINIUM

81페이지

OXYGEN   산소

ALLUMINIUM   알루미늄

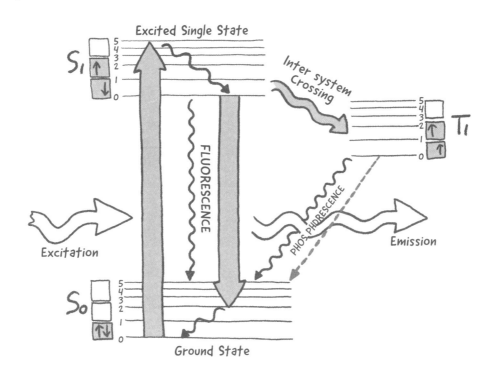

94페이지

EXCITATION   에너지 여기
FLUORESCENCE   형광
PHOSPHORESCENCE   인광
EMISSION   에너지 방출
INTER SYSTEM CROSSING   시스템간 교차
EXCITED SINGLE STATE   들뜬상태
GROUND STATE   바닥상태

CHAPTER 9. 공평하게 나누기로 하고 힘센 놈이 더 가져가는 것

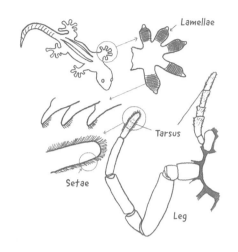

100페이지

LAMELLAE   주름
SETAE   강모
LEG   다리
TARSUS   발목뼈, 족근

103페이지

COVALENT BONDING   공유결합
HYDROGEN BONDING   수소결합
DIPOLE MOMENT   쌍극자모멘트

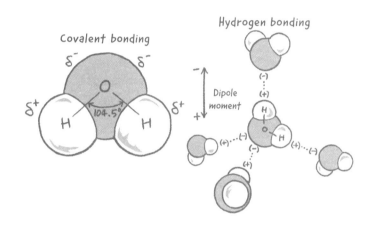

Covalent bonding

Hydrogen bonding

Dipole moment

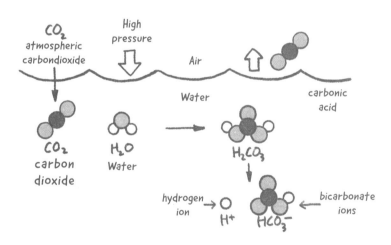

105페이지

ATMOSPHERIC CARBON DIOXIDE
대기 중 이산화탄소
HIGH PRESSURE   고압
AIR   공기
CARBON DIOXIDE   이산화탄소
WATER   물
CARBONIC ACID   탄산
HYDROGEN ION   수소이온
BICARBONATE IONS   중탄산이온

CHAPTER 10. pH가 작으면 왜 산성이 되나요?

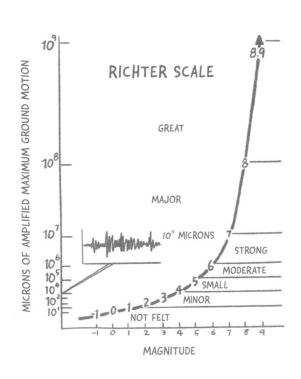

113페이지

RICHTER SCALE   리히터 규모

MAGNITUDE   지진 규모

MICRONS OF AMPLIFIED MAXIMUM GROUND

MOTION   증폭된 최대 지각 움직임

NOT FELT   거의 못 느낌

MINOR   약하게 느낌

SMALL   조금 느낌

MODERATE   일반적인 지진으로 느낌

STRONG   강하게 느낌

MAJOR   심하게 느낌

GREAT   최악의 느낌

117페이지

LIQUID ASSETS   물 자원

BRAIN   뇌

BODY   신체

HELP BREATHING   호흡을 도움

REGULATES BODY TEMPERATURE   신체 체온 조절

BLOOD   혈액

REMOVE WASTE   노폐물 제거

HELP INVERT FOOD TO ENERGY

음식을 에너지로 대사

PROTECT VITAL ORGAN   장기 보호

ABSORB NUTRIENTS   영양분 흡수

CUSION JOINT   연골

MUSCLES   근육

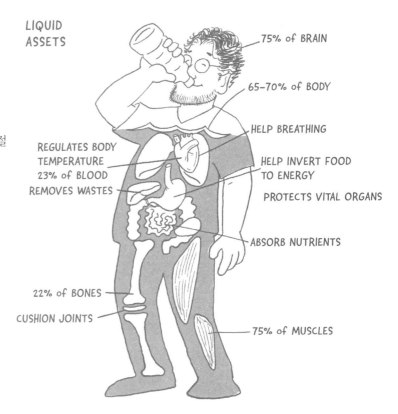

CHAPTER 11. 이가 없으면 잇몸, 주유소가 없으면 편의점!

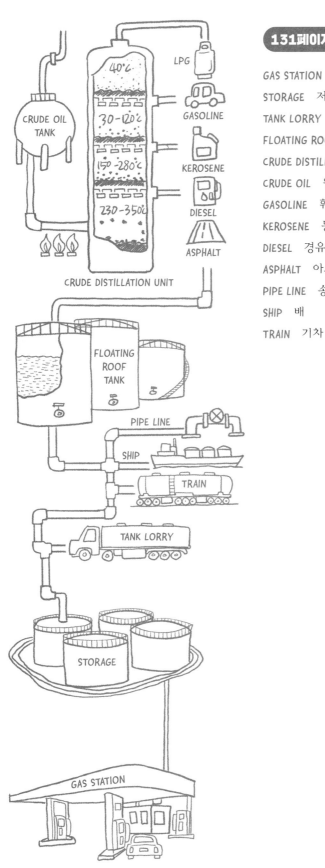

131페이지

GAS STATION 주유소

STORAGE 저장고

TANK LORRY 탱크로리

FLOATING ROOF TANK 떠 있는 지붕식 탱크

CRUDE DISTILLATION UNIT 상압증류공정

CRUDE OIL 원유

GASOLINE 휘발유

KEROSENE 등유

DIESEL 경유

ASPHALT 아스팔트

PIPE LINE 송유관

SHIP 배

TRAIN 기차

CHAPTER 12. 아빠의 발에 무언가 산다

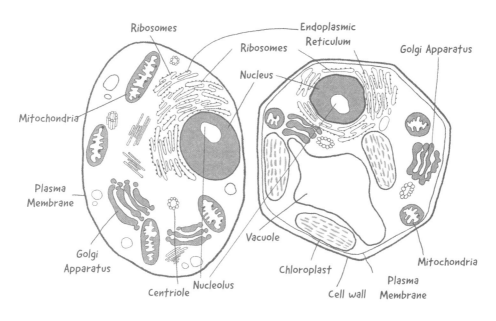

Ribosomes
Endoplasmic Reticulum
Ribosomes
Golgi Apparatus
Nucleus
Mitochondria
Plasma Membrane
Golgi Apparatus
Centriole
Nucleolus
Vacuole
Chloroplast
Cell wall
Plasma Membrane
Mitochondria

Animal Cell

Plant Cell

134페이지

RIBOSOMES 리보솜

MITOCHONDRIA 미토콘드리아

PLASMA MEMBRANE 세포막

GOLGI APPARATUS 골지체

CENTRIOLE 중심립

NUCLEUS 세포핵

ANIMAL CELL 동물세포

NUCLEOLUS 핵소체

ENDOPLASMIC RETICULUM 소포체

CHLOROPLAST 엽록체

VACUOLE 액포

CELL WALL 세포벽

PLANT CELL 식물세포

ADENOSINE TRIPHOSPHATE

136페이지

ADENOSINE TRI-PHOSPHATE 아데노신3인산

ADENOSINE 아데노신

PHOSPHATE 인산기

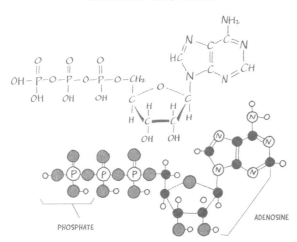

PHOSPHATE

ADENOSINE

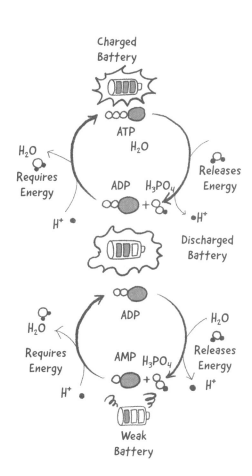

138페이지

CHARGED BATTERY   충전된 배터리
RELEASES ENERGY   에너지 소모
DISCHARGED BATTERY   방전된 배터리
REQUIRES ENERGY   에너지 획득
WEAK BATTERY   약한 배터리

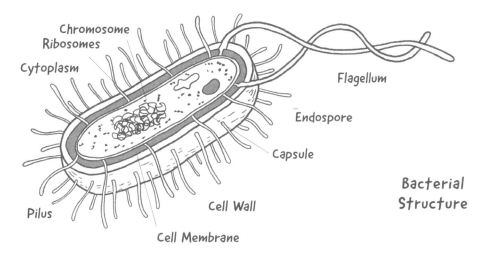

Bacterial
Structure

140페이지

BACTERIAL STRUCTURE   박테리아 구조
PLASMID   플라스미드
CHROMOSOME   염색체
RIBOSOME   리보솜
CYTOPLASM   세포질
PILUS   섬모

CELL MEMBRANE   세포막
CELL WALL   세포벽
CAPSULE   외피
ENDOSPORE   내생포자
FLAGELLUM   편모

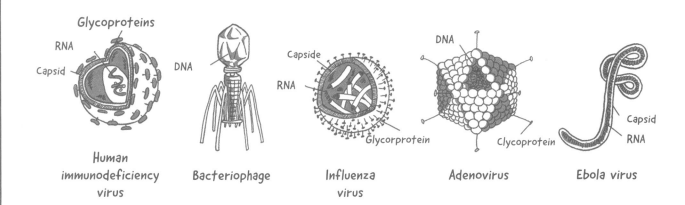

Human immunodeficiency virus   Bacteriophage   Influenza virus   Adenovirus   Ebola virus

141페이지

GLYCOPROTEIN   당단백질

RNA   리보핵산

DNA   데옥시리보핵산

CAPSID   캡시드

BACTERIOPHAGE   박테리오파지

HUMAN IMMUNODEFICIENCY VIRUS   인체면역결핍바이러스(HIV)

INFLUENZA VIRUS   인플루엔자 바이러스

ADENO VIRUS   아데노 바이러스

EBOLA VIRUS   에볼라 바이러스

Chapter 13. 손 세정제, 살균 99.9%라는 말에 속지 마라!

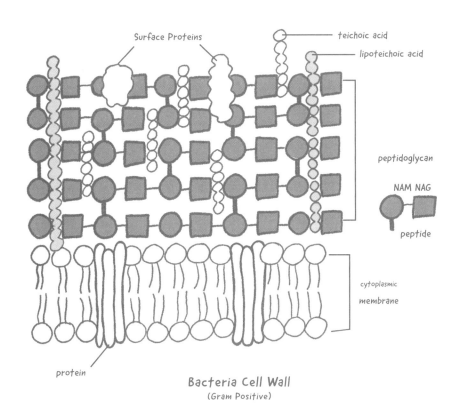

Bacteria Cell Wall
(Gram Positive)

151페이지

SURFACE PROTEINS   표면단백질

TEICHOIC ACID   데이코산

LIPOTEICHOIC ACID   리포테이코산

PEPTIDOGLYCAN   펩티도글리칸

NAM   N-아세틸뮤라믹에시드

NAG   N-아세틸글루코사민

PEPTIDE   펩타이드 결합

CYTOPLASMIC MEMBRANE   세포질막

BACTERIA CELL WALL(Gram Positive)

박테리아 세포벽(그람양성균)

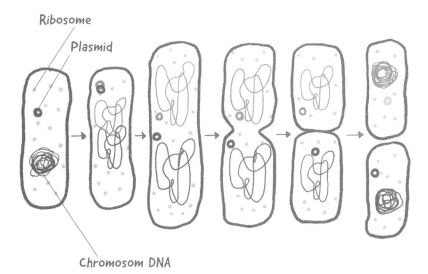

152페이지

RIBOSOME   리보솜

PLASMID   플라스미드

CHROMOSOM DNA   염색체 DNA

The Paraben Family
(para-hydroxy alkylbenzoates)

Methylparaben

Ethylparaben

Propylparaben

Butylparaben

Isopropylparaben

Isobutylparaben

Estrogen

154페이지

The Paraben Family 파라벤 패밀리
METHYLPARABEN 메틸파라벤
ETHYLPARABEN 에틸파라벤
PROPYLPARABEN 프로필파라벤

BUTYLPARABEN 부틸파라벤
ISOPROPYLPARABEN 이소프로필파라벤
ISOBUTYLPARABEN 이소부틸파라벤
ESTROGEN 에스트로겐

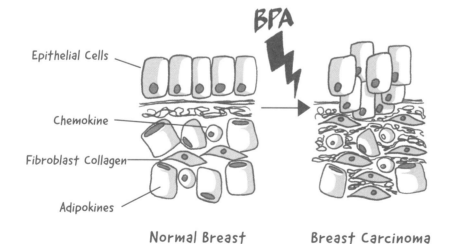

Epithelial Cells

Chemokine

Fibroblast Collagen

Adipokines

Normal Breast

Breast Carcinoma

BPA

157페이지

BPA(Bisphenol A) 비스페놀A
EPITHELIAL CELLS 상피세포
CHEMOKINE 케모카인
FIBROBLAST COLLAGEN
섬유아세포 콜라겐
ADIPOKINES 아디포카인
NORMAL BREAST
정상 유방조직
BREAST CARCINOMA
유방암 조직

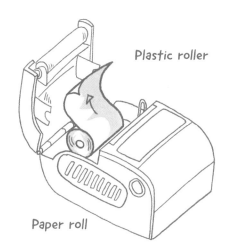

Plastic roller

Paper roll

158페이지

PLASTIC ROLLER 플라스틱 롤러
PAPER ROLL 감열지 영수증 롤

PHTHALATE

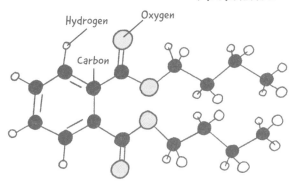

Hydrogen Oxygen
Carbon

159페이지

PHTHALATE 프탈레이트
HYDROGEN 수소
OXYGEN 산소
CARBON 탄소

CHAPTER 14. 환경호르몬을 쫓아다니던 아이들

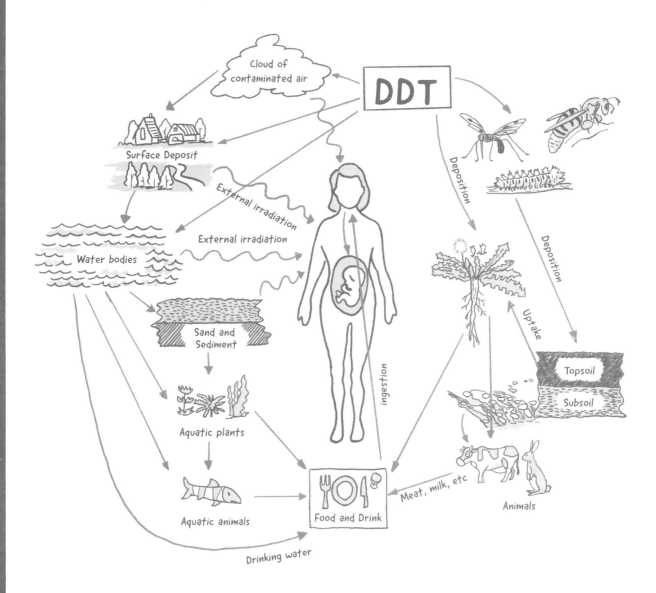

CLOUD OF CONTAMINATED AIR 공기 오염

SURFACE DEPOSIT 지각 축적

WATER BODIES 해수 오염

EXTERNAL IRRADIATION 외부에 의한 방사

SAND AND SEDIMENT 모래와 퇴적물

AQUATIC PLATNS 해양식물

AQUATIC ANIMALS 해양동물

FOOD AND DRINK 음식

INGESTION 섭취

TOPSOIL 지표토양

SUBSOIL 심토

UPTAKE 흡수

DEPOSITION 축적

DRINGKING WATER 물 섭취

MEAT, MILK, ETC 고기, 우유 등

ANIMALS 동물

CHAPTER 15. 우리 주변이 방사선으로 가득 차 있다고?

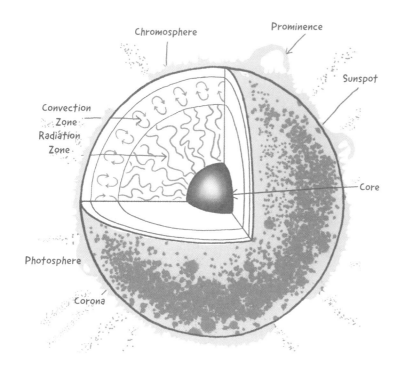

172페이지

CORE 핵
SUNSPOT 흑점
PROMINENCE 홍염
CHROMOSHERE 채층
CONVECTION ZONE 대류층
RADIATION ZONE 복사층
PHOTOSPHERE 광구
CORONA 코로나

Solar Radiation Spectrum

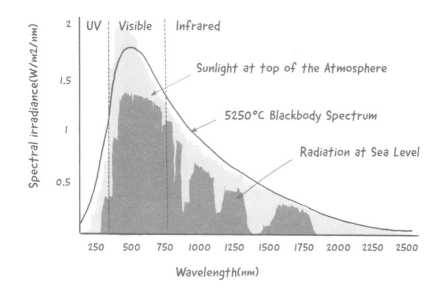

175페이지

SOLAR RADIATION SPECTRUM 태양복사 스펙트럼
UV 자외선
Visible 가시광선
INFRARED 적외선
SPECTRAL IRRADIANCE 스펙트럼별 복사 조도
WAVELENGTH 파장

SUNLIGHT AT TOP OF THE ATMOSPHERE 대기 상층부 태양 빛
BLACKBODY SPECTRUM 흑체 스펙트럼
RADIATION AT SEA LEVEL 해수면부 복사

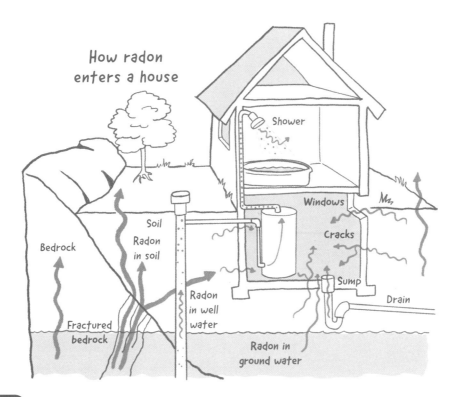

How radon enters a house

Shower

Windows

Cracks

Sump

Drain

Soil

Radon in soil

Bedrock

Radon in well water

Fractured bedrock

Radon in ground water

176페이지

HOW RADON ENTERS A HOUSE
라돈이 어떻게 집으로 들어오나

BEDROCK   기반암

SOIL   토양

RADON IN SOIL   토양에 함유된 라돈

FRACTURED BEDROCK   갈라진 기반암

RADON IN WELL WATER   우물물 안의 라돈

WINDOWS   창문

CRACKS   균열

SUMP   배수구

DRAIN   배수관

RADON IN GROUND WATER   지하수에 함유된 라돈

SHOWER   샤워기

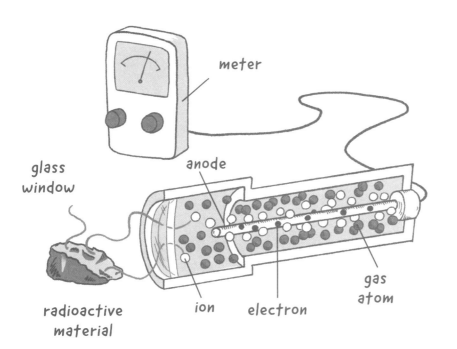

meter

glass window

anode

ion

electron

gas atom

radioactive material

178페이지

METER   측정기

GLASS WINDOW   유리 뚜껑

RADIOACTIVE
MATERIAL   방사성물질

ANODE   전극(양극)

ION   이온

ELECTRON   전자

GAS ATOM   기체 원자

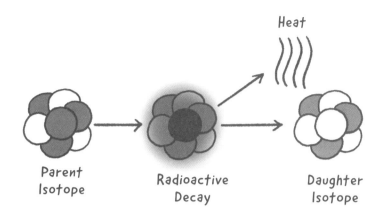

Heat

Parent
Isotope

Radioactive
Decay

Daughter
Isotope

184페이지

HEAT 열
PARENT ISOTOPE 부모 동위원소
RADIOACTIVE DECAY 방사성 붕괴
DAUGHTER ISOTOPE 딸 동위원소

Penetrating Power of Different Types of Radiation

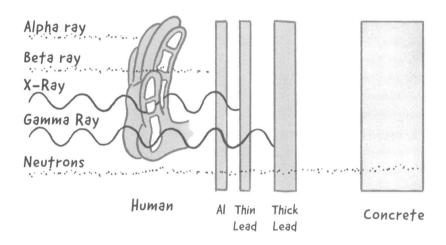

Alpha ray
Beta ray
X-Ray
Gamma Ray
Neutrons

Human   Al Thin   Thick   Concrete
             Lead   Lead

187페이지

PENETRATING POWER OF DIFFERENT TYPES OF
RADIATION 서로 다른 방사선의 투과력
ALPHA RAY 알파선
BETA RAY 베타선
X-RAY X선
GAMMA RAY 감마선

NEUTRON 중성자
HUMAN 사람
AL 알루미늄
THIN LEAD 얇은 납
THICK LEAD 두꺼운 납
CONCRETE 콘크리트

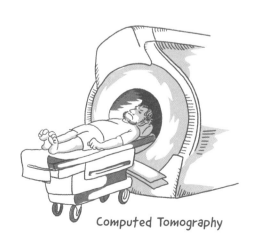

189페이지

COMPUTED TOMOGRAPHY 컴퓨터단층촬영

Computed Tomography

247

Chapter 16. 원자력 발전과 동위원소

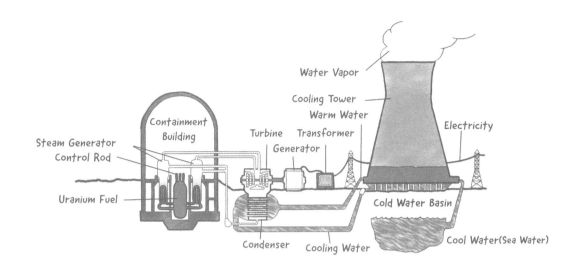

198페이지

CONTAINMENT BUILDING 격납고

STEAM GENERATOR 증기생성기

CONTROL RODS 제어봉

URANIUM FUEL 우라늄 연료

TURBINE 터빈

CONDENSER 응축기

GENERATOR 발전기

TRANSFORMER 변압기

CONDENSER 복수기

COOLING WATER 냉각수

WARM WATER 데워진 물

COOLING TOWER 냉각탑

WATER VAPOR 수증기

COLD WATER BASIN 냉수 분지

COOL WATER(SEA WATER) 냉수(해수)

ELECTRICITY 전기

CHAPTER 17. 태양의 무궁한 에너지를 전기로

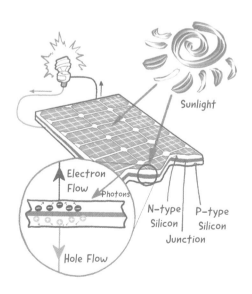

209페이지

SUNLIGHT 태양 빛

ELECTRON FLOW 전자 흐름

HOLE FLOW 정공흐름

PHOTONS 광자

N-TYPE SILICON N형 반도체

P-TYPE SILICON P형 반도체

JUNCTION P-N접합

CHAPTER 18. 시간을 결정하는 원자

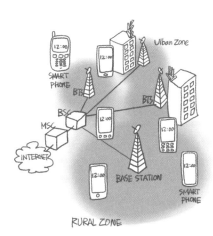

213페이지

SMART PHONE   스마트폰
INTERNET   인터넷
BASE STATION(BTS)   기지국
BSC   제어국
MSC   교환기
RURAL ZONE   지방 지역
URBAN ZONE   도심 지역

Pendulum Clock

217페이지

PENDULUM CLOCK   진자 시계

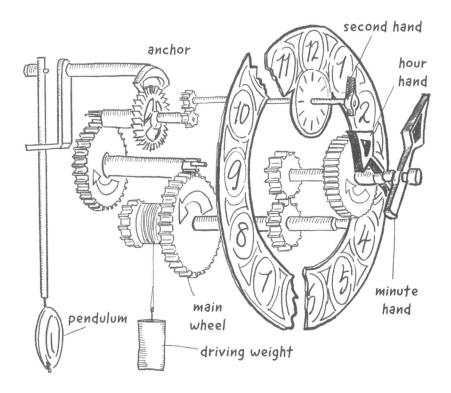

218페이지

ANCHOR   회전기
SECOND HAND   초침
HOUR HAND   시침
MINUTE HAND   분침
MAIN WHEEL   주 기어
DRIVING WEIGHT   운동 추
PENDULUM   진자

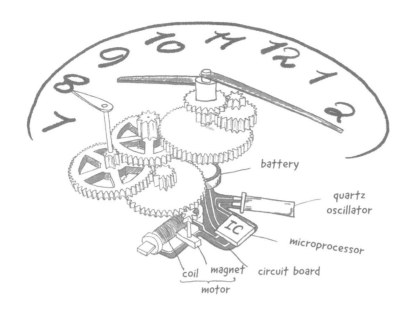

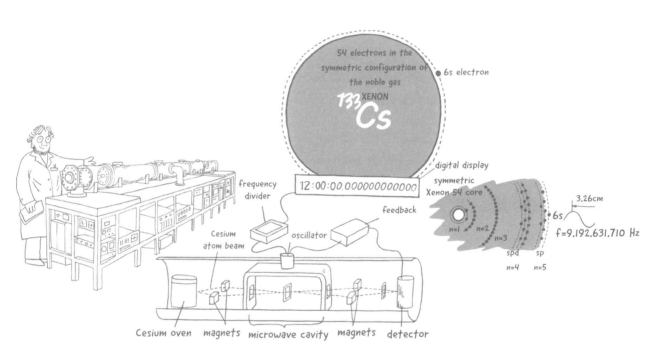

찾아보기

1~9

2차 전지   202~205

A~Z

ATP   21, 135~138, 150
DDT   160, 162~165
DNA   92, 121, 136, 139, 141, 142, 150~151, 199
GPS   220, 222, 223
pH   107, 109, 110, 114~118, 135, 137
PVC   45, 49, 50, 52, 53, 158
RNA   136, 139, 141
X선(X-ray)   133, 175, 181, 183, 186~188

ㄱ

감마선   86, 92, 172, 174, 181~183, 186~189, 199
강력   184
거대분자   28
골지체   27, 150
곰팡이   80, 133~135, 138~140, 143, 166
공유전자쌍   101~105
공중합체   50, 51
교류   205~207
그래핀   16, 32, 74~76,
극성   33, 98~100, 102, 104~106, 109, 204

ㄴ

나노   16, 75, 77, 180, 209
나프타   43
날짜변경선   214
내분비계   153, 155
내성   141~143, 148
노벨   75, 162
녹말   25, 61, 62
뉴턴   179, 221

ㄷ

다이아몬드   16, 58, 65~67, 69, 71~74, 76~78, 80, 82, 119
다이어트   21, 22
동소체(동질이상)   67, 74
동위원소   86, 194~196, 219
등시성   216

ㄹ

라돈   181, 189, 190, 192
라듐   86, 87, 179, 185, 188~191
루이스   100, 101, 110
리히터 규모   114

ㅁ

말라리아   162~164
멸균   147, 192
모노머(단량체)   16~19, 24, 27, 28, 41, 49, 52, 53, 61
모스경도계   65, 81
무극성   98~102, 104~106
미생물   32, 41, 61 ,62, 64, 132, 133, 135, 138, 149, 166

ㅂ

바이러스   133, 136, 138~140, 142, 143, 145, 192
박테리아   132~135, 138~143, 145, 147~152, 155, 166
반감기   190, 199, 200
발광   38, 85, 87, 88, 95, 96
방사능   173, 176~181, 188, 191~193, 195, 200, 207
방사선   86, 87, 171~193, 195, 197~199, 219
방사성   86, 87, 92, 172, 178, 185, 186, 188~193, 195, 198~200
백신   142, 143, 192, 193
버드 스트라이크(조류충돌)   6
베크렐   178, 187, 188, 191
베타선   185, 186, 188, 198
벡터   104

부도체 73
비공유전자쌍 103~105
비스페놀A 53, 54, 155~157

ㅅ

살균 143, 145~148, 165, 166, 168, 193
상대성이론 221, 223
생태효율성 60, 61, 64
석유화학 14, 28, 32, 43, 63, 65, 131
세포막 27, 133, 139, 147, 150, 151
세포벽 26, 134, 135, 139~141, 147, 150, 151
세포소기관 27, 150
소포체 27
수화물 23
스토크스의 법칙 94
스티로폼 14, 48, 50, 56, 60, 144, 159
시간 82, 83, 86, 93, 95, 100, 199, 211~223
시그마 결합 69, 71~73
시버트 176, 177~180
쌍극자모멘트 33, 103~105, 123

ㅇ

아인슈타인 172, 221
야광 84, 85, 87, 189, 190
약력 184
양성자 110, 121~123, 171, 172, 174, 182, 183, 185, 186, 194~196, 219
에스트로겐 153, 156
에틸렌 35~39, 41, 42, 52, 61, 76, 124
열복사 174, 200
오비탈 70~73
오탄당 136
옥탄가 121, 126, 127
옥텟 규칙 31, 70
올리고머 18~20, 22, 27
완충계 115, 116, 118
원자가전자 68, 69, 72, 100, 102, 104, 208
원자력 87, 172, 176~78, 180, 184, 187, 190, 192, 193, 195~201, 207

원자번호 67, 70, 108, 183, 194~196, 200, 205, 208, 219
원핵세포 150, 151
유기화학 23, 34, 119, 121
유산균 142
인광 86~88, 93~95

ㅈ

자외선(UV) 78, 85, 87, 88, 93, 95, 133, 141, 175
재활용 13, 14, 43, 49, 50, 56, 58~60, 64, 156, 159, 160
전기음성도 101, 102, 105
전자기력 180, 183~186
전자기파 87, 88, 92, 172~175, 184, 186, 207, 208, 219
정균 147, 149, 153, 155
제균 147, 149
주기 운동 216
주기율표 29, 67, 69, 108, 194, 196, 208
중성미자(뉴트리노) 122, 172, 174, 186
중심원자 103~105
중합도 18~20, 27, 41, 42
중합체 52, 61, 62, 135
중화 107~109
직류 205~207
진균 133~135, 138, 166
진자 215~218

ㅊ

최외각전자 31, 68, 69, 101, 104, 122
축광 86

ㅋ

카바이드 36~39
캡시드 139
퀴리 86, 179, 188, 191
큐리 178, 179
키틴 134, 135

ㅌ

탄성 15, 52, 55, 88
탄소나노튜브 16, 208
탄수화물 21~23, 28, 136
탄화수소 29, 32, 35, 61, 62, 69,
76, 77, 120, 124, 127, 128, 130, 131
태양광 202, 203, 207
태양복사 174, 175
태양상수 174
태양열 202, 207
태양전지 76, 203, 207~209
터널효과 172

ㅍ

파라벤 149, 152~156, 166~168
파라핀 76, 77
파이 결합 72, 73
판데르발스 힘 99, 100
페니실린 147
페트 45, 46, 48, 56, 60
포도당 21, 23~27
폴리머 15~20, 25, 27, 28, 32,
39, 41, 44~47, 49, 50, 53~56
폴리부타디엔 50, 51
폴리스타이렌 48~52, 64, 145,
159
폴리에틸렌 41~45, 49, 58,
60~62, 159
폴리우레탄 53
폴리카보네이트 53~55
폴리프로필렌 40, 44, 47, 49, 54,
60
표준시 214, 215, 220
풀러렌 77
프탈레이트 157~159, 163

ㅎ

하이드록실기(알코올기) 23, 124,
127
합성수지 28, 43, 47, 50, 52~54,
56, 58~65, 158, 159
항균 147
항상성 115, 116, 137
항생제 141~143, 147, 148
해리 109, 112, 113, 116
핵분열 172, 177, 190, 197, 200,
219
핵융합 171~177, 182, 186
형광 85~89, 91~95, 191
호르몬 37, 43, 118, 153, 155
화석원료 200, 201, 204, 207
환경호르몬 43, 52, 53, 54, 145
흑연 16, 67, 69, 71~75, 77, 78,
119, 205

글·그림 **김병민**

"상상과 호기심은 과학의 시작입니다. 우연으로 가장된 발견조차 수많은 오류와 실패를 거쳐 긴 노력 끝에 얻어진 결과이고 그 시작은 상상과 호기심이었습니다. 상상과 호기심, 고민 없이 결과를 외우고 답을 찾으려 계산하느라 바쁜 우리는 어쩌면 (남태평양의 화물신앙cargo cult처럼) 날지 못하는 나무 비행기를 만들고 있는 건 아닌지 모르겠습니다. 모르는 것을 두려워하고 두려움을 극복하고자 설명을 붙이려는 노력은 인간의 본능입니다. 인류는 처음부터 과학적 사고를 해왔습니다. 신화 역시 과학의 철학적 사고 양식을 빌렸지요. 호기심과 상상, 그리고 질문은 인류 발전의 시작이자 동력이었습니다. 그 본능을 잃은 채 책 읽을 시간조차 없는 아이들과 어른들에게 꺼진 동력의 스위치를 조심스럽게 올리고 싶습니다."

화학공학을 전공했다. 탄소나노튜브 연구를 시작으로 물질의 본질에 관해 깊은 관심을 두게 되었고, 지금은 물질의 분자 진동에너지 분석을 통해 국내외 각 분야의 기업체, 대학 및 연구소 과학자들의 연구를 돕고 있다. 대학에서 겸임교수로 후학을 가르치는 동시에 과학 대중화에 힘쓴다. 과학기술인네트워크(ESC)와 페이스북 SNS, 과학 강연과 교양과학 칼럼 등을 통해 과학을 탐구하고, 대중과 소통하고자 한다. 과학, 철학, SF, 시, 에세이와 만화를 즐겨 읽는다. 드로잉을 좋아해 삽화가로도 활동 중이다. 지은 책으로 『사이언스 빌리지』가 있다.

https://www.facebook.com/DaddyTalkScience/

SCIENCE VILLAGE 슬기로운 화학생활

ⓒ 김병민, 2019. Printed in Seoul, Korea

초판 1쇄 펴낸날 2019년 1월 18일
초판 4쇄 펴낸날 2022년 1월 18일
지은이   김병민
펴낸이   한성봉
편집   안상준·하명성·이동현·조유나·박민지·최창문
디자인   전혜진·김현중
마케팅   박신용·오주형·강은혜·박민지
경영지원 국지연·강지선
펴낸곳   도서출판 동아시아
등록   1998년 3월 5일 제1998-000243호
주소   서울시 중구 퇴계로30길 15-8 [필동1가 26] 2층
페이스북 www.facebook.com/dongasiabooks
전자우편 dongasiabook@naver.com
블로그   blog.naver.com/dongasiabook
인스타그램 www.instagram.com/dongasiabook
전화   02) 757-9724, 5
팩스   02) 757-9726

ISBN   978-89-6262-261-4 03430

이 도서의 국립중앙도서관 출판예정도서목록(CIP)은 서지정보유통지원시스템 홈페이지(http://seoji.nl.go.kr)와 국가자료공동목록시스템(http://www.nl.go.kr/kolisnet)에서 이용하실 수 있습니다. (CIP제어번호: CIP2018043160)

잘못된 책은 구입하신 서점에서 바꿔드립니다.

만든 사람들
편집   최창문
크로스교열 안상준
디자인   김현중
본문 조판   김경주